Blom/Meier • Interkulturelles Management

W0098584

Internationales Management

Herausgegeben von Professor Dr. Harald Meier

Interkulturelles Management

Interkulturelle Kommunikation
Internationales Personalmanagement
Diversity-Ansätze im Unternehmen

Von
drs. Herman Blom und
Professor Dr. Harald Meier

2. Auflage

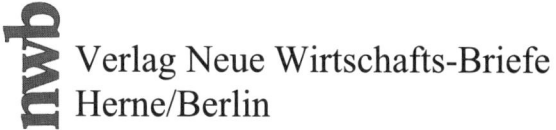 Verlag Neue Wirtschafts-Briefe
Herne/Berlin

ISBN 3-482-**53812**-3 – 2. Auflage 2004

© Verlag Neue Wirtschafts-Briefe GmbH & Co. KG, Herne/Berlin 2002
http://www.nwb.de

Druck: Medienhaus Plump GmbH, Rheinbreitbach

Vorwort zur 2. Auflage

Dass die erste Auflage innerhalb kurzer Zeit vergriffen ist, zeigt das vom Leser positiv angenommene Thema und Buchkonzept. Deshalb haben wir dieses bewährte Konzept mit Inhalten und didaktischem Aufbau des Buches aus Seminaren mit Praktikern und Studierenden im In- und Ausland beibehalten und die 2. Auflage nur um Fehlerkorrekturen sowie einige Daten aktualisiert.

Die inzwischen in der Reihe „Internationales Management" erschienenen Titel zur Einführung in das Internationale Management und zum Internationalen Projektmanagement sowie weitere geplante Titel beziehen sich aufeinander und sollen so zu einem immer wieder aktualisierten Gesamtkompendium des Internationalen Managements ausgebaut werden, das insbesondere neben Praktikern auch die Studierenden in den neuen Bachelor- und Master-Studiengängen an Hochschulen und Berufsakademien anspricht.

Im August 2004   Herman Blom, Groningen
                                            Harald Meier, Rheinbach b. Bonn

Vorwort zur 1. Auflage

Das vorliegende Buch enthält Grundlagen der Internationalen Unternehmenspolitik, Kommunikation und Kulturvergleichsstudien sowie eine Einführung in die wichtigsten Funktionen des Internationalen Personalmanagements bis hin zum Ansatz des Diversity Management.

Damit stellt es zum einen für die Unternehmensführung als auch den einzelnen Manager in seinem Aufgabenbereich die wesentlichen Rahmenbedingungen und Instrumente des internationalen Managementhandelns dar, die sich in der Unternehmenspraxis z.B. in der Führung von Abteilungen mit Mitarbeitern unterschiedlicher Kulturen oder im internationalen Projektmanagement zumeist in den kulturbedingten unterschiedlichen Kommunikations- und Arbeitsweisen aufzeigen.

Zum anderen eröffnet es auch Perspektiven, die Erfahrungen im internationalen Managementhandeln auf andere Kulturunterschiede im Unternehmen – und damit nutzbare Diversity-Potenziale – zu übertragen.

Das Konzept des Buches ist durchgehend praxisorientiert, zum einen durch den Aufbau der Kapitelfolge und zum anderen innerhalb der einzelnen Kapitel, wo Theorie und Praxis systematisch durch Modelle, Beispiele und Übungen durch Fallstudien ergänzt werden. Die Inhalte und Fallstudien sind von beiden Autoren in Hochschulen und der betrieblichen Managementbildung in verschiedenen europäischen Ländern erfolgreich erprobt worden. Damit eignet sich dieses Buch gleichermaßen für Studium, betriebliche Weiterbildung und Praxis.

Das Buch selbst ist vor dem Hintergrund der jahrelangen Lehr- und Praxiserfahrung beider Autoren im In- und Ausland entstanden. Die hier selbst verkörperte interkulturelle Zusammenarbeit führt sicher an der ein oder anderen Stelle zu rhetorischen oder didaktischen Auffälligkeiten im Vergleich zu anderen typischen Lehrbüchern. Denn eine besondere Erfahrung für uns war es auch, dass wir trotz langer interkultureller Arbeitserfahrung immer wieder feststellen mussten, dass unsere eigenen kulturbedingten Einstellungen, Arbeits- und Ausdrucksweisen unbewusst immer wieder einfließen. Damit war dieses Buch auch für uns selbst ein weiterer wichtiger Schritt im Arbeiten und Lernen mit und von anderen Kulturen.

Im Januar 2002   Herman Blom, Hanzehogeschool,
                                                                   Groningen
                                            Harald Meier, Fachhochschule,
                                                              Bonn-Rhein-Sieg

Inhaltsverzeichnis

Abbildungsverzeichnis

1. Interkulturelles Management als Herausforderung

1.1 Einführung

Mitarbeiter aller Unternehmensebenen und -bereiche werden mit rasch zunehmenden interkulturellen Einflüssen an ihrem Arbeitsplatz bzw. in ihren Funktionen konfrontiert. Ebenso verändert sich die strukturelle Zusammensetzung der Belegschaften der Unternehmen und damit Abteilungen. An die Stelle des früher vorherrschenden einseitigen Bildes der männlichen, heimisch-weißen Zusammensetzung der Belegschaft tritt nun immer öfter die Herausforderung, eine „bunte Vielfalt" von Menschen am Arbeitsplatz am Heimatstandort oder in einer ausländischen Niederlassung zu berücksichtigen. In den europäischen Niederlassungen amerikanischer Unternehmen wird dieses Problem des interkulturellen Management schon seit längerer Zeit aktiv „gemanagt": Das sog. „Diversity Management" setzt sich u.a. mit Fragen des Human Resources Management in interkulturell gemischten Unternehmen auseinander. Im westeuropäischen Sprachraum wurden diese Fragen bislang eher unter den Funktionen Internationales oder Interkulturelles Personalmanagement gefasst – erst langsam setzt sich der Diversity-Begriff durch.

Schon immer hat es internationale Wirtschaftsbeziehungen mit entsprechenden internationalen Unternehmenstätigkeiten und Arbeitskräftewanderungen gegeben. In Ägypten rd. 2.500 v. Chr. wurden beim Bau der Pyramiden „freie Arbeiter" aus Zentralafrika angeworben. Auch im Mittelalter gab es sehr differenzierte Formen weltweiten systematischen Handels z.B. durch europäische Handelshäuser: Der Venezianer Marco Polo reiste im 13. Jahrhundert auf dem Landweg von Palästina bis nach Peking, um Einkaufs- und Absatzwege zu erschließen. Bis ins 17. Jahrhundert entstanden in vielen europäischen Staaten die Handelskompanien, z.B. die britische „The British East-India Company", die niederländische „De Vereenigde Oostindische Compagnie" oder die französische „Compagnie des Isles de l`Amerique". Ebenso sind aus dieser Zeit „internationale Manager" bekannt, wie z.B. Cristoforo Colombo aus der Freien Republik Genua, der, nachdem er zuvor in italienischen und portugiesischen Diensten war, im Auftrag des spanischen Königshauses sozusagen als „Projektleiter" eine Flotte führte, um einen kürzeren Seeweg nach Indien auf der Westroute zu erforschen. Bis heute sind internationale Arbeitskräftewanderungen aktuell, von den Gastarbeitern, die seit den 50er Jahren z.B. aus Italien, Tunesien, Spanien, dem ehemaligen Jugoslawien oder der Türkei nach Deutschland kommen, über die deutschen Facharbeiter, die als Pendler in den Niederlanden, Dänemark oder Norwegen arbeiten, bis zu den Menschen aus arabischen Ländern, die in Frankreich arbeiten, oder Indern in Großbritannien - und ganz aktuell z.b. die Computer- und IT-Spezialisten aus Indien in Westeuropa und den USA.

1.2 Globalisierung der Wirtschaft

Seit Mitte der 60er Jahre ist ein stetiger Anstieg der internationalen Beziehungen der Volkswirtschaften und damit einhergehenden grenzüberschreitenden Unternehmenstätigkeiten und -verflechtungen zu verzeichnen. Globalisierung und Internationalisierung sind inzwischen ständig genutzte Begriffe im Management, z.b.

- werden Unternehmenskäufe, -verkäufe, -beteiligungen immer internationaler,

- orientiert sich die Rechnungslegung der Unternehmen zunehmend an Erfordernissen des internationalen Kapitalmarktes,

- müssen Umstrukturierungen, Rationalisierungen und Investitionen in Unternehmen dem Wettbewerb mit „Niedriglohn-Ländern" standhalten,

- müssen neue Produktentwicklungen und Produktion internationalen Standards entsprechen und Produkte und auch immer mehr Dienstleistungen international zu vermarkten sein,

- müssen Mitarbeiter Fremdsprachen beherrschen, Fremdkulturen verstehen lernen und international mobil sein.

Solche Schlagzeilen zeigen die Breite und Intensität der Herausforderungen für die Unternehmen. Heute arbeiten die meisten großen Unternehmen nur mit Zulieferern, die europa- oder weltweit liefern können, z.B. Einzelhandelsketten (Aldi, Lidl, Wal-Mart) oder alle Automobil-Hersteller. Bei den laufend steigenden Direktinvestitionen deutscher Unternehmen im Ausland (in der ersten Hälfte der 90er Jahre um 66% Anstieg) hat auch die Zahl der Mitarbeiter in Niederlassungen und Tochtergesellschaften im Ausland entsprechend zugenommen (für deutsche Unternehmen z.B. Mitte 80er bis Mitte 90er Jahre von 1,8 auf 2,6 Mio.). Der Auslandsumsatz großer deutscher Unternehmen liegt oft zum größten Teil im Ausland und viele Großunternehmen beschäftigen bereits heute mehr Mitarbeiter im Ausland als im Inland (siehe Abb. 1.1).

Unternehmen	Mitarbeiter		Umsatz	
	weltweit	davon im Ausland	weltweit Mio. DM	davon im Ausland (%)
Siemens	379.000	46 %	94.180	61 %
Daimler-Benz	290.029	23 %	106.339	63 %
Deutsche Bahn	288.768	k.A.	30.221	k.A.
Deutsche Post	284.899	k.A.	26.702	k.A.
Volkswagen	260.811	47 %	100.123	64 %
Deutsche Telekom	201.000	k.A.	63.075	6 %
Bosch	176.481	47 %	41.146	61 %
Hoechst	147.862	63 %	50.927	82 %
Bayer	142.200	60 %	48.608	82 %
RWE	132.658	7 %	54.781	17 %
Thyssen	123.746	24 %	38.673	47 %
Veba	122.110	22 %	68.095	34 %
Mannesmann	119.709	34 %	34.683	56 %
BMW	116.112	45 %	52.265	72 %
BASF	103.406	41 %	48.776	73 %
RAG	101.980	3 %	24.941	17 %
VIAG	88.014	47 %	42.452	50 %
Krupp-Hoesch	69.608	33 %	24.038	59 %
Preussag	66.226	19 %	25.044	48 %
Deutsche Lufthansa	57.999	12 %	20.863	k.A.

Abb. 1.1: Mitarbeiter und Umsatz der 20 größten deutschen Industrieunternehmen[1]

Ursachen der Globalisierung

Folgende Einflussfaktoren, die auf das Zusammenwirken einer Vielzahl von Faktoren und ihrer gegenseitigen Beeinflussung zurückgehen, gelten als Ursachen der Globalisierung[2]:

- Die Entstehung von Freihandelszonen und länderübergreifenden Binnenmärkten (z.B. EU) mit mittel- und langfristigen Erweiterungstendenzen.

- Die neue Entwicklung von Ost/West-Kooperationen nach der politischen und wirtschaftlichen Liberalisierung in Osteuropa (ausgehend von der „Solidar-

---

1 Die Zeit vom 15.8.1997, entn. aus Welge/Holtbrügge (1998), S. 32.
2 Meier (1998 a), S. 42 und S. 77 ff.; Weber/Festing (1999) S. 435 ff.

nosc"-Bewegung 1980 in Polen und der „Perestrojka"-Politik in der Sowjetunion ab Mitte der 80er Jahre).

• Die Entwicklung eines „pazifischen Wirtschaftsraumes" nach der Annäherung
  von USA und Japan mit stärkerem Einfluss durch die Integration ostasiatischer
  Schwellenländer und China.

• Die Entstehung supra-nationaler politischer Institutionen als Voraussetzung und
  Folge des globalen Wirtschaftens.

• Die Entwicklung der Verschuldung und Verschuldungsrisiken der sich vielfach
  politisch und wirtschaftlich neu orientierenden Entwicklungsländer.

• Eine breite technologische Entwicklung, die eine weltweite Kooperation erfor-
  dert, da keine Nation der Welt mehr allein kompetent sein kann.

• Entwicklungen in der Informations- und Kommunikationstechnologie, die eine
  größere Reaktionsverbundenheit der Märkte und politischen Systeme ermöglichen (z.B. Internet).

• Die organisatorische Fähigkeit, an fast jedem Ort der Welt Massenproduktion zu
  etablieren und die Entwicklung virtueller Organisationen und Netzwerke.

• Die relativ zum Warenwert billige Mobilität von Gütern und Schnelligkeit beim
  Personentransport.

• Demographische Entwicklungen in den Industrieländern (z. B. starke Geburtenrückgänge in Westeuropa).

• Migrationsbewegungen (z.B. Aus- und Übersiedler Osteuropas in westeuropäische Industrieländer).

Die Wirtschaftswissenschaften gehen inzwischen davon aus, dass nur
mit Unternehmenswachstum internationalen Herausforderungen begegnet werden kann und nur die ersten fünf bis acht Unternehmen einer
internationalen Branche dauerhaft wirklich erfolgreich sein können.
Ebenso werden auch mittelständische Unternehmen künftig nur noch in
internationalen Marktlücken erfolgreich wachsen können. Mit internati-
onalem Management wird allgemein die Unternehmensbeziehung und
entsprechend Unternehmensführung als Managementtätigkeit vom Heimatland (Stammsitz des Unternehmens) über eine nationale Grenze
hinweg bezeichnet. Entsprechend beschäftigt sich eine international
orientierte Unternehmensführung z.B. mit internationaler Standortpoli-
tik, dem Anteil internationaler Aktivitäten am Gesamtumsatz, der interkulturellen Zusammensetzung und Steuerung des Managements, den
Eigeninteressen international gemischter Eigentümerstrukturen, interna-

tionalen Rechnungslegungsstandards, Auslandsentsendungen von Mitarbeitern oder international differenzierter Einkaufspolitik und Absatzstrategien.

Im Gegensatz zu einer „inländischen" Unternehmensführung in einem relativ bekannten gesellschaftspolitischen Umfeld müssen „internationale" Unternehmensentscheidungen in einem viel komplexeren Kontext mit relativ unbekannten oder unsicheren Umweltentwicklungen stattfinden bis hin zu teilweise gegensätzlichen Entwicklungen in den einzelnen Kulturen.

Merksatz:

Internationale Unternehmenspolitik reicht von einzelnen sporadisch grenzüberschreitenden Geschäftstätigkeiten nationaler Unternehmen bis zum international und interkulturell integrierten Management weltweit agierender Konzerne.

Beispiele: Internationale Managementbeziehungen

Einzelne sporadische grenzüberschreitende Tätigkeiten im Kfz-Handel

Gemeinsamer Re-Import und Ersatzteileinkauf von einem deutschen und niederländischen grenznahen Kfz-Händler der gleichen Marke an der deutsch-niederländischen Grenze in einem dritten europäischen Land, wo die Ersatzteile aufgrund von Mehrwertsteuer, Währungsgefälle und Preiskalkulation des Herstellerkonzerns preisgünstiger sind.

Internationale Belegschaft bei HP

Die Belegschaft von Hewlett Packard ist weltweit sehr international strukturiert: Zum Beispiel arbeiten zurzeit 600 internationale Mitarbeiter aus 53 Ländern in der deutschen GmbH in Böblingen. Vor allem in den europäischen Marketingzentren treffen viele unterschiedliche Kulturen zusammen. Internationalität ist bei HP im Rahmen von Diversity-Management aber nur ein kleiner Aspekt aus der Diversity-Vielfalt: Nationalitäten, Sprachen, Geschlechter, Alter, ethnische Herkunft, Kulturen, Religionen, physische Fähigkeiten, sexuelle Orientierungen, Denkarten, Erfahrungen, Ansichten und Begabungen sind Unterschiede, die Mitarbeiter zu Individuen machen und als bereichernd für das berufliche und private Miteinander gesehen werden. E. Duncan, Director Global Diversity, verdeutlicht die Rolle der Vielfalt bei

HP: „Die neue Global Diversity Organization will als eine Ressource und als ein Anwalt für Diversity und Work Life-Belange verstanden werden."[3] Geografisch verteilte Diversity-Manager setzen hierfür zusammen mit Vertretern der vier Business Units die Strategie mit Blick auf lokale Gegebenheiten um.

Der VW-Polo

Das Kfz-Modell Polo von VW, obwohl in Wolfsburg montiert, kommt fast zur Hälfte aus dem Ausland. Die Liste der Lieferländer reicht von Tschechien über Italien, Spanien und Frankreich bis zu Mexiko und den USA.

Electrolux bündelt Wissen

Electrolux, ein schwedisches Unternehmen, glaubt nicht daran, dass die ganze Weisheit im eigenen Land liegt. So hat das Unternehmen bereits vor zehn Jahren bei der Entwicklung eines neuen Kühlschranks das Design in Italien entworfen, die Technik und der Prototyp kamen aus Finnland mit schwedischer Unterstützung, der Marketingplan wurde in Großbritannien entwickelt, und das erfolgreiche Endprodukt wurde in den USA für den dortigen Markt hergestellt[4].

Internationale Konzernvernetzung bei Philips

Philips Electronics NV, ein über 100 Jahre altes, niederländisches Unternehmen mit einem Konzernumsatz von rund 38 Mrd. Euro (2000) ist weltweit in 49 Ländern mit Niederlassungen oder Tochtergesellschaften vertreten (siehe Abb. 1.2).

---

3 life@HP, Mitarbeitermagazin für HP Deutschland, Dez. 00/Jan. 01, S. 18 f.
4 Gebhardt (2001), S. 22.

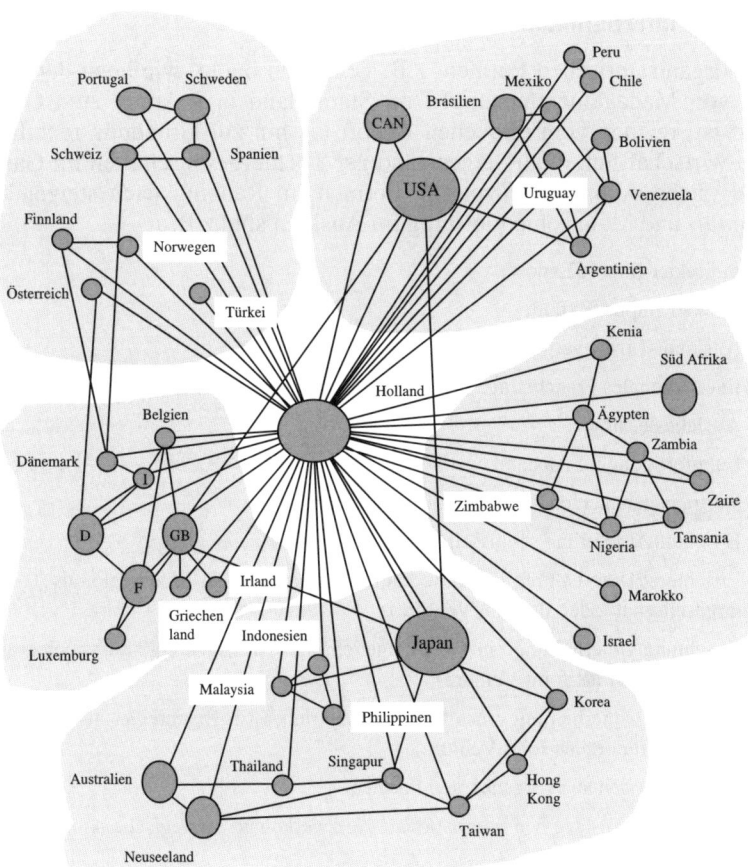

Abb. 1.2: Internationale Konzernvernetzung Philips Electronics NV [5]

---

5 Daft (1995), S. 252, entn. aus Steinmann/Schreyögg (1997), S. 229.

Formen internationaler Geschäftssysteme

Die organisatorischen Formen, z.B. gemessen daran, wie hoch der Anteil von Managementleistungen im Stammland in Relation zum Gastland ist, reichen vom einfachen Export bis hin zur Gründung rechtlich und wirtschaftlich relativ eigenständiger Tochtergesellschaften im Gastland (siehe Abb. 1.3). Typische Formen im Ranking nach steigender Kapital- und Managementleistung im Ausland sind z.B.[6]:

- indirekter Import/Export,

- direkter Import/Export,

- Auslands-Lizenzvergabe,

- Internationales Franchising,

- Auslandsleasing,

- Lohnfertigung im Ausland,

- Vertragsmanagement für ausländische Partner,

- Errichtung/Lieferung schlüsselfertiger Anlagen,

- Errichtung/Unterhaltung einer Verkaufsniederlassung (in Eigenregie, als Tochtergesellschaft oder als Joint Venture),

- Errichtung/Unterhaltung eines Montagebetriebes (in Eigenregie, als Tochtergesellschaft oder als Joint Venture),

- Errichtung/Unterhaltung eines Fertigungsbetriebes (in Eigenregie, als Tochtergesellschaft oder als Joint Venture),

- Kombinationen aus vorgenannten Formen

- oder neuere Ansätze wie Internationale Netzwerke und Strategische Allianzen.

---

6 Dülfer (1999) S. 141 ff.

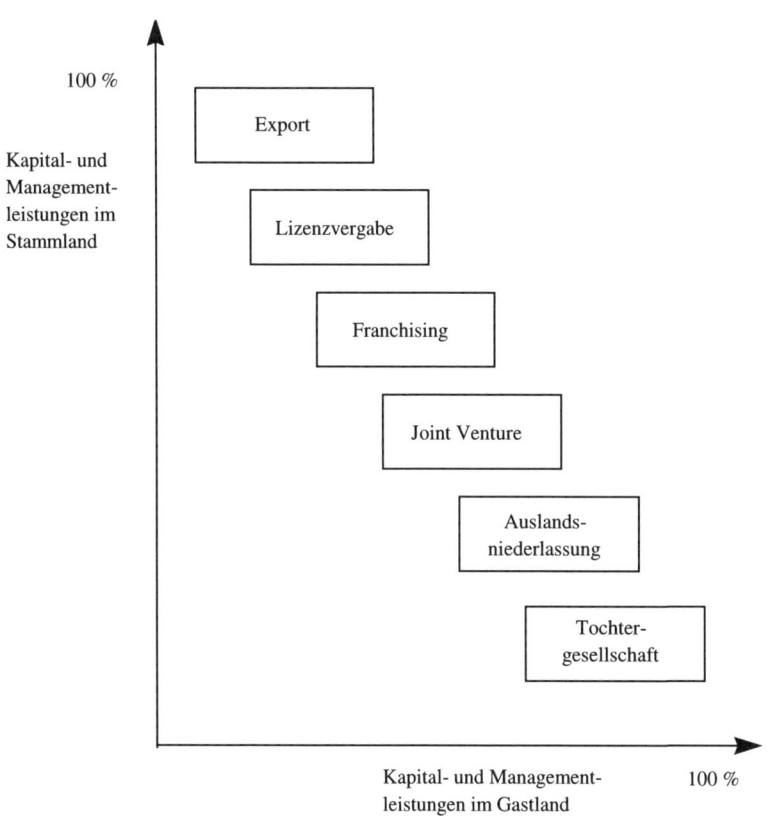

100 %

Kapital- und
Management-
leistungen im
Stammland

Export

Lizenzvergabe

Franchising

Joint Venture

Auslands-
niederlassung

Tochter-
gesellschaft

Kapital- und Management-   100 %
leistungen im Gastland

Abb. 1.3: Unternehmerische Internationalisierungsstufen[7]

Multinationale Unternehmen

Multinationale Unternehmen verteilen ihre Aktivitäten über mehrere
Länder. Im Gegensatz zum internationalen Geschäft entstammen sie der
jüngsten Geschichte. Multinationale Unternehmen stehen am Ursprung
der aktuellen Entwicklung der globalen Wirtschaft und sind gleichzeitig
das Ergebnis der globalen Wirtschaft, weil sie globale Strategien planen.

---

7 Schierenbeck (1993), S. 45.

Abhängig von den jeweiligen Standortvorteilen und relativen Kosten bewegen multinationale Unternehmen ihre Produktions-, Verkaufs-, Marketing-, Logistik-Standorte durch die ganze Welt. Multinationale Unternehmen sind zumeist Großunternehmen, deren Konzernumsätze das Bruttosozialprodukt verschiedener europäischer Länder übersteigt (vgl. Abb. 1.1 mit Abb. 1.4).

Die wirtschaftliche und somit politische Macht international verzweigter Konzerne übersteigt damit auch manchmal die der Vertreter der politischen parlamentarischen Systeme. Die Vorstände großer Weltkonzerne sind oft in der Position, wirtschaftliche Entscheidungen über beispielsweise Standortwahl oder -wechsel zu treffen, die politische Folgen nach sich ziehen, wodurch sich Regierungen in eine hilflose Situation gedrängt sehen können. Steuerpolitisch sind multinationale Unternehmen oft in der Position, unterschiedliche Staaten gegeneinander auszuspielen. Die finanziellen Ströme innerhalb des Unternehmens sind so kompliziert, dass es den Steuerbehörden der verschiedenen Länder schwer fällt, ihren gesetzlich vorgeschriebenen „fair share" aus dem Konzerngewinn zu erheben. In Bezug auf ihre Rolle in Dritte-Welt-Ländern werden multinationale Unternehmen seit den 70er Jahren oft auch stark kritisiert. Sie würden Arbeitskräfte ausbeuten, die Gewinne ins Mutterland zurückschleusen, Dritte-Welt-Länder gegeneinander ausspielen, um Investitionszuschüsse zu bekommen und ihre Macht innerhalb des Landes missbrauchen, um notfalls Regierungen stürzen zu können, sich plötzlich zurückziehen und den Geschmack des Konsumenten manipulieren (wie von Bürgerinitiativen Anfang der 80er Jahre über Nestlé behauptet: „Nestlé tötet Babys").

Im Laufe der letzten Jahre haben viele multinationale Unternehmen sich selbst Verhaltensregeln auferlegt, meistens aufgrund des Drucks der Öffentlichkeit in den westlichen Ländern. Von den Vereinten Nationen (UN) und der OECD (Organization for Economic Cooperation and Development) wurden Verhaltenskodices vorgeschlagen, die teilweise rechtsverbindlich oder freiwillig sind. Diese Verhaltensregel, ob auf eigene Initiative oder von Seiten supra-nationaler Organisationen initiiert, versuchen Richtlinien für das Investitionsverhalten und die Verantwortung der multinationalen Unternehmen festzuhalten. Andere Richtlinien beziehen sich auf Wettbewerbsfragen (Handhabung von Wettbewerb) und Kartellbildung (Vorbeugung), Arbeitsverhältnisse (das Recht der Arbeitnehmer sich zu organisieren) und sozialverträgliche Technologie (die lokale Technologie berücksichtigt). Ob auf diese Weise, der mit ihrer wachsenden Größe zunehmenden Möglichkeit der multinationalen Konzerne, ihre Macht zu missbrauchen, eine ausreichend parlamentarisch-demokratisch legitimierte Gegenmacht entgegengesetzt werden kann, wird gesellschaftspolitisch oft angezweifelt.

Multinationale Unternehmen stehen unter dem vermeintlichen Zwang des ständigen Wachstums. Die Fusionsprozesse der letzten Jahre laufen in den Medien nach dem Motto: „Kaufen oder gekauft werden". Gründe für weitere internationale Wachstums- und Verflechtungsprozesse werden häufig in den Kostenstrukturen gesehen[8]:

- Internationale Vergrößerungen ermöglichen eine kostengünstigere Produktion, weil die Arbeitsteilung international effizienter durchgeführt, das Kapital leichter und kostengünstiger erworben und Unternehmensreserven mit mehr Gewinnmöglichkeiten aufgewendet werden können.

- Internationale Economics-of-Scale führen zu Kosteneinsparungen, weil Überschneidungen zwischen Unternehmensteilen vermieden werden können, die Möglichkeit, international gesammelte Erkenntnisse wirtschaftlicher nutzen, und eine Verbesserung der Planung und Beherrschung des Durchlaufverfahrens des Produktionsprozesses.

Multinationale Unternehmen setzen auf Economics-of-Scale durch Internationalisierung, um zu vermeiden, dass die Konkurrenten bei der Senkung der durchschnittlichen Produktionskosten schneller als sie sind. Die weitere Internationalisierung ist somit für viele Unternehmen eine Überlebensnotwendigkeit geworden.

Die Realität der Globalisierung vollzieht sich meistenteils allerdings noch immer in den Handelsbeziehungen zwischen Nachbarländern. Dies gilt z.b. auch für Deutschland und die Niederlande: Für die Niederlande ist Deutschland der größte und wichtigste Handelspartner. Fast die Hälfte aller niederländischen Exporte geht nach Deutschland. Deutschland wiederum exportiert mehr als die Hälfte seiner Produkte in die Nachbarländer Frankreich und die Niederlande. Ähnliches gilt z. B. auch für die Beziehungen zwischen Irland und Großbritannien. Der Ruf von Globalisierung trifft deshalb gesamtwirtschaftlich nur eingeschränkt zu, weil in

---

8 Jagersma (1996), S. 35.

den Wirtschaftsbeziehungen zwischen Volkswirtschaften noch immer (weltwirtschaftlich betrachtet) die eher regionalen bi-nationalen Beziehungen dominieren.

1.3 Entstehung des EU-Binnenmarktes

Die Europäische Union

Die Idee eines gemeinsamen Europa wuchs aus der Politik der Friedensicherung nach dem 2. Weltkrieg und wird oft auf eine Rede des britischen Premierministers Winston Churchill im September 1946 an der Universität Zürich bezogen. Damals forderte er „die Schaffung der Vereinigten Staaten von Europa". Unter dem französischen Außenminister Robert Schumann wurde dann Anfang der 50er Jahre in Frankreich aus der Idee, mit gemeinsamen Wirtschaftsverträgen den Frieden in Europa zu sichern, die „Europäische Gemeinschaft für Kohle und Stahl" (später Montan-Union, Pariser Vertrag 1952). Dieser Gemeinschaft gehörten zunächst Belgien, die Bundesrepublik Deutschland, Frankreich, Italien, Luxemburg und die Niederlande an. Sie bildeten und besetzten aus ihrem Kreis gemeinsame Organe, wie die Hohe Behörde und einen Ministerrat, den Europäischen Gerichtshof und die Parlamentarische Versammlung. Im weiteren Verlauf wurden in den 50er Jahren gemeinsame Verträge zwischen diesen sechs europäischen Staaten geschlossen, z.B. 1957 die Römischen Verträge zur Europäischen Wirtschaftsgemeinschaft (EWG). Mitte der 60er Jahre wurde aus der Zusammenführung verschiedener europäischer Vertragswerke und Organe daraus die Europäische Gemeinschaft (EG) geschaffen. In den frühen 70er Jahren kamen Großbritannien, Irland und Dänemark und in den 80er Jahren Griechenland, Portugal und Spanien hinzu. Seit den 80er Jahren versucht die EG durch die Einheitliche Europäische Akte (EEA) eine gemeinsam getragene Außenpolitik zu erreichen und tritt nach außen mit einer einheitlichen europäischen Flagge und Hymne auf. In den 90er Jahren erweiterte sich dieser europäische Prozess um Österreich, Schweden und Finnland und seit 1. Mai 2004: Polen, Tschechien, Ungarn, Slowakei, Litauen, Lettland, Slowenien, Estland, Zypern und Malta. 1992 begann mit den Verträgen von Maastricht der Binnenmarkt der Europäischen Union (EU). Hierzu gehören in erster Linie der freie Verkehr von Waren, Kapital und Dienstleistungen und die Entwicklung des gemeinsamen Europäischen Währungssystems (EWS) mit festen Wechselkurs-Bandbreiten und der bisher gemeinsamen Verrechnungswährung ECU

(European Currency Unit). Dieses europäische Währungssystem wurde schon 1979 vertraglich geschaffen und 2002 durch die Einführung der gemeinsamen Euro-Währung von den meisten Mitgliedstaaten weiterentwickelt.

Country	Mitglied seit	Anzahl der Stimmen	Sitze	Anteil in % der Bevölkerung	Bruttoinlandsprodukt[9]
Deutschland	1958	29	9,0	18,1	19,7
Frankreich	1958	29	9,0	13,4	15,4
Großbritannien	1973	29	9,0	13,1	15,2
Italien	1958	29	9,0	12,7	13,7
Spanien	1986	27	8,4	8,9	8,4
Polen	2004	27	8,4	8,5	3,8
Niederlande	1958	13	4,0	3,5	4,3
Griechenland	1981	12	3,7	2,4	1,9
Belgien	1958	12	3,7	2,3	2,6
Portugal	1986	12	3,7	2,3	1,8
Tschechien	2004	12	3,7	2,2	1,5
Ungarn	2004	12	3,7	2,2	1,3
Schweden	1995	10	3,1	2,0	2,2
Österreich	1986	10	3,1	1,8	2,1
Slowakei	2004	7	2,2	1,2	0,6
Dänemark	1973	7	2,2	1,2	1,4
Finnland	1995	7	2,2	1,1	1,3
Irland	1973	7	2,2	0,9	1,2
Litauen	2004	7	2,2	0,8	0,3
Lettland	2004	4	1,2	0,5	0,2
Slowenien	2004	4	1,2	0,4	0,3
Estland	2004	4	1,2	0,3	0,1
Zypern	2004	4	1,2	0,2	0,1
Luxemburg	1958	4	1,2	0,1	0,2
Malta	2004	3	0,9	0,1	0,1
		321	100	100 %	100 %

Abb. 1.4: Member countries of the European Union

9 In Kaufkraftstandards (mit Rundungsdifferenzen), Quelle: EU-Kommission.

Grundprinzipien in der EU

Innerhalb der Europäischen Union (siehe Abb. 1.4) wurde 1993 die Abschaffung der Binnengrenzen vollzogen. Unternehmen können im Zuge davon leichter neue Märkte erschließen, neue Partner in anderen europäischen Ländern finden und ihre Produktion auf einen europäischen Inlandsmarkt ausrichten. Für den europäischen Bürger bedeutet die Abschaffung der Binnengrenzen größere Möglichkeiten zum Einkaufen, Arbeiten und Leben in anderen EU-Ländern. Die Errichtung des Binnenmarktes ist das Kernstück des politischen und wirtschaftlichen Einigungsprozesses in der EU. Die Eckpfeiler des Binnenmarktes sind die sog. „Grundfreiheiten":

Freier Warenverkehr

Durch den Abbau sämtlicher Zölle zwischen den Mitgliedstaaten, die Festsetzung eines gemeinsamen Zolltarifs gegenüber den Außenstaaten, die Beseitigung der mengenmäßigen Beschränkungen und die Harmonisierung der Steuern, die auf den Verbrauch der im Binnenmarkt gehandelten Waren erhoben werden (indirekte Steuern), werden seit 1993 dem Warenverkehr keine Hindernisse mehr in den Weg gelegt.

Freizügigkeit der Arbeitnehmer

Gemeinschaftsbürger haben das Recht auf Gleichbehandlung in Bezug auf die Beschäftigung, Entlohnung und sonstigen Arbeitsbedingungen. Die räumliche Mobilität umfasst das Recht, sich in einen anderen Mitgliedstaat zu begeben und dort aufgrund von Arbeitssuche oder Aufnahme und Ausübung einer Beschäftigung aufzuhalten. Die berufliche Mobilität bezieht sich auf die Berufsausübung sowie die Beschäftigungs- und Arbeitsbedingungen. Arbeitnehmer aus anderen Mitgliedstaaten haben Anspruch auf gleichen Lohn wie einheimische Mitarbeiter, auf berufliche Wiedereingliederung, auf Zugang zu den Bildungsanstalten und Umschulungszentren.

Niederlassungsfreiheit

Sie umfasst allgemein die Aufnahme und Ausübung selbständiger Erwerbstätigkeiten, z.B. die Tätigkeit von Ärzten, Anwälten, Architekten, Vermittlern (Makler, Personalberater, ...) und Werbeagenturen.

Freier Kapital- und Zahlungsverkehr

Europäische Bürger haben die Möglichkeit, überall in der Gemeinschaft ein Bankkonto zu eröffnen und unbegrenzt Mittel von einem Mitgliedstaat in einen anderen zu überweisen.

Merksatz:

Die Grundprinzipien des EU-Binnenmarktes zielen auf einen freien Verkehr von Waren und Dienstleistungen, die Freizügigkeit der Arbeitnehmer, die Niederlassungsfreiheit selbständiger Berufe sowie einen freien Kapital- und Zahlungsverkehr.

Beispiel: Die EG Sozial-Charta[10]

• Freedom of movement, promotion of labour mobility (e.g. ... free access to jobs through recognition of professional qualifications in all member states; equal treatment in social security and tax entitlements).

• Employment and remuneration (eg. ... minimum wages; equal treatment of full-time and part-time workers).

• Improvement of living and working conditions (e.g. ... adjustment of national regulations with respect to working time and the various forms of flexible working hours).

• Social protection (e.g. ... minimum income for the unemployed; enhacement of employment opportunities).

• Freedom of association and collective bargaining (e.g. ... free employer-employee bargaining on working conditions in a climate af „social partnership").

• Vocational training (e.g. ... free access to educational institutions within the EC).

• Equal treatment for men and women (e.g. ... all aspects of employment, particularly pay, access to jobs, training opportunities).

• Right for workers to establish procures for information and consultation (e.g. ... consultation on the repercussions of technological change).

• Living and working conditions (e.g. ... health, safety and hygiene in the workplace).

---

10 Quelle: Sozialcharta von 1989; Beispiele entn. Schreyögg/Oechsler/Wächter (1995), S. 11.

- Protection of children and adolescents (e.g. ... establishing a minimum working age of 16).
- Protection of the elderly (e.g. ... adequate social security).
- Protection of the disabled (e.g. ... social and occupational integration).

Fallstudie: EU-Politik

1. Errechnen Sie die prozentualen Anteile der Mitgliedstaaten der EU für die Bevölkerung sowie das Bruttosozialprodukt (siehe z.B. Abb. 1.4) und reflektieren Sie über mögliche Probleme/Chancen durch die Unterschiede.

2. Diskutieren Sie die Forderung, die Stimmrechte in den gemeinsamen Organen und die Nettobeiträge der EU-Mitgliedstaaten auf Basis ihrer prozentualen Anteile nach Bevölkerung oder nach Bruttosozialprodukt zu errechnen (siehe z. B. Abb. 1.4).

3. Diskutieren Sie die Vor-/Nachteile bzw. Nutzen/Probleme bei der Aufnahme neuer Staaten in die Europäische Union und insbesondere einer „Südost-Erweiterung" der EU.

4. Diskutieren Sie die Realisierungsmöglichkeiten der Forderungen der Sozial-Charta (siehe Beispiel Sozial-Charta) in den derzeitigen Mitgliedsländern.

1.4 Demographie in Europa

Während die Weltbevölkerung kontinuierlich rasant wächst (zurzeit etwas mehr als 6 Milliarden Menschen – für 2050 prognostizieren die Vereinten Nationen 9,3 Milliarden) nimmt die Bevölkerung in den Industriestaaten kontinuierlich ab, und die Bevölkerungspyramiden der westeuropäischen Länder geraten seit einigen Jahren aus dem Gleichgewicht. Die Geburtenzahlen der jeweils einheimischen Bevölkerung sind dramatisch zurückgegangen, das Durchschnittsalter und die Lebenserwartung haben in den westlichen Ländern beträchtlich zugenommen. Die Überalterung der Bevölkerung entsteht durch ein doppeltes Phänomen: Einerseits nimmt die Anzahl der Älteren und damit das Durchschnittsalter der Bevölkerung zu und gleichzeitig der Bevölkerungsanteil der Jüngeren ab. Diese Dramatik wird lediglich durch die Zuwanderungen von Migranten in seiner Schnelligkeit etwas gebremst.

Die Bevölkerungspyramide von Deutschland (siehe Abb. 1.5) und der meisten EU-Staaten oder Industrieländer weltweit befinden sich zurzeit auf dem Weg von der „Tannenbaumform" hin zu einer „Pilzform", die die Überalterung der Gesellschaft darstellt. Im Jahr 2000 betrug in den Niederlanden der Anteil der Senioren über 65 Jahre rd. 14 % der Gesamtbevölkerung, bis 2025 wird sich der Prozentsatz auf 23 % erhöht haben. Für Deutschland wird diese Lage noch dramatischer gesehen (siehe unten).

Die Einschnitte in der mittleren Altersstatistik (Stand 1983) erklären sich z.b. in der Altersklasse über 60 Jahre bei Männern durch die Gefallenen des 2. Weltkrieges. Daraus resultiert auch ein großer Teil des Frauenüberhanges. In den Klassen über 40 Jahre finden sich die Geburtenausfälle aufgrund des 2. Weltkrieges, über 50 Jahre die Geburtenausfälle durch die Weltwirtschaftskrise in den 20er Jahren und über 60 Jahre die Geburtenausfälle durch den ersten Weltkrieg.

Die demographische Entwicklung in Deutschland zeigt sich besonders deutlich im Durchschnittsalter von Bevölkerungsgruppen:

- So ist z.b. die Lebenserwartung von Frauen in Deutschland von 68,5 Jahren (1950) auf 80,3 Jahre (1998) gestiegen

- und bei Männern im gleichen Zeitraum von 64,5 auf 74,4 Jahre.

- Die Bevölkerungsgruppe der unter 20-Jährigen verändert sich von 1950 mit einem Anteil von 31% über 1980 mit 26% bis 2010 auf 17%

- und die Altersgruppe der über 60-Jährigen im selben Zeitraum von 14% über 19% auf 28%.[11]

---

11 Quelle: Statistisches Bundesamt 1950, 1980 und DIW-Prognose.

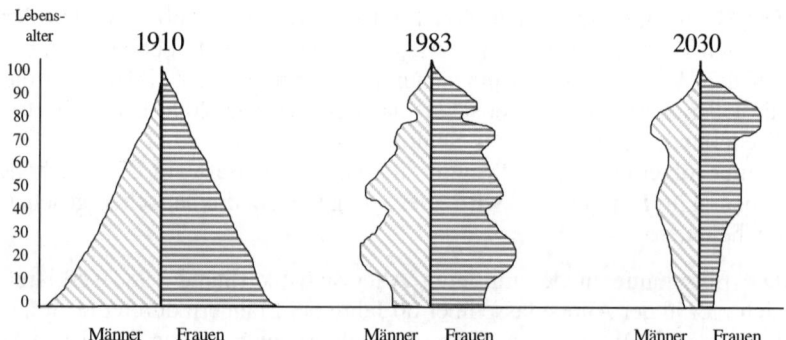

Abb. 1.5: Entwicklung der Alterspyramide in Deutschland[12]

Merksatz:

Die rückläufigen demographischen Entwicklungen (Überalterungen) in den Industriestaaten sind hauptsächlich durch die Geburtenrückgänge und die gestiegene durchschnittliche Lebenserwartung begründet.

Die Geburtenrückgänge sind in allen westlichen Industriegesellschaften auf ein komplexes Ursachengefüge zurückzuführen, u.a. bedingt durch

- den Funktions- und Strukturwandel der Familie bei gleichzeitiger Zunahme der sozialen Fürsorge durch den Staat (z.B. fehlende soziale und ökonomische Bedeutung der Kinder),

- die Emanzipation der Frauen bei gleichzeitiger Höherqualifizierung und Zunahme von Vollerwerbstätigkeit,

- die Ausbreitung individualistischer Lebensstile mit gestiegenem materiellen Aufwand,

- emotionale und engere Paarbeziehungen, die gleichzeitig zu schnelleren Trennungen führen und „Kinder als störend empfinden",

- zunehmende gesellschaftliche Akzeptanz von „Kinderlosigkeit als Normalfamilie",

- aufgeklärte Familienplanung durch tabulose Empfängnisverhütung und liberales Abtreibungsrecht.

---

12 Entn. aus Meier (1998 a), S. 43.

Beispiel: Fertilitätsraten in Europa

Mit Fertilitätsrate bezeichnet man die durchschnittliche Anzahl der Kinder, die pro Frau in einer Gesellschaft geboren werden. Im internationalen Vergleich weist Deutschland zusammen mit Spanien, Italien und Griechenland, derzeit die geringste Fertilitätsrate auf [13]:

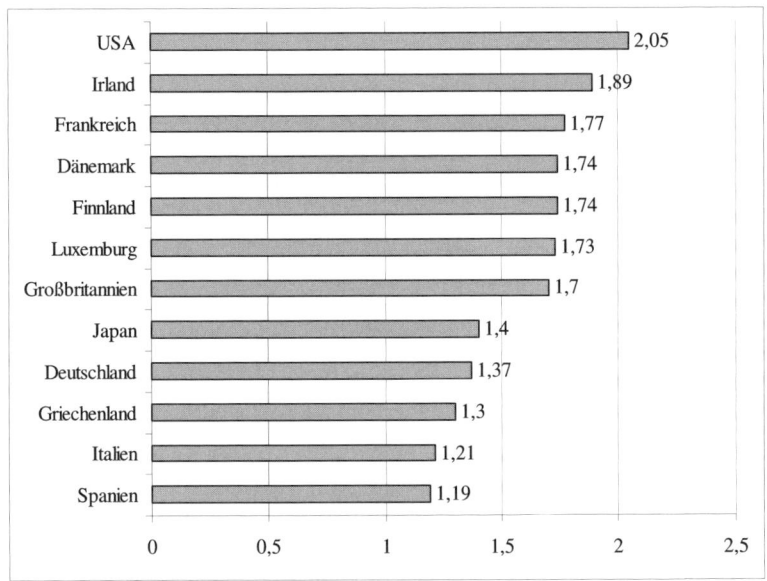

Abb. 1.6: Fertilitätsraten in Europa

Neben dem Geburtenrückgang ist ein weiterer wichtiger Faktor der gesellschaftlichen Überalterung die höhere Lebenserwartung,

- durch den medizinischen Fortschritt, mehr Gesundheitsvorsorge, Hygiene und Unfallverhütung

- sowie die allgemeine Wohlstandssteigerung mit kürzeren Arbeitszeiten und geringeren Arbeitsbelastungen.

---

13 Statistisches Bundesamt (2001).

Bevölkerungsstrukturen im internationalen Vergleich

Die demographischen Entwicklungen sind nicht nur ein nationales, sondern auch ein internationales Problem. Dies spüren insbesondere auch international tätige Unternehmen, da die Entwicklungen der Bevölkerungsstrukturen jeweils innerhalb der Industrie-, Schwellen- oder Entwicklungsländer ähnlich verlaufen (siehe Abb. 1.7).

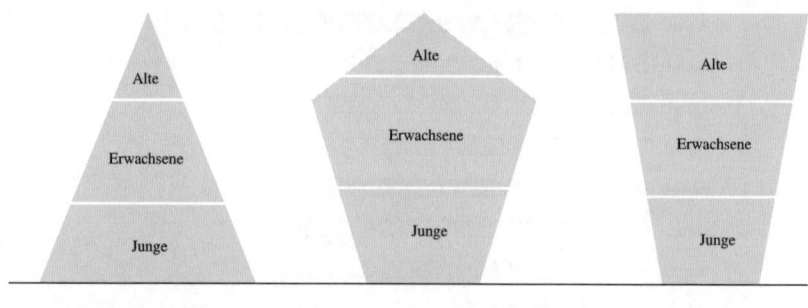

Entwicklungsländer   Schwellenländer   Industrienationen

Abb. 1.7: Bevölkerungsstrukturen im internationalen Vergleich[14]

Als Konsequenzen der Überalterung der Bevölkerung sind u.a. zu erwarten:

- Auf dem Arbeitsmarkt wird es in allen Bereichen Probleme geben, neue Arbeitskräfte zu finden, besonders vor dem Hintergrund, dass eine im Durchschnitt älter werdende Bevölkerung größere Ansprüche auf Dienstleistungen im Pflege-, Sozial- und Gesundheitsbereich stellen wird, gleichzeitig aber der Nachwuchs auf dem Arbeitsmarkt nicht ausreichend mitwächst.

- Die größeren Ansprüche hinsichtlich Dienstleistungen und Alterspensionen werden besonders in den Ländern, wo keine öffentlichen Rentenkassen aufgefüllt wurden, zu erheblichen finanziellen Belastungen für den relativ geringer werdenden Anteil der Berufsbevölkerung führen.

---

14 Entn. aus Meier (1998 a), S. 45.

- Die Spannung am Arbeitsmarkt wird die Attraktivität z.b. von Deutschland und den Niederlanden sowie anderen westlichen Industrieländern als Einwanderungsland vergrößern. Die Debatte über die Frage, ob durch Immigration den negativen Folgen der Überalterung der Bevölkerung und der Spannung auf dem Arbeitsmarkt entgegengewirkt werden kann, ist bis heute eine sehr kontroverse Diskussion in der Gesellschaft.

1.5 Migration in Europa

Migration bedeutet Zuwanderung und Abwanderung, d.h. eine räumliche Bewegung zur Veränderung des Lebensmittelpunktes von Menschen über eine bedeutsame Entfernung (hier über nationale Grenzen). Darunter fallen in Deutschland als typische Migrantengruppen zum Beispiel zurzeit:

- EU-Binnenmigranten (EU-Bürger, die nach Deutschland kommen),
- Werkvertrags-, Saison- und andere befristete Arbeits-Immigration aus Nicht-EU-Staaten,
- Familien- und Ehegattennachzug von Drittstaaten,
- zugewanderte Spätaussiedler,
- Zuwanderung von Juden aus der ehemaligen Sowjetunion,
- Zuwanderungen von Asylsuchenden und Konventionsflüchtlingen,
- Aufnahme von Kriegs- und Bürgerkriegsflüchtlingen aus dem Gebiet des ehemaligen Jugoslawien.

Migration ist nicht mit Einwanderung gleichzusetzen, sondern besteht aus Zu- und Abwanderungsbewegungen in einer Gesellschaft, was in der Öffentlichkeit und Politik meist nicht so dargestellt wird. In den Jahren 1997 und 1998 sind zum Beispiel deutlich mehr Ausländer aus Deutschland weg- als zugezogen (siehe Abb. 1.9 und Abb. 1.11)[15]. So zogen z.B. im Jahr 1998 etwas mehr als 800.000 Menschen nach Deutschland (teilweise auch „Repatriates" = Auswanderer-Rückkehrer oder Manager-Rückkehrer, die im Rahmen von Auslandtätigkeiten vorübergehend ihren Wohnsitz ins Ausland verlegt hatten) und über 755.000 verließen Deutschland, was einen Zuwanderungsüberschuss von rd. 47.000 ergibt. Diese rückläufige Zuwanderungstendenz erklärt

---

15 Beauftragte der Bundesregierung für Ausländerfragen (1999 b), S. 4.

sich aus einer gesunkenen Gesamtzuwanderung und rührt gleichzeitig daher, dass mehr Ausländer aus Deutschland weggehen als hinzukommen (mit einem Saldo von rd. ./. 33.000).

	Nationalität	insgesamt	in %		Nationalität	insgesamt	in %
1	Türkei	2.110.223	28,8	12	Niederlande	112.072	1,5
2	Jugoslawien[16]	719.474	9,8	13	Großbritannien	111.248	1,5
3	Italien	612.048	8,4	14	USA	110.680	1,5
4	Griechenland	363.514	5,0	15	Frankreich	105.808	1,5
5	Polen	283.604	3,9	16	Rumänien	89.801	1,2
6	Kroatien	208.909	2,9	17	Vietnam	85.452	1,2
7	Bosnien-Herzegowina	190.119	2,6	18	Marokko	82.748	1,1
8	Österreich	185.159	2,5	19	Afghanistan	68.267	0,9
9	Portugal	132.578	1,8	20	Libanon	55.074	0,8
10	Spanien	131.121	1,8	21	Ungarn	51.905	0,7
11	Iran	115.094	1,6	22	...		
					Ausländer gesamt	**7.319.593**	**100**

Abb. 1.8: Ausländer nach Staatsangehörigkeit in Deutschland (Stand 31.12.98)[17]

Migrationsprozesse verlaufen nicht kontinuierlich, sondern sind starken Wandlungen unterworfen. Auch in Deutschland hat Migration eine jahrhundertelange Tradition, angefangen mit der Migration von Deutschen nach Ost- und Südeuropa beginnend im ausgehenden Mittelalter, und fortgesetzt mit der Auswanderung von mehreren Millionen Deutschen nach Nord- und Südamerika im 19. Jahrhundert. Auch im 20. Jahrhundert ist Migration ein gesellschaftlich bedeutendes Phänomen (siehe Abb.1.9 und Abb. 1.11).

---

16 BR Jugoslawien: Serbien und Montenegro.
17 Beauftragte der Bundesregierung für Ausländerfragen (1999 a), S. 21.

	Zuzüge nach Deutschland			Fortzüge aus Deutschland			Wanderungssaldo	
	Gesamt	Ausländer	Anteil in %	gesamt	Ausländer	Anteil in %	Gesamt	Ausländer
1991	1.198.978	925.345	77,2	596.455	497.540	83,4	+ 602.523	+ 427.805
1992	1.502.198	1.211.348	80,6	720.127	614.956	85,4	+ 782.071	+ 596.292
1993	1.277.408	989.847	77,5	815.312	710.659	87,2	+ 462.096	+ 279.188
1994	1.082.553	777.516	71,8	767.555	629.275	82,0	+ 314.998	+ 148.241
1995	1.096.048	792.701	72,3	698.113	567.441	81,3	+ 397.935	+ 225.260
1996	959.691	707.954	73,8	677.494	559.064	82,5	+ 282.197	+ 148.890
1997	840.633	615.298	73,2	746.969	637.066	85,3	+ 93.664	./. 21.768
1998	802.456	605.500	75,5	755.358	638.955	84,6	+ 47.098	./. 33.455

Abb. 1.9: Zu- und Fortzüge nach/von Deutschland (...) 1991–1998[18]

In allen westeuropäischen Industrieländern finden seit Jahrhunderten bis heute Zu- und Abwanderungsbewegungen statt. Im Vergleich der Migrationen zu andern Ländern ist zu beachten, dass es sehr unterschiedliche Definitionen bzw. Abgrenzungen gibt, was Migration bzw. wer Migrant ist. Es gibt z.B. auch Länder wie Frankreich, die gar keine Migrationsstatistiken führen. Auch sind die in den Medien oft verbreiteten absoluten Migrationszahlen nicht vergleichbar, da Migration nur in Relation zur Gesamtbevölkerung gesehen werden kann. So hat zwar Deutschland in Europa die höchsten absoluten Zuwanderungszahlen, im Vergleich zur Gesamtbevölkerung aber haben Luxemburg und die Schweiz mit Abstand die höchsten Ausländeranteile in der Bevölkerung (siehe Abb. 1.10).

18 Ebenda, S. 8.

Ausländeranteil in Europa (in %)		
	1950	**1996**
Luxemburg	9,9	33,0
Schweiz	6,1	19,3
Norwegen	0,5	9,1
Belgien	4,3	9,0
Österreich	4,7	9,0
Deutschland	1,1	8,8
Frankreich	4,1	6,0
Schweden	1,8	6,0
Niederlande	1,1	4,7
Dänemark	k.A.	4,2
Großbritannien	k.A.	3,4
Irland	k.A.	3,2
Portugal	0,3	1,7
Griechenland	0,4	1,5
Spanien	0,3	1,3
Finnland	0,3	1,3
Italien	0,1	1,0

Abb. 1.10: Ausländeranteile in Europa[19]

Immer noch gelten in Europa bei den Migrationsbewegungen historisch gewachsene Traditionen, z.B. aus der Kolonialzeit:

- So leben z.b. ein Großteil der nach Europa ausgewanderten Nordafrikaner in Frankreich (hauptsächlich Algerier, Tunesier und Marokkaner),
- in Großbritannien sind der Großteil Inder, Pakistani und Bangladeschis,
- in Deutschland Ost- und Südosteuropäer sowie Zentralasier.

Migrationsbewegungen sind in Deutschland wesentlicher Bestimmungsfaktor der Bevölkerungsentwicklung, die maßgeblich die Einwohnerzahl

---

19 Quelle: European Commission (1999).

und wichtige Aspekte der Sozialstruktur beeinflussen, zum Beispiel die Alters-, Geschlechts- und Schichtenstrukturen. Unterschiedliche Berechnungen führen zu dem Ergebnis, dass z.b. ohne die Migration in Deutschland (West) 1989 nur rd. 41 Mio. Menschen statt der damals 62 Mio. Einwohner gelebt hätten.

In Deutschland sind nach dem 2. Weltkrieg sechs wichtige, sich teilweise überlagernde Wanderungsströme zu differenzieren[20]:

- rd. 14 Mio. Vertriebene/Flüchtlinge aus dem ehemaligen deutschen Osten (1944 – 1950), davon 8 Mio. nach Deutschland (West) und 4 Mio. nach Deutschland (Ost),

- rd. 3 Mio. Flüchtlinge/Übersiedler aus der ehemaligen DDR nach Deutschland (West) (1945 – 1961) bis zum Bau der Berliner Mauer,

- Zuwanderung von Arbeitsmigranten aus der Türkei, Ex-Jugoslawien, Italien, Spanien und Griechenland (insbesondere 1961–1973 und seit 1989),

- 4 Mio. deutschstämmige (Spät-) Aussiedler aus Ost-/Südost-Europa (1950 – 1999), davon allein rd. 2,6 Mio. seit 1988,

- rd. 2,5 Mio. Übersiedler aus Ost- nach West-Deutschland im Zuge des Zusammenbruchs der DDR (1989 – 1999) und umgekehrt rd. 1,2 Mio. von West- nach Ost-Deutschland,

- sowie rd. 1,2 Mio. Flüchtlinge/Asylbewerber aus aller Welt insbesondere seit Mitte der 80er Jahre.

---

20 Geißler (2000), S. 5 ff.

Abb. 1.11: Migrationsströme von/nach Deutschland

Trotz ihrer Überalterung nimmt die Bevölkerung der westeuropäischen Länder aber insgesamt nicht entsprechend relativ zum Netto-Geburtenrückgang stark ab. Die Ursache des „gebremsten Rückgangs" liegt in der Migration von Arbeits-Migranten innerhalb Europas und speziell der EU, Familienzusammenführungen, Asylsuchenden und Repatriates (Auswanderer, die wieder zurückkehren). Faktisch sind z.b. Deutschland und die Niederlande schon seit Anfang der 50er Jahre sog. Einwanderungsländer. Nach dem 2. Weltkrieg hat sich aufgrund des Arbeitskräftemangels in der Bundesrepublik Deutschland ein Zustrom von zig-tausenden ausländischen Arbeitskräften ergeben. Im Dezember 1955 wurde ein Anwerbeabkommen mit Italien abgeschlossen, Anfang bis Ende der 60er Jahre mit Griechenland, Türkei, Portugal, Tunesien und dem ehemaligen Jugoslawien. Sie ermöglichten die Zuwanderung von mehreren hunderttausend sog. Gastarbeitern. Aber bereits 1966/67 führte die erste wirtschaftliche Rezession in Deutschland zu Debatten über die Verringerung der Ausländerbeschäftigung. Im November 1973 beschloss die Bundesregierung angesichts der sich abzeichnenden Wirtschafts- und Energiekrise einen „Anwerbestop", der zum eigentlichen Beginn des Daueraufenthalts von Gastarbeitern wurde. Bestand die ausländische Wohnbevölkerung bisher nur aus erwerbstätigen Männern, so zogen nun Frauen und Kinder im Rahmen der Familienzusammenführung zu.

Merksätze:

Migration ist die Zu- und Abwanderung in einer Gesellschaft. Migrationsprozesse verlaufen nicht kontinuierlich, sondern stark schwankend.

Migration hat in Europa und insbesondere auch in Deutschland eine jahrhundertealte Tradition.

In den letzten Jahren wurde viel über den Zusammenhang zwischen der Entwicklung der Arbeitslosigkeit und der Einwanderung geforscht, u.a. mit folgenden Ergebnissen:

- Die Zahl der Migranten richtet sich nach der Arbeitslosigkeit in den westeuropäischen Ländern. Die Arbeitslosigkeit und damit die Nachfrage auf dem Arbeitsmarkt, die Zunahme der Weltbevölkerung, die Verbesserung der Transportmöglichkeiten und einzelne politische Entscheidungen, wie z.B. für die Niederlande die Unabhängigkeitserklärung von Surinam, erklären zu rd. 94 % die Variation der Migration aus nicht-europäischen Ländern außerhalb der EU. Aus einer gemeinsamen Untersuchung mehrerer niederländischer Forschungsinstitute geht hervor, dass eine Zunahme der Arbeitslosigkeit von 1% zu einer Abnahme der Migration in Höhe von vier- bis fünftausend Personen führt[21].

- Migration löst Folge-Migration aus: Sowohl die Gastarbeiter aus den 60er Jahren als auch die Asylanten aus den 90er Jahren führten ihre Familien zusammen. Die niederländischen Forschungen ergaben, dass die rd. 100.000 Asylanten in den Jahren 1990-96 bis Anfang 2000 rd. 22.000 Folge-Migranten mit sich zogen. Das Muster ist fast immer das folgende: Junge Männer kommen zuerst und bereiten die Zuwanderung der Nachfolger vor, Frauen folgen den Männern im Rahmen von Familiennachzug oder -bildung. Die Wahl des Gastlan-

---

21 Nederlands Interdisciplinair Demografisch Instituut (2000).

des ist relativ ursprungsland-gebunden. Türken bevorzugen Deutschland, Marokkaner Frankreich, Italien oder Spanien, Senegalesen ziehen nach Italien, Ghanaer zieht es in die USA und nach Deutschland. Die Kolonialgeschichte, die Nähe, die Sprache und Migrationstraditionen sind bestimmende Faktoren. Vor dem Hintergrund der Entwicklungen auf dem Arbeitsmarkt, angesichts der Überalterung der Bevölkerung und der qualitativen Abstimmung von Angebot und Nachfrage von Arbeitskräften (z.B. Green Card-Diskussion) und der besseren Transport- und Kommunikationsmöglichkeiten liegt es nahe, in den kommenden Jahren einen ansteigenden Migrantenfluss zu erwarten. Was Folgen der Ausweitung der EU in Richtung Ost- und Südosteuropa für die Migration aus und über diese Länder nach Westeuropa sein werden, wird gesellschaftlich kontrovers diskutiert.

Die heutigen und künftigen Probleme auf dem Arbeitsmarkt haben zu der These geführt, dass die westeuropäischen Länder, um ihren Wohlstand zu schützen, unbedingt Migranten zulassen müssen. Vor dem Hintergrund, dass ein großer Teil der Asylsuchenden Wirtschaftsflüchtlinge sind, liegt hier eine Möglichkeit zur Lösung der Arbeitsmarktprobleme. Anderen Analysen zufolge würde jedoch eine Zulassung z.B. in den Niederlanden von 150.000 Migranten jährlich die Arbeitsmarktprobleme zwar lösen, die Gesamtbevölkerung am Ende des 21. Jahrhunderts aber auf 50 Millionen bringen (zum Vergleich: die Niederlande haben zurzeit rd.15 Millionen Einwohner, in den letzten Jahren wurden 40.000 Migranten jährlich zugelassen). Es ist leicht vorstellbar, welche Integrationsprobleme ein derart großer Zustrom von Einwanderern in der Gesellschaft und am Arbeitsplatz mit sich bringen würde. Die Frage ist, ob es unter dem Druck des Arbeitsmarktes in den nächsten Jahren vernünftig ist, die Möglichkeiten für eine Einwanderungswelle nach Westeuropa, wie sie in den 60er und 70er Jahren mit Gastarbeitern stattfand, zu schaffen. Das Potenzial ausländischer Arbeitskräfte wird in den kommenden Jahren auch ohne einen weiteren Zuzug von Migranten z.B. nach Deutschland und die Niederlande steigen. Ursachen hierfür sind u.a. die hohen Bevölkerungsanteile der Kinder und Jugendlichen unter den Migranten. Aus der Situation des Angebots der Migranten auf dem Arbeitsmarkt ergeben sich einerseits Probleme für die Integration, anderseits aber auch Chancen, weil die Migranten sowohl quantitativ als auch qualitativ Lücken auf dem Arbeitsmarkt decken können.

Arbeitsmarktprobleme für Migranten

Viele Forschungsergebnisse zeigen schon jetzt eine Warnung über die schwierige Lage der Migranten auf dem Arbeitsmarkt auf. Die Situation vieler ausländischer Arbeitskräfte z.b. in Deutschland hat sich in den letzten Jahren unter dem Druck des Strukturwandels verschlechtert. Der Zugang zum Arbeitsmarkt hat sich für Migranten erschwert und die Erwerbsbeteiligung der Migranten ist stark gesunken (siehe Abb. 1.12). Somit hat sich die Erwerbsbeteiligung bei Deutschen und Ausländern seit Mitte der 80er Jahre in verschiedene Richtungen entwickelt. Interessant ist der Unterschied zu Beginn der 80er Jahre, als die Verhältnisse noch umgekehrt waren und die Erwerbsbeteiligung bei allen ausländischen Nationalitäten über der der Deutschen lag. Hier ist festzustellen, dass die allgemeine Wirtschaftsentwicklung und die Veränderungen in der Struktur der Arbeitskräftenachfrage nicht zugelassen haben, dass die Arbeitsplätze für Migranten zumindest parallel zur Entwicklung des Arbeitskräfteangebots mitwachsen konnten[22].

Jahr	Arbeitslosenquote		Differenzen	
	gesamt	Ausländer	absolut	relativ (in %)
1990	7,2	10,9	3,7	51,4
1991	6,3	10,7	4,4	69,8
1992	6,6	12,2	5,6	84,8
1993	8,2	15,1	6,9	84,1
1994	9,2	16,2	7,0	76,1
1995	9,3	16,6	7,3	78,4
1996	10,1	18,9	8,8	87,1
1997	11,0	20,4	9,4	85,5
1998	9,4	19,6	10,2	108,5
1999	8,8	18,4	9,6	109,1

Abb. 1.12: Entwicklung der jahresdurchschnittlichen Arbeitslosenquote (Westdeutschland)[23]

---

22 Hönekopp (2000), S. 18-25.
23 Quelle: Bundesanstalt für Arbeit, entn. aus Beauftragte der Bundesregierung für Ausländerfragen (2000), S. 50.

Insgesamt stellt sich die Position der Migranten auf dem Arbeitsmarkt und in der Ausbildung als sehr schwierig dar. Folgende Ursachen sollten berücksichtigt werden:

• Gerade die erwerbsfähige ausländische Bevölkerung hat durch natürliches Bevölkerungswachstum und durch Nettozuwanderungen relativ stärker als der Rest der Bevölkerung zugenommen.

• Die ausländischen Beschäftigten sind vom sektoralen Strukturanpassungsprozess stärker als die deutschen Beschäftigten betroffen. Der Abbau der Arbeitsplätze in den produzierenden Bereichen (Bergbau, Verarbeitendes Gewerbe, Bau) mit einfachen und schweren körperlichen Tätigkeiten hat gerade die Migranten besonders stark getroffen.

• Die Migranten haben von der Schaffung hochwertiger Arbeitsplätze im Dienstleistungsbereich aufgrund ihrer durchschnittlich schlechteren Qualifikationsstruktur wenig profitiert. Migranten sind meist in den primären Dienstleistungen (personenbezogene Dienstleistungen, wie Wäscherei, Reinigung etc.) tätig. Neue Arbeitsplätze entstehen aber vor allem im qualitativ hochwertigen sekundären Dienstleistungsbereich (unternehmensbezogene Dienstleistungen wie Beratung, Management, Forschung und Entwicklung etc.).

• Ausländische Jugendliche haben es in Deutschland immer noch schwer, sich den Zugang zu höheren Qualifikationen zu verschaffen, aufgrund ihrer Schwierigkeiten eine Ausbildungsstelle zu finden oder aufgrund sprachlicher Probleme höhere Schulen und Hochschulen zu besuchen. Trotz steigendem Interesse an Ausbildungsplätzen und Schulabschlüssen ist der Anteil von Migranten bei den Nachwuchskräften von 1994 bis 2000 von rd. 10% auf 8% gesunken. Ihr Anteil an der Bevölkerung lag 2000 mit rd. 13% wesentlich höher[24]. Die Integration ins Bildungssystem wird aufgrund der hohen Konzentration von Ausländern in bestimmten städtischen Wohngebieten und den damit entstandenen „Ausländerschulen" eher schlechter (siehe Beispiel).

• Auch wenn künftig hochqualifizierte Facharbeiter, beispielsweise über die Green Card, nach Westeuropa kommen, werden sie die durchschnittliche Situation für Migranten nicht verbessern, weil sie

---

24 Forschungsergebnisse des Instituts der Deutschen Wirtschaft, FAZ vom 26.8.2000.

Familienmitglieder mitbringen werden, die nicht über die passenden Qualifikationen verfügen[25].

- Obwohl sich der Zuwachs der ausländischen Gesamtbevölkerung in den letzten Jahren stabilisiert hat, wird das ausländische Arbeitskräftepotential in Westeuropa aufgrund seiner Altersstruktur kräftig ansteigen. Die Altersgruppen der unter 15-Jährigen sind bei den Migranten anteilsmäßig stärker besetzt als bei der Gesamtbevölkerung. In den nächsten Jahren werden wesentlich mehr Ausländer eine Arbeit- oder Ausbildungsstelle suchen, als ausländische Arbeitskräfte aus Altersgründen aus dem Arbeitsmarkt ausscheiden werden.

Beispiel: Schulabschlüsse im Vergleich

Schulentlassene (1998)[26]: insgesamt 903.267 (davon 82.911 Nicht-Deutsche), davon,

- ohne Hauptschulabschluss 9,2% Deutsche und 20,2% Ausländer,
- mit Hauptschulabschluss 26,2% Deutsche und 41,2% Ausländer,
- mit Realschulabschluss 40,6% Deutsche und 29,1% Ausländer,
- mit Hochschulreife 23,4% Deutsche und 8,7% Ausländer.

Ausländerkinder (zurzeit rd. 1,7 Mio. in Deutschland) haben einen deutlich ungünstigeren Bildungsstand, das heißt einen besonders hohen Hauptschul-, Sonderschul- oder Abbrecheranteil. Dies führt zu einer systematischen sozialen Benachteiligung am Arbeitsmarkt und im gesellschaftlichen Leben. Dies hängt sicher zusammen bzw. wird verstärkt mit der „Ghettobildung in Problemstadtteilen" mit einer überwiegend sozial schwachen Bevölkerung.

Im Zusammenhang mit Migration wird oft auf eine angeblich höhere Ausländerkriminalität hingewiesen. Dieses weitverbreitete Vorurteil ist nachweislich falsch (siehe Beispiel unten). Kriminalität ist keine Frage des Passes oder der Nationalität in einer Gesellschaft, sondern eine Frage der sozialen Integration.

---

25 Nederlands Interdisciplinair Demografisch Instituut (2000).
26 Statistisches Bundesamt 2001, entn. aus: Die Zeit vom 17.5.2001.

Beispiel: Vorurteil Ausländerkriminalität

„Trotz Ansätzen zu einer differenzierten Betrachtung sind von Ausländern begangene Straftaten unter dem Schlagwort „Ausländerkriminalität" immer wieder Gegenstand von politischen und öffentlichen Diskussionen. Eine differenzierte Auseinandersetzung mit der Thematik ist geboten, da unter dem Begriff Nichtdeutsche unterschiedliche Ausländergruppen (dauerhaft ansässige ausländische Wohnbevölkerung, Personen mit vorübergehendem Aufenthalt, Illegale, Touristen) subsumiert werden und ein direkter Vergleich der tatsächlichen Kriminalitätsbelastung der deutschen mit der nichtdeutschen Bevölkerung u.a. aufgrund der unterschiedlichen sozio-strukturellen Zusammensetzung nicht möglich ist. Mangelnde Differenzierung leistet hier der Vorurteilsbildung Vorschub.

Ausweislich der Polizeilichen Kriminalstatistik nahm die Anzahl der Tatverdächtigen ohne deutsche Staatsangehörigkeit 1998 gegenüber dem Vorjahr leicht um 0,8 % auf 628.477 ab (1998: + 1,3 %). Da die Anzahl der deutschen Tatverdächtigen im gleichen Jahr um 3,1% (1997: + 3,3 %) auf 1.691.418 gestiegen ist, nahm der Tatverdächtigenanteil Nichtdeutscher auf 27,1 % ab (1997: 27,9 %). Mindestens gegen jeden vierten (1998: 29,7 %) nichtdeutschen Tatverdächtigen ist wegen eines Verstoßes gegen das Ausländer- oder Asylverfahrensgesetz ermittelt worden, Vergehen, die von Deutschen in der Regel nicht begangen werden können. Innerhalb der Gruppe der nichtdeutschen Tatverdächtigen lag 1998 der Anteil von Illegalen bei 22,4 % (davon 91,5 % Verstöße gegen das Ausländergesetz), der von Asylbewerbern bei 17,8 %, der Arbeitnehmer bei 16,1 % und der sonstigen Nichtdeutschen bei 25,9 %. Seit langem in Deutschland lebende Personen ohne deutsche Staatsangehörigkeit wie etwa ausländische Arbeitnehmer verhalten sich strafrechtlich weitgehend unauffällig. Ihre Kriminalitätsbelastung blieb in den vergangenen zehn Jahren unverändert. Kriminalität ist also keine Frage des Passes, sondern eine Frage der sozialen Integration ..."[27]

Der Bevölkerungsaufbau wird sich in den folgenden Jahrzehnten gravierend ändern. Britische Forschungen sagen voraus, dass 2010 die Bevölkerung Londons zu mehr als der Hälfte aus Migranten und ihrem Nachwuchs besteht. Auch jetzt schon ist der anglo-amerikanische Anteil der Bevölkerung des amerikanischen Bundeslandes Kalifornien auf weniger als 50% gesunken. Migranten mit einem legalen Aufenthalt in Amsterdam stellen bereits knappe 30% der Bevölkerung. Die Bevölkerung der westlichen Länder wird mit steigender Tendenz künftig immer „farbiger" werden. Dafür sprechen folgende Gründe: Die aktuellen und künf-

---

27 Beauftragte der Bundesregierung für Ausländerfragen (2000), S. 25.

tigen Probleme auf dem Arbeitsmarkt sowie das allgemeine gesellschaftliche Interesse an der Eingliederung der Migranten in den Unternehmen. Und auch die Chancen, die die Integration der Migranten in die Unternehmen für die Wertschöpfung bieten, geben den Unternehmen viele Gründe, sich verstärkt dem Management von interkulturell zusammengesetzten Belegschaften zu widmen (siehe Kap. 9: Diversity Management).

Fallstudie: Ausländer-Arbeitsmarkt[28]

1. Ermitteln Sie den Anteil ausländischer Bevölkerung in Deutschland, den Niederlanden und anderen ausgewählten EU-Staaten.

2. Können Sie Aussagen über die durchschnittliche Aufenthaltsdauer von Ausländern in Deutschland, den Niederlanden und anderen ausgewählten EU-Staaten ermitteln?

3. Suchen Sie aktuelle Beispiele über die Anteile der ausländischen Beschäftigten nach Wirtschaftszweigen, Berufsgruppen o.ä..

4. Suchen Sie aktuelle Aussagen über die Schulabschlüsse von ausländischen Jugendlichen in Deutschland und den Niederlanden.

5. Suchen Sie aktuelle Zahlen zum Anteil der Ausländer an deutschen und niederländischen Hochschulen sowie in anderen ausgewählten EU-Ländern.

6. Suchen Sie aktuelle Aussagen über das Verhältnis der Ausbildungsquote von inländischen und ausländischen Jugendlichen.

7. Suchen Sie Aussagen über die Erwerbsbeteiligung ausländischer Arbeitnehmer in Deutschland, den Niederlanden und anderen ausgewählten EU-Staaten.

8. Wie hoch sind die Ausländeranteile nach Staatsangehörigkeiten in den nationalen Arbeitslosenstatistiken in Deutschland, den Niederlanden und anderen ausgewählten EU-Staaten?

---

28 Informationen z.B. in regelmäßigen Berichten von: Ausländerbeauftragte, Statistisches Bundesamt, Länderministerien, Bundesagentur für Arbeit.

2. Kulturunterschiede

2.1 Einführung

Nach einer bekannten Metapher ist Kultur für Menschen wie „das Wasser für die Fische": Das Wasser bleibt unbemerkt, solange der Fisch darin bleibt. Befindet er sich außerhalb seiner gewohnten Lebenswelt, spürt er auf schmerzliche Weise die Folgen dieser Bewegung. Wenn Menschen sich in anderen Kulturen befinden, können sie sich physisch und psychisch zu einem großen Teil neuen Gegebenheiten anpassen – vorausgesetzt, dass die Einsicht, dass es sich um eine andere Kultur handelt, und der Wille, sich damit auseinander zu setzen, vorhanden sind. Allenfalls wird man sich in anderen Kulturen seiner Eigenheit bewusst: Gewohnte Verhaltensmuster passen plötzlich nicht mehr zu den Rahmenbedingungen der neuen Umgebung. Wie der Fisch auf dem Trocknen sucht man nach einem Ausweg: Den findet man zumeist, aber nicht sofort und ohne Bemühungen.

Seit dem Ende der 80er Jahre ist eine neue Globalisierungswelle wahrnehmbar (siehe Kap. 1). Globalisierung ist nichts grundsätzlich Neues, es hat in der Geschichte schon wiederholt Perioden von verstärktem Austausch (realistischer ausgedrückt: Nutzung, Aneignung oder Ausbeutung fremder Ressourcen) von Menschen und Hilfsquellen gegeben. Die Fernost-Reisen des venezianischen Kaufmanns Marco Polo im 12. Jahrhundert, die zufällige Entdeckung der „Neuen Welt" Amerika durch den Genueser Cristoforo Colombo im Jahr 1492 oder die Umrundung der Südspitze Afrikas (Kap der Guten Hoffnung) durch den Portugiesen Bartholomeas Dias im 15. Jahrhundert mit der anschließenden kolonialen Erschließung der asiatischen, afrikanischen und amerikanischen Kontinente durch Portugiesen, Spanier, Engländer, Niederländer und Franzosen haben mit der heutigen Globalisierung gemeinsam die Entdeckung des Andersseins und eine passionierte Neugier für die Eigenheiten fremder Kulturen. Kulturunterschiede werden aber allzu oft nur mit weit entfernten, exotischen Bestimmungen in Zusammenhang gebracht. Statt der Fernreise mit dem Flugzeug kann auch schon die Bahnreise in das benachbarte Ausland für Überraschungen sorgen. Zum Beispiel stößt man kurz nach der Grenze aus Deutschland kommend in den Niederlanden auf andere Abläufe, die deshalb so trügerisch sind, weil man sie so nah nicht erwartet hat. Nicht umsonst gibt es den Spruch „Niederländer und Deutsche - ziemlich gleich gesinnt, trotzdem sehr unterschiedlich."

Die Aufmerksamkeit für andere Kulturen hat schon seit dem Ende des 19. Jahrhunderts seine Spuren im Freizeitbereich hinterlassen, seit den 80er Jahren des 20. Jahrhunderts tut sich ein bis jetzt stetig wachsendes wissenschaftliches Interesse für Kulturunterschiede auf. Auch Wirtschaftswissenschaftler fingen an, sich für mehr als die Güter- und Kapitalströme zwischen Ländern zu interessieren. Im Zuge des Interesses für das relativ neue Betriebswirtschaftliche Forschungs- und Erfahrungsfeld des „Interkulturellen Management" erschienen Forschungsergebnisse, die sich systematisch mit Kulturunterschieden befassen.

Fallstudie: Rabo-Bank Nederland
„Ins Geschäft kommen über die niederländische Grenze: Verhaltensregeln für den Umgang mit ausländischen Partnern"[29]

Belgien

Der gemütliche Belgier braucht länger, um ins Geschäft zu kommen, er zeigt oft risikomeidendes Verhalten. Er hat häufig nicht allein das Sagen, soll Rücksprache mit der Gruppe halten. Er redet nie mit den Händen in den Taschen und verteilt kein Schulterklopfen.

Deutschland

Die ersten Kontakte sollten am besten schriftlich, statt telefonisch wie in den Niederlanden üblich, stattfinden. Sie sollten die Termine pünktlich einhalten und damit rechnen, dass vor allem die ersten Besprechungen in einer formellen und distanzierten Atmosphäre ablaufen. Später wird das alles ein wenig „gemütlicher". Nie eine Tür öffnen, ohne zuerst anzuklopfen.

Frankreich

Haben Sie es nicht eilig. Zuerst sollten Sie sich um den Aufbau der Beziehung kümmern. Die stark hierarchische Struktur der französischen Wirtschaft kann hier diesen Geschäftsablauf vertragen: Schütteln Sie immer die Hände aller Anwesenden, wenn Sie hereinkom-

---

29 Rabo Bank Nederland (2000).

men, und wenn Sie die Besprechung verlassen. Ein Brief per Einschreiben wird als eine grobe Beleidigung wahrgenommen.

England

Die Beziehung entwickelt sich sehr rasch. Engländer sind sehr „to the point" und erwarten von Ihnen dasselbe Verhalten. Wenn Sie einen Termin haben, bemühen Sie sich zum richtigen Zeitpunkt da zu sein, und wenn dies nicht gelingen sollte, geben Sie sofort Bescheid.

USA

„Time is money", also halten Sie Gespräche kurz und knapp. Die Amerikaner sind informell. Eine extrovertierte Ausstrahlung ist erwünscht. „Keep smiling" und bitte nicht rauchen.

Indonesien

„Jam karet" (Zeit ist aus Gummi), aber treffen Sie bei Terminen rechtzeitig ein. Geduld ist eine gute Sache. Reden Sie zuerst ausführlich über „dieses und jenes" und Familiäres. Eine gemeinsame Einstimmung ist wichtiger, als einen perfekten Vertrag abzuschließen. Lautes Verhalten ist verletzend. Zeigen Sie nie Ihre Fußsohlen oder Schuhsohlen. Nutzen Sie nie den Finger, um Gegenstände anzuweisen, machen Sie das mit dem Daumen.

Japan

Gehen Sie nicht zu Fuß, kommen Sie mit dem Taxi. Verbeugungen als Begrüßungsritual kommen noch oft vor. Bringen Sie einen Dolmetscher mit, oder benutzen Sie den Dolmetscher des Geschäftspartners. Verhandlungen verlaufen ziemlich langsam. Geschäftsverhandlungen werden oft mit Verhandlungsteams durchgeführt. Bringen Sie selber auch mehr Menschen mit. Non-verbale Kommunikation nimmt einen Großteil der Kommunikation ein. Seien Sie auf das ewige Lächeln vorbereitet. Die Beine übereinander zu legen, wird als unhöflich wahrgenommen.

China/Hongkong

Eine gute Beziehung aufzubauen, ist eine langwierige Sache. Zeigen Sie sich in den manchmal endlosen Verhandlungen nie irritiert. Geschäftliche Gespräche sind an und für sich kurz und effizient, namentlich in Hongkong. Landeserfahrung und ein Vertreter vor Ort

mit den richtigen Kontakten sind langfristig die Bedingungen für eine erfolgreiche Zusammenarbeit.

Auftrag:

1. Welche der hier gezeigten typischen Verhaltensweisen der verba-
   len oder non-verbalen Sprache aus Ihrer Kultur haben keine oder
   eine andere Bedeutung als in einer der oben genannten Kulturen?

2. Sammeln Sie (allein oder in Kleingruppen nach Ländern differenziert) typische Vorurteile, die wir von Deutschen gegenüber ausgewählten anderen Ländern oder Kulturen kennen und umgekehrt
   von diesen Ländern/Kulturen gegenüber uns. Interpretieren Sie
   Gründe für das Entstehen dieser Vorurteile.

2.2 Der Kulturbegriff

Mit Menschen anderer Länder oder Kulturen erfolgreich zu kommunizieren, Geschäfte zu machen oder zusammenzuarbeiten, setzt eine gute
Vorbereitung voraus. Verräterisch für Kulturunterschiede sind die Ba-
sisauffassungen, die für alle in einem Kulturkreis selbstverständlich
sind, in anderen Kulturkreisen aber nicht immer geteilt werden. Werden
Kulturunterschiede ignoriert, kann manchmal sogar ein geschäftlicher
Vertrag „platzen", weil z.B. gegen ungeschriebene, kulturgebundene
Verhaltensregeln verstoßen wurde. Um den Kulturbegriff zu erfassen,
müssen zwei wichtige Fragen behandelt werden:

• Was ist eine Kultur?

• Wo gibt es Anhaltspunkte zur Berücksichtigung kultureller Unterschiede, um die Zusammenarbeit unterschiedlicher Kulturen zu fördern?

Kultur ist ein abstrakter Begriff, der nur durch Äußerungen und Verhalten sichtbar wird. Hofstede definiert Kultur, unter Verwendung einer
Analogie zur Art und Weise, wie Computer programmiert sind, als die
„mentale Programmierung" oder „mentale Software" der Menschen in
ihrem gesellschaftlichen Umfeld. Der sozialanthropologische Begriff
Kultur umfasst die Denk-, Fühl- und Handlungsmuster der Menschen,
und somit sowohl Tätigkeiten, die den Geist verfeinern, als auch die
alltäglichen Dinge des Lebens, wie grüßen, essen, Gefühle zeigen (oder

nicht zeigen), das Wahren oder Aufheben physischer Distanzen zu anderen, Geschlechtsverkehr oder Körperpflege[30]. Im persönlichen Erleben wird Kultur als abstrakt erfahren. Diese Unsichtbarkeit einer Kultur für seine Teilhaber, vergleichbar mit der o.g. Erfahrung des Fisches im Wasser (siehe Kap. 2.1), wird dadurch verständlich, dass Kultur vor allem als Modell der Wirklichkeit wirksam ist, d.h. Kultur ist ein System von Regeln, Kodices und Symbolen zur Interpretation von Objekten, Geschehnissen und menschlichen Handlungen[31]. Kultur ist unbewusst richtungsweisend für das Verhalten und wird als „mentale Software" oder „kollektives System von Bedeutungen" während der Sozialisierung angelernt[32]. Eine Kultur kann mit einer nationalen Gesellschaft (nationale Kultur, Landeskultur) oder mit ethnischen Gruppen verbunden werden, aber auch mit einer gesellschaftlichen Schicht (Arbeiter-, Jugendkultur) oder Organisation bzw. Unternehmen (Organisations-, Unternehmenskultur). In allen Fällen ist Kultur mit sozialen Systemen verbunden, sowohl als Produkt als auch Eigenschaft eines sozialen Systems.

Merksätze:

Kultur zeigt sich durch Äußerungen und Verhaltensweisen von Individuen, Gruppen und Gesellschaften, z.B. durch Regeln, Symbole, verbale und non-verbale Sprache oder Rituale.

Kultur kann sich formell oder informell ausdrücken, ebenso wie sie bewusst oder unbewusst ausgedrückt oder empfunden werden kann.

Für das interkulturelle Management reicht ein Kulturbegriff, der vom Standpunkt des Wahrnehmens die „mentale Programmierung" und das „kollektive System der Bedeutungen" eines sozialen Systems beschreibt. Eine Kultur manifestiert sich auf verschiedene Weise: Manches ist sichtbar, vieles ist unsichtbar.

---

30 Hofstede (1997), S. 4.
31 Hagendoorn (1986) in Pinto (1994), S. 39.
32 Vermeulen (1984), S. 13 bzw. Hofstede (1997), S. 2.

Die Komponenten bzw. Vielschichtigkeit einer Kultur lassen sich anschaulich auch als Häute einer Zwiebel darstellen[33] (siehe Abb. 2.1). Im Inneren der Zwiebel befinden sich die tiefgehendsten Verinnerlichungen von Kultur, an der Oberfläche finden wir die sichtbaren Kulturäußerungen. Die Metapher der Zwiebel zeigt, wie die inneren Teile einer Kultur erst dann erkennbar werden, wenn die äußeren Ringe der Kulturzwiebel abgeschält werden. Sogar die Erfahrung, dass beim Schälen einer Zwiebel die Augen gereizt werden und tränen, lässt sich auf die Begegnung mit einer fremden Kultur übertragen: Eine Konfrontation mit den „harten Teilen" einer fremden Kultur, die aus ihren Grundannahmen besteht, ist oft ebenso reizbar: Man wird mit seinen eigenen Selbstverständlichkeiten konfrontiert. Die Analyse einer Kultur gilt sowohl für Länderkulturen, für Organisations- oder Unternehmenskulturen, als auch für Subkulturen, wie z.B. eine Jugendkultur.

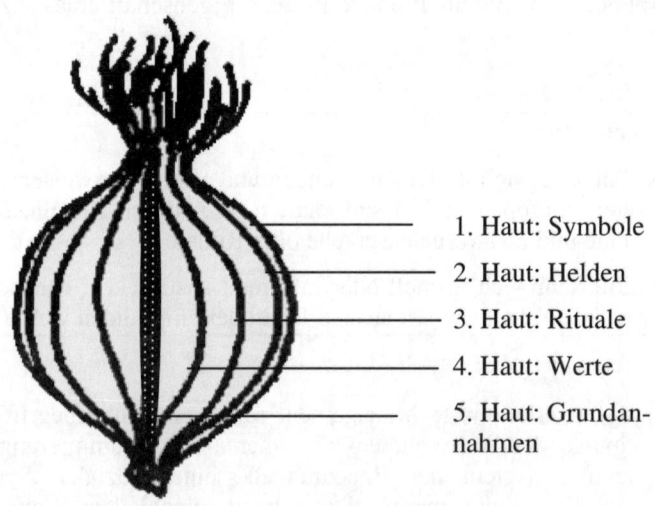

1. Haut: Symbole

2. Haut: Helden

3. Haut: Rituale

4. Haut: Werte

5. Haut: Grundannahmen

Abb. 2.1: Die Kulturzwiebel

---

33 Sanders (1998), S. 106; Hofstede (1997), S. 8; Trompenaars/Hampden-Turner (1997), S. 22.

Symbole

Symbole (erste Haut der Kulturzwiebel, siehe Abb. 2.1) sind Objekte, direkt wahrnehmbare Zeichen einer Kultur, die einen Einblick in die für eine Kultur wichtigen Werte, Normen und Grundannahmen ermöglichen. Trompenaars nennt diese Bedeutungsträger „Artefakte", die als explizite Kulturträger die wahrnehmbare Realität einer Kultur darstellen. Beispiele hierfür sind die Sprache, Nahrungsmittel, Architektur, Häuser, Denkmäler, Kunst, Mode, Kleidung oder Haartracht. Bekanntlich ist die Abbildung von Coca Cola-trinkenden Japanern auf der Ebene der Kultursymbole ein Zeichen dafür, dass sie amerikanische Kultur in sich aufnehmen. In Organisationen gehören z.b. das Logo, die Aufmachung der Anzeigen oder die Inneneinrichtung der Bürogebäude und andere äußere Erscheinungen des Corporate Design zu der (manchmal vor allem erwünschten und mehr oder weniger realisierten) Unternehmenskultur. Deutsche und amerikanische Büros geben auf der Artefakte-Ebene z.b. folgende Hinweise: In Deutschland arbeiten die Mitarbeiter oft in Büros mit zwei oder drei Schreibtischen, jeder Mitarbeiter hat einen eigenen „abgeschotteten" Platz, oft mit Familienbildern und privaten Erinnerungsstücken versehen, die Tür ist meistens zu. Führungskräfte haben ein eigenes Büro, in aufsteigenden Hierarchieebenen mit Sekretärin oder Vorzimmer. Japanische oder amerikanische Unternehmen haben meist Großraumbüros mit vielen Glasfenstern nach innen, der Blick nach außen fehlt meist. Führungskräfte sind leicht ansprechbar, weil sie ebenfalls in den Großraumbüros sitzen. Deutsche Kollegen in internationalen Firmen in Japan oder USA beklagen sich oft über mangelnde Privatsphäre - Amerikaner in deutschen Firmen bemängeln dagegen oft die fehlende Möglichkeit informeller Kommunikation. Die deutsche Vorliebe für geschlossene Türen wird von Amerikanern als Unzugänglichkeit und wenig offen wahrgenommen. Überraschende Erfahrungen, weil sie so völlig anders als im eigenen Kulturkreis sind, gibt es viele: Deutsche und Amerikaner mögen Fensterplätze, dagegen sind Japaner, die sich mit einem Fensterplatz abfinden, angeblich auf einem „absteigenden Ast" im Unternehmen[34]. Fensterplätze werden deshalb von japanischen Mitarbeitern nur ungern angenommen. Ob man im Großraumbüro einen Fensterplatz hat, die Größe der Fenster, die Qualität der Aussicht, in welchem Stockwerk ein Mitarbeiter angesiedelt ist, ob ein pri-

---

[34] Schneider/Barsoux (1997), S. 23.

vater Parkplatz zur Verfügung steht, ein eigenes Restaurant oder eigene
Fahrstühle für die Führungskräfte: das alles sind Artefakte einer Unternehmenskultur mit Hinweis auf Hierarchie, Offenheit und darauf, welche Kontakte zwischen den Mitarbeitern gern gesehen sind oder ob
individuelle oder kollektive Leistung bevorzugt wird.

Helden

Helden (zweite Haut der Kulturzwiebel), die tot oder lebend, real oder
fiktiv sind, haben Eigenschaften, welche in einer Kultur hoch angesehen
sind. Walt Disney ist in der Disney World-Organisation ein Held und
damit ein Vorbild. Im heutigen Zeitalter des Fernsehens, Films und
Internets bekommen Filmhelden wie der Schotte Sean Connery und
Sportgrößen, wie in Deutschland der Formel I-Fahrer Michael Schuma-
cher oder in der Golfwelt der US-Amerikaner Eldrick „Tiger" Woods,
die Bedeutung von Helden. Wer ständig in den Medien zu bewundern
ist, wird schnell zum Helden. Das Bild des Organisationshelden wird oft
kultiviert, damit die dahinter versteckten Kulturwerte lebendig gehalten
werden. Walt Disneys fröhliche und glückliche Ausstrahlung dient der
Verstärkung des Rufs von Disney World als einem märchenhaften
Spielpark, wo alle Kinderwünsche erfüllt werden. Oder der dunkelhäu-
tige Golfspieler Woods, der noch als Jugendlicher in keinem amerikanischen Golfclub aufgrund seiner Hautfarbe spielen durfte, wenige Jahre
später die gesamte traditionelle Golfwelt mit seinen unglaublichen Leistungen auf den Kopf stellt, Millionengagen für einen Auftritt bekommt
und wieder einen „amerikanischen Aufstiegstraum" personifiziert darstellt.

Rituale

Rituale (dritte Haut der Kulturzwiebel) sind regelmäßig wiederkehrende,
kollektive Tätigkeiten, die in einem Kulturkreis oft um ihrer selbst wil-
len ausgeübt werden. Die Weihnachtsfeier, an nationalen Feiertagen die
Landesflagge hissen, Karnevalsumzüge, das gemeinsame Beten und
Singen in der Kirche, Fußballfans, die sich während der Europameister-
schaft mit den nationalen Farben bemalen, das „Pint of Guinness" am
irischen St. Patricks Day für alle Irlandfans weltweit, aber auch die gemeinsam erlebte Stille während der jährlichen Trauerfeier für die Gefallenen im letzten Weltkrieg: das Leben ist voller Rituale. Rituale sind
Institutionen im Leben der Teilnehmer, deren Nutzen und Funktion für
Außenstehende nicht immer leicht nachvollziehbar sind. Vielfach wird

informellen Zwecken gedient, es werden alle Betroffenen regelmäßig zusammengeführt oder hierarchische Gefüge nochmals vorgestellt und bekräftigt. Gesellschaftliche Zusammenkünfte, wie das neugeschaffene Ritual der „Love Parade" in Berlin, die in Deutschland üblichen Schützenfeste oder in den Niederlanden der „Koninginnedag" weisen auf Werte, die in ausgewählten oder breiten Schichten der Gesellschaft auf positive Resonanz stoßen, weil hierdurch wichtige Werte und Grundannahmen ausgedrückt oder reflektiert werden. In Unternehmen ist es die Art und Weise, wie Betriebsfeste, Sitzungen, Begrüßungsrituale oder Projektabschlüsse veranstaltet werden, die einen Einblick in den inneren Kern der Unternehmenskultur ermöglichen.

Symbole, Helden und Rituale bilden den äußeren Kern einer Kultur, deren Sichtbarkeit nicht gleich auf die inneren Werte einer Kultur schließen lassen; dies ist Sache der Wahrnehmung und Interpretation der Außenstehenden.

Werte und Normen

Werte (vierte Haut der Kulturzwiebel) spiegeln die gefühlsgeprägten Auffassungen in einer Kultur wider, machen positive oder negative Aussagen, z.B. gut oder böse, aufregend oder langweilig, Spaß und Schmerz. Werte sind der Ausdruck der Ziele, die in einer Gesellschaft oder in einer Organisation für wünschenswert gehalten werden. Unternehmen streben oft Kundenfreundlichkeit, Qualität, Kundentreue oder Initiative der Mitarbeiter als wichtige Werte an. In der vierten Schale befinden sich neben den Werten die Normen. Eine Norm ist eine Verhaltensregel, die die Durchführung der Werte in der Alltagspraxis garantiert. Rituale werden durch Normen fixiert. Explizite Regeln sind Verhaltensvorschriften wie z.B. ein Rauchverbot, Kleidervorschriften, Umgangsregeln und Verkehrsregeln. Viele Normen werden aber nicht formalisiert oder schriftlich festgelegt, wie z.B. Kleidervorschriften, die im Regelfall implizit gehandhabt werden. Wer gegen Verhaltensvorschriften verstößt, wird hierauf meist von der Umgebung aufmerksam gemacht. Die beschriebenen Institutionen legen die schriftlich fixierten Verhaltensregeln fest, z.B. die wöchentliche Abteilungsbesprechung oder der jährliche Tag der Einheit, der als Feiertag mit Festlichkeiten gefeiert wird.

Werte vermitteln uns, was wir tun sollten. Normen sagen aus, wie wir uns in konkreten Situationen zu verhalten haben. Trompenaars verdeutlicht, dass Werte nicht immer durch Normen operationalisiert werden: Ein gesellschaftlicher Wert ist zum Beispiel, dass Arbeit für das Individuum und die Gesellschaft positiv zu bewerten ist. In Arbeitsgruppen wird „fleißig seine Arbeit zu leisten" manchmal auch negativ bewertet. Die Verhaltensregel ist dann: „Arbeite nicht mehr als die anderen Gruppenmitglieder, sonst sind wir alle gezwungen, mehr zu leisten." In dieser Situation sind Wert und Norm unterschiedlich[35]. Wenn Werte quasi erzwungen werden und nicht von den Menschen verinnerlicht sind, werden sie nur als äußerliche Norm erlebt. Wenn jemand aus Überzeugung hart arbeitet, stimmen Wert und Norm überein. Wer über eine rote Fußgängerampel geht, weil kein Verkehr ist, fühlt sich nur der Norm verpflichtet (indem er sich umschaut, ob es auch keiner sieht). Für ihn ist der Wert der Verkehrsregel nicht mehr gültig.

Beispiel: Zusammenhang: Werte – Normen - Artefakte

Die Beziehung zwischen Werten, Normen und Artefakten wird in Beispielen des täglichen Lebens deutlich: Als gesellschaftlicher Wert wird „Sicherheit" zum Beispiel normiert in der „Helmpflicht" in der Straßenverkehrsordnung und als Artefakt „tragen alle einen Sturzhelm." Gastfreundschaft als gesellschaftlicher Wert drückt sich über Normen aus wie das Anbieten von Getränken bei einem Besuch - Artefakt ist das gemeinsame Kaffeetrinken (in den Niederlanden „kopje koffie"). „Freundschaft" hat sich als gesellschaftlicher Wert in früheren Generationen oft durch persönliche „gute Wünsche" ausgedrückt, Artefakte waren z.B. die persönlichen Neujahrs- oder Weihnachtsgrüsse oder die Geschenke an Geburtstagen.

Grundannahmen

Der Kern der Kulturzwiebel (Abb. 2.1) stellt die Grundannahmen einer Kultur dar. Die fundamentalen Antworten in einer Kultur sind auf die elementaren Überlebensfragen eines Volkes zurückzuführen. Die Alpenrepubliken haben die Alpen als gleichermaßen größten Freund und Feind in ihrer Nähe, in Sibirien wird der Alltag vom Kampf gegen die Kälte geprägt, in Afrika mangelt es an vielen Stellen an Wasser. So lässt sich die Bedeutung vieler Institutionen, Werte und Normen erklären. So hat z.B. die amerikanische Gleichberechtigungskultur ihre Grundlagen in der Kolonialisierung des Landes der unbegrenzten Möglichkeiten durch Immigranten aus allen Kontinenten. Die Entwicklung des auf

---

35 Trompenaars/Hampden-Turner (1997), S. 22.

Konsens orientierten „Poldermodells"[36] als sozial-ökonomisches Ordnungsmodell der niederländischen Gesellschaft lässt sich nur vor dem Hintergrund des gemeinsamen Kampfes gegen das Wasser verstehen. Das Leben der Hopi-Indianer wird von der Bemühung, Wasser zu beschaffen, geprägt. Mit ihrem Regentanz versuchen die Hopi-Indianer, den lang erhofften Regen aus dem Himmel herbeizuführen. Diese fundamentalen Überlebensfragen beeinflussen u.a. auch die in der Sprache genutzten Wahrnehmungskategorien: Eskimos unterscheiden viele Sorten von Schnee, in den Niederlanden gibt es für Regen mehr Begriffe als in Spanien üblich. In Unternehmen sind es immer kritische Ereignisse, wie Unfälle oder Verkaufspannen, die zur Neudefinition von Werten und Normen führen. Das Tiefkühlkostunternehmen, das vor einigen Jahren verseuchte, gesundheitsschädliche Produkte ausgeliefert hat, musste seine Werte und Verhaltensregeln drastisch ändern, um langfristig seine Überlebensfähigkeit am Markt wiederherzustellen.

Beispiel: Kultur in Sprichwörtern

Zu den Artefakten einer Kultur gehören auch Sprichwörter. Sie helfen beim Blick in das innere Wesen einer Kultur, z.B. Sprichwörter aus den Niederlanden:

*   *Doe maar gewoon, dan doe je al gek genoeg* (bezieht sich auf Machtabstand)[37]: Große Macht- und Wohlstandsunterschiede werden in den Niederlanden nicht gerne gesehen. Niederländer mögen es nicht, auf sich aufmerksam zu machen, weil der eine reicher, leistungsfähiger oder schöner ist als der andere. Einkommensunterschiede sind oft nicht an Kleidung oder an Autos festzumachen. In den Niederlanden ist „gewöhnlich, wie die anderen zu sein" eine Tugend. Wer der Allerbeste sein möchte, sagt das nicht offen. Eigentlich sollte man sich dafür schämen.

*   *Beter een vogel in de hand, dan tien in de lucht* (bezieht sich auf Pragmatismus): Niederländer sind bekanntlich Meister in der Anpassung ihrer Ziele an die Möglichkeiten. Sie mögen es nicht, weitläufigen Idealen oder Zielen nachzustreben, ohne dabei etwas realisieren zu können. Die verfügbaren Mittel beeinflussen die

---

36 Blom (1998), S. 345 ff. Das niederländische Poldermodell hat es in den letzten Jahren zu weltweiter Bekanntheit gebracht. Im Poldermodell strengen sich alle Beteiligten an, im Einvernehmen und mit gemeinsamer Mühe das Land hinter den Deichen trocken zu halten. Unter der Bedingung der Konsenssuche steckt mancher Polderbewohner zurück, damit das gemeinsame Ziel eines effektiven Deichschutzes erreicht wird.
37 Kaldenbach (1997), S. 12.

angestrebten Ziele. Es wird als wichtiger empfunden, Machbares zu realisieren, als unerreichbaren Idealzuständen nachzulaufen. Hauptsache, die Richtung der Problemlösung ist richtig.

- *Hoge bomen vangen veel wind* (wenig Akzeptanz von Machtunterschieden): Wer in der Hierarchie hoch angesiedelt ist, muss mit den Konsequenzen rechnen, als Entscheidungsträger angesprochen zu werden und in die Schlagzeilen zu geraten.

Fallstudie: Kulturen

1. Stellen Sie sich die 5-schichtige Kulturzwiebel vor (siehe Abb. 2.1). Versuchen Sie für Deutschland und ein beliebiges (Ferien-) land auf allen fünf Ebenen die Zwiebel zu zerlegen. Gehen Sie wie folgt vor: Zuerst suchen Sie auf der Artefakte-Ebene Beispiele der beiden Kulturen, dann bewegen Sie sich schrittweise in die inneren Ringe der Kulturzwiebel und erläutern pro Ring die kulturellen Eigenheiten. Folgende Artefakte können Sie z.b. behandeln: Kleidung, Architektur, Freizeit, Inneneinrichtung, Sprache, Literatur, Musik, Körperdistanz, Ausdruck von Gefühlen, Arbeitsmoral, Lebenstempo.

2. Könnten Sie die o.a. Fallstudie für zwei unterschiedliche Regionen in Deutschland wiederholen, z.b. Nordfriesland und Bayern, Ostwestfalen und das Rheinland?

   Behandeln Sie die Frage 1. z.B. gemeinsam und 2. ff. in Kleingruppen und erläutern Sie die Ergebnisse kurz im Plenum.

3. Die Metapher der Kulturzwiebel lässt sich auf Unternehmen übertragen. Behandeln Sie die erste Frage nochmals, aber jetzt für das Unternehmen, wo Sie z.B. Ihre Ausbildung gemacht haben, einen Ferienjob oder ein Praktikum, oder nehmen Sie in Ihrer Gruppe ein allen bekanntes Unternehmen (z.B. eine US-Fastfood-Kette oder ein bekanntes skandinavisches Möbelhaus).

4. Welche Möglichkeiten sehen Sie, in Unternehmen Kulturen zu ändern?

5. In deutschen Industrieunternehmen sind bestimmte Werte dominant, z.b. Gediegenheit, damit das Prädikat „Made in Germany"

seinem Ruf gerecht wird. Welche anderen Werte könnten das sein, welche sind die dazu passenden Normen und Artefakte?

6. Welche Werte und Normen gelten in öffentlichen Behörden in Deutschland? Welche Artefakte sind hier wahrnehmbar?

7. Wie erklären Sie das wachsende Interesse von Wissenschaftlern und Praktikern an Unternehmenskulturen seit den 80er Jahren?

2.3 Kulturtheorien

2.3.1 Einführung in Kulturvergleichstudien

In den letzten Jahrzehnten haben zahlreiche Wissenschaftler versucht, interkulturelle Unterschiede in Begriffe zu fassen, um so den Umgang mit Teilnehmern anderer Kulturkreise besser vorbereiten zu können. Zu den bekanntesten Studien zählen die Untersuchungen und Modelle von Edward Hall aus England und den Niederländern Geert Hofstede, Fons Trompenaars und David Pinto:

Kulturdimensionen nach Hofstede

Geert Hofstede ist der am häufigsten zitierte Experte auf dem Gebiet interkultureller Vergleiche. Er untersuchte als Organisationspsychologe den Einfluss nationaler Kultur auf die Organisationskultur. Hofstede befragte von 1968-1972 rd. 117.000 IBM-Mitarbeiter in 72 Ländern – von China bis Südamerika, von Norwegen bis Afrika. Mit einem standardisierten Fragebogen erfragte er über 60 Items (u.a. die Meinung der Mitarbeiter zur Unternehmensführung, zum Führungsstil, ihre Arbeitszufriedenheit und ihr Verhältnis von Arbeit und Freizeit). Es war die erste Kulturforschung in diesem großen Umfang. Die IBM-Befragung wurde allerdings ursprünglich nur für konzerninterne Zwecke durchgeführt, nicht für die Untersuchung kultureller Unterschiede. Erst nach der Datensammlung entschloss Hofstede sich, das Material als Grundlage für eine kulturvergleichende Untersuchung zu nutzen. Der Nutzen des Fragenbogens für Wiederholungsstudien wurde allerdings durch seine ursprünglich anders gelagerte Absicht erheblich vermindert (siehe Kap. 2.3.2).

Kulturdimensionen nach Trompenaars

Fons Trompenaars hat auf eindringliche Weise deutlich gemacht, wie kulturgebunden viele in den USA entwickelte und in anderen Ländern oft kritiklos übernommene Managementmethoden sind. Trompenaars entschied sich nach langjähriger Erfahrung als Managementberater dazu, die Gleichberechtigung aller Kulturen unter Beweis zu stellen. Für ihn ist Kultur die Art und Weise, wie eine Gruppe Probleme löst, kulturelle Dilemmata zum Ausdruck bringt und versöhnt. Seine Annahme ist deshalb, dass es nicht den besten Weg des Managements gibt: Jede Kultur kennt ihre eigene Antwort auf Fragen, die universell sind. Weiterführende Zielsetzungen Trompenaars sind, die interkulturellen Handlungskompetenzen von Menschen zu vergrößern und grenzüberschreitenden Unternehmen zu helfen, das Globalisierungs-Lokalisierungs-Dilemma besser zu bewältigen (siehe Kap. 2.3.3)[38].

Kultureinteilungen nach Hall

Edward Halls Unterscheidung zwischen „highcontext-cultures" und „lowcontext-cultures" macht viele Missverständnisse zwischen Mitgliedern aus dem nordamerikanisch-nordeuropäischen Kulturkreis und Südeuropäern, Afrikanern, Asiaten verständlich und somit greifbarer (siehe Kap. 2.3.4).

Kulturgliederung nach Pinto

David Pinto hat sich als gebürtiger Marokkaner der vielen interkulturellen Missverständnisse im Einwanderungsland Niederlande als Herausforderung angenommen. Er kam zu der Feststellung, dass eine gemeinsame Sprache keine Garantie für eine erfolgreiche Kommunikation und Zusammenarbeit bietet. Kulturelle Normen und Werte bestimmen weit mehr als die Sprache, wie Denken, Kommunizieren und Handeln ablaufen. Pinto bietet Einsichten in die interkulturellen Unterschiede zwischen westlichen und nicht-westlichen Kulturen. Seine 3-Stufen-Methode ermöglicht einen Umgang mit religiösen und kulturellen Unterschieden in der Praxis (siehe Kap. 2.3.5).

---

38 Trompenaars/Hampden-Turner (1997), S. 2.

Beispiele: Probleme internationaler Produkteinführungen

Ein bekanntes niederländisches Molkereiunternehmen wollte in Kuwait Babynahrung einführen. Dazu wurde eine große Werbekampagne veranstaltet. Das Milchprodukt wurde auf einem Werbeschild so angepriesen: Links war ein weinendes Baby abgebildet, in der Mitte die Produktabbildung und rechts ein zufrieden lächelndes Baby. Der beabsichtigte Effekt der Werbekampagne in Kuwait blieb aus. Schlimmer noch, die Kampagne wirkte negativ, die Verkaufszahlen sanken- ein Rätsel für die Verkaufsabteilung des sonst so professionell und erfolgreich arbeitenden Molkereiunternehmens.

Der Ford Pinto hat sich in den USA als ein Riesenerfolg erwiesen. Er wurde von Ford danach auf dem lateinamerikanischen Markt eingeführt. Das Auto wurde dort jedoch schlecht angenommen, die Verkaufszahlen waren erschütternd niedrig.

Kommentar: Was war geschehen? Hier passierten gravierende Fehler im Umgang mit Menschen aus anderen Kulturen. Die Beispiele machen klar, mit welcher Selbstverständlichkeit wir davon ausgehen, dass die Marketingstrategien, die im eigenen Land erfolgreich sind, in anderen Kulturen genauso wirksam sind. Im Beispiel des Molkereiunternehmens wurde die Tatsache, dass nicht überall auf der Welt von links nach rechts gelesen wird, übersehen. Im Falle des Ford Pinto liegt das Problem ebenso in der Annahme „was in den USA erfolgreich ist, ist auch woanders erfolgreich". Mit dem Pinto hat Ford in Lateinamerika sehr geringe Verkaufszahlen verbucht. Der Wagen hatte im Vergleich zu seinen Konkurrenten bestimmt hervorstechende Qualitäten. Leider hat Ford nicht die Bedeutung von „pinto" in der dortigen Sprache geprüft. Pinto assoziiert in den USA „stolzes Pferd", in Lateinamerika hingegen steht es aber für „kleines männliches Geschlechtsteil". Wenn man bedenkt, dass gerade die dortigen Kulturen eher maskulin geprägt sind, wird klar, wie die Annahme der universellen Gültigkeit der eigenen Situation sich als „ein Schuss nach hinten" erweisen kann[39].

Merksatz:

Kulturtheorien basieren zumeist auf Kulturvergleichsstudien und versuchen, Kulturunterschiede und -gemeinsamkeiten zu erklären und Handlungsweisen zur kulturellen Integration zu entwerfen.

---

39 Pinto (1999), S. 90 ff.

2.3.2 Kulturdimensionen nach Hofstede

Aus Hofstedes Befragung und Auswertung gingen folgende Kulturdimensionen hervor: Machtdistanz (power distance) als Ausmaß gesellschaftlicher Akzeptanz, dass Macht in Organisationen ungleich verteilt ist, Unsicherheitsvermeidung (uncertainty avoidance) als Ausmaß des Gefühls der Bedrohung durch unsichere Situationen und Vermeidung durch Regeln, Individualismus (individualism) als Ausmaß der Betonung von Eigeninitiative, Selbstversorgung oder staatliche Fürsorge in der Gesellschaft, Maskulinität (masculinity) als Ausmaß der Dominanz maskulin-materieller gegenüber feminin-sozialen Werten in der Gesellschaft[40].

Individualism (Individualismus und Kollektivismus)

In den Niederlanden, Belgien, Großbritannien und USA steht das Individuum im Mittelpunkt, während z.B. in Singapur, Japan, Türkei oder Guatemala das Individuum sich der Gruppe unterwirft. Die Orientierung auf das Individuum oder auf die Gruppe wird sich in der Organisationskultur bemerkbar machen. Individualistische Kulturen werden den Wert der Selbstentfaltung, der individuellen Laufbahn und Selbstständigkeit, der Eigeninitiative und Autonomie schätzen. Kollektivistisch geprägte Kulturen werden die Werte, in denen die Gruppe dominiert, bevorzugen, wie z.B. Loyalität, Konformismus und Gruppenentscheidungen. Kollektivistische Kulturen sind nach Hofstede eher hierarchisch strukturiert. Individuen sind von „Wir-Gruppen" abhängig, und damit zumeist auch von Autoritäten, die auf patriarchalische Weise auftreten. Hofstede hat einen Zusammenhang zwischen Wohlstand und Individualisierungsgrad festgestellt: Es sind die reichen, westlichen Länder, die sich die Orientierung auf individuelle Werte erlauben können (siehe Abb. 2.2).

---

40 Ursprünglich findet sich bei Hofstede noch als fünfte Dimension „long term-orientation" als das Ausmaß der langfristigen Planung in der Gesellschaft. Sie wird in der BWL von der Mehrzahl der Fachbeiträge aber weitgehend nicht berücksichtigt.

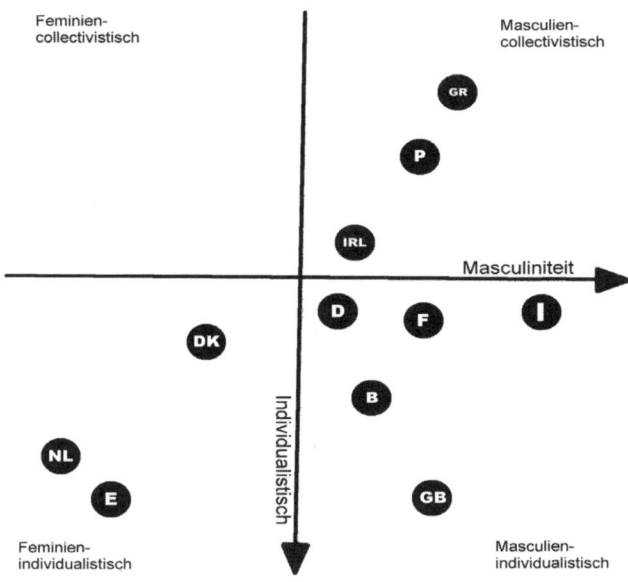

Abb. 2.2: Hofstede`s Kultur-Cluster
(Beispiel: „individualistisch/collectivistisch-feminien/masculien")[41]

Power distance (Machtabstand oder Machttoleranz)

In Schweden, Dänemark und den Niederlanden werden nach Hofstede allzu große Machtunterschiede nicht akzeptiert (siehe Abb. 2.3). Dagegen ist die Akzeptanz eines hierarchischen Gefüges, sowohl in der Gesellschaft, als auch am Arbeitsplatz, in Belgien, Singapur, Guatemala, Griechenland und Deutschland erheblich größer. In Kulturen mit einer geringen Akzeptanz von Machtunterschieden werden Entscheidungen delegiert, große Belohnungsunterschiede nicht akzeptiert, Mitspracherechte für alle Betroffenen angestrebt und Organisationsstrukturen flacher gehalten. In Kulturen mit einem hohen Machtabstand werden Machtunterschiede akzeptiert. Organisationen entwickeln hier bürokrati-

---

41 Entn. aus Jagersma (1996).

sche Strukturen, mit klaren Hierarchiegefügen und weniger kommunikativer Vernetzung zwischen oben und unten. Der Führungsstil in Kulturen mit einem geringeren Machtabstand tendiert eher zu demokratischem Verhalten; Organisationen sind oft dezentral. Die Führungskräfte sind für ihre Mitarbeiter leicht anzusprechen. In Kulturen mit einem größeren Machtabstand lassen die Führungskräfte sich ihre Position oft mittels Symbolen darstellen und genießen die Privilegien auch nach außen. Der Führungsstil ist tendenziell eher autoritär oder patriarchalisch.

Uncertainty avoidance (Unsicherheitsvermeidung)

In Belgien, Japan und Guatemala ist die Neigung der Unsicherheitsvermeidung vorherrschend, d.h. es wird versucht, Unsicherheit zu reduzieren durch formelle Regelungen, eine geringe Toleranz für abweichende Meinungen und eine hervorgehobene Rolle für Experten. Ein hoher Unsicherheitspegel geht mit einem hohen Angst- und Stressniveau einher, das zu Leistungsbereitschaft motiviert und Organisationen mit durchdachten Organisationsstrukturen hervorbringt. In Kulturen mit weniger Unsicherheitsvermeidung wird der Tag genommen wie er ist, statt deutlich vorstrukturiert zu werden. Arbeitnehmer in Kulturen mit weniger Unsicherheitsvermeidung tendieren dazu, mehr Initiative zu zeigen und Verantwortlichkeit auf sich zu nehmen. Beispiele dieser Kulturen sind Großbritannien, Dänemark, Schweden und Hongkong (siehe Abb. 2.3).

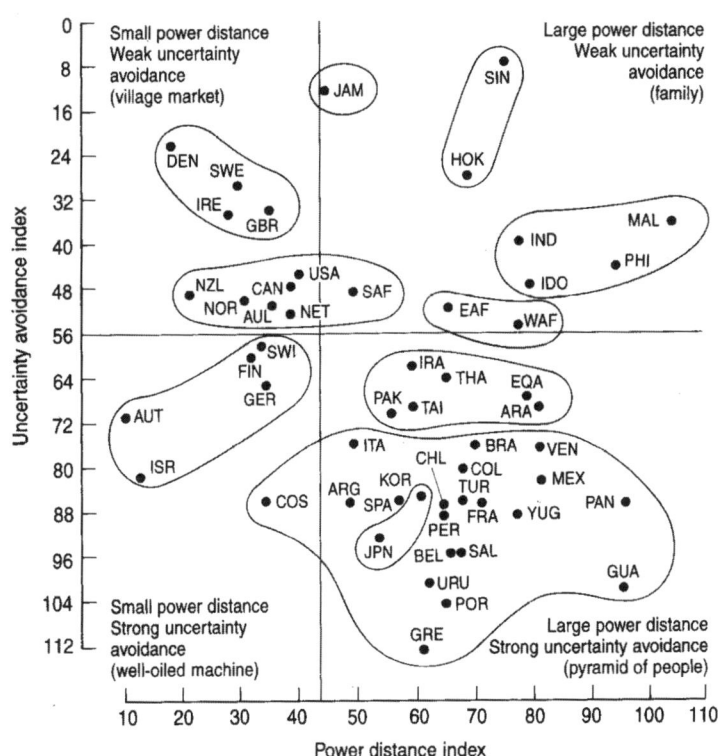

Abb. 2.3: Kultur-Cluster nach Hofstede
(Beispiel: „Unsicherheitsvermeidung/Machtdistanz")[42]

Masculinity (Männlichkeit versus Weiblichkeit)

In einigen Ländern hat Hofstede eine relativ starke Rollentrennung zwischen Männern und Frauen vorgefunden. In maskulinen Kulturen wird von Männern das alte Rollenmuster erwartet: Sie sollten sach-, erfolgs- orientiert und leistungswillig sein, Selbstsicherheit zeigen und für ihre

42 Hofstede (1980).

Frauen Einkommenssicherheit bieten. Frauen dagegen sollten die traditionellen Rollen als Mütter und Hausfrau erfüllen und weibliche Werte für Beziehungsorientierung pflegen. Übertragen auf Kulturen bedeutet dies, dass in femininen Kulturen der Wert von Teilzeitarbeit, Kinderbetreuungsmöglichkeiten, Freundschaften und ehrenamtlicher Arbeit betont wird, während maskuline Kulturen eher leistungsorientiert, aggressiv, konkurrenz- und materiell orientiert sind. Seitdem in den USA im Zuge der „political correctness" viele Begriffe tabuisiert wurden, werden z.B. in amerikanischen Lehrbüchern die Begriffe maskulin/feminin von dem Begriffspaar quantitativ/qualitativ ersetzt[43]. Der Vorteil der Begriffe quantitativ und qualitativ liegt darin, dass die unterschiedliche Orientierung auf das „Leben zum Arbeiten" versus „Arbeiten zum Leben" als hervorstechende Merkmale von Kulturen hervorgehoben wird. Japan geht als das am meisten maskuline Land aus der Untersuchung ebenso hervor wie ein gemäßigt-maskulines Ergebnis für die lateinamerikanischen Länder. Auch die deutschsprachigen Kulturen (Deutschland, Österreich, Schweiz) gelten laut Hofstede als maskulin (siehe Abb. 2.2). Die Niederlande und die skandinavischen Länder werden als eher feminine Kulturen angesehen. Die für europäische Begriffe sehr niedrige Beteiligung der niederländischen Frauen am Arbeitsmarkt und das bescheidene Vorhandensein von Kinderbetreuungsmöglichkeiten in den Niederlanden passen in dieses skizzierte Bild aber nicht. Dies ist auch ein Grund, Hofstedes typisch männliche Einteilung von maskulinen und femininen Werten zu kritisieren (siehe unten: Kritik an Hofstedes Untersuchungen). Van Vugt zieht aus Hofstedes Forschungsergebnissen den Schluss, dass Menschen aus einer maskulin-geprägten Kultur sich in feminin-geprägten Organisationen schwer tun mit dem dort eher vorherrschenden Streben nach Gleichheit, der Sympathie für Schwächere und der angeblichen Überbetonung von Freundlichkeit und Konsens. Umgekehrt werden feminin geprägte Personen sich mit den typischen Merkmalen maskuliner Kulturen, wie zum Beispiel klare Rollenmuster, Dominanz materieller Erfolge und Belohnungen und einem akzeptierten „Macho-Verhalten" unter Kollegen schwer tun[44].

---

43 Robbins (1996), S. 57.
44 van Vugt (1995), S. 123.

Kollektivistisch-orientiert		individualistisch orientiert
Soziale Anerkennung	←→	Individuelle Karrieren
Gruppenzugehörigkeit		Individuelle Arbeitsgestaltung
Unsicherheitsvermeidung hoch		*Unsicherheitsvermeidung niedrig*
Arbeitsplatzgarantien	←→	Sozialabsicherung gering
Gruppenarbeit		
Machtdistanz hoch		*Machtdistanz gering*
Einkommensunterschied in der Unternehmenshierarchie relativ hoch	←→	Einkommensunterschied in der Unternehmenshierarchie relativ niedrig
maskuline Kulturen		*feminine Kulturen*
Leistungslohn	←→	Ausgeprägte Sozialleistungen
Statussymbole		flexible Arbeitszeit/Arbeitsinhalte

Abb. 2.4: Zusammenhänge zwischen Kultur und Arbeitsmotivation
(nach Hofstede)

Hofstede ist der Meinung, dass Management kein universeller Wert ist, der überall auf der Welt auf dieselbe Weise durchgeführt werden kann. In multinationalen Unternehmen lauert die Gefahr, dass die Managementmethoden des Mutterlandes, oft aus den USA übernommen, unvermittelt in anderen Kulturen eingesetzt werden. Beispielsweise ist die Handhabung von Privilegien für Führungskräfte in Kulturen mit einem geringen Machtabstand weniger selbstverständlich als in den USA. Die Schlussfolgerung ist darum, dass Führung und Management sehr kulturgebundene Aktivitäten sind. Managementtechniken lassen sich nur in engem Zusammenhang mit dem jeweiligen Kulturkreis entwickeln und in der Praxis durchführen.

Kritik an Hofstedes Untersuchungen

Unbestritten ist der Wert der Untersuchungen von Hofstede für den IBM-Konzern und auch seine kulturvergleichenden Studien seinerzeit. Es muss aber auch kritisch gesehen werden, dass z.B. Replikations-Studien teilweise zu starken Abweichungen kommen. Auch konnten durch die Untersuchungsmethode mit standardisierten Fragebögen un-

bewusste Symbolsysteme und Kulturausprägungen nicht ausreichend
erfasst werden. Länder sind auch nicht mit Kulturräumen gleichzusetzen, so werden entsprechend Multi-Kulturen der dreisprachigen Schweiz
oder im vielsprachigen Indien nicht differenziert - ebenso wie länderübergreifende Kulturen unberücksichtigt bleiben, z.B. die kurdische,
armenische oder chinesische Kultur. Auch hat Hofstede (es war auch
nicht sein primäres Untersuchungsinteresse) die ökonomischen Bedingungen nicht ausreichend berücksichtigt (Inflation, Einkommensniveau
etc.), die gerade bei der Wirkung z.b. maskulin-materieller Anreize in
Ländern mit einem geringen Einkommensniveau und schwacher staatlicher Fürsorge stärker wirken als in Staaten mit einem hohen Einkommensniveau und ausgeprägter staatlicher sozialen Absicherung. Inzwischen kann man sicher auch festhalten, dass die erhobenen Daten zu alt
sind; viele Länder und Kulturen haben in den letzten 30 Jahren einen
erheblichen kulturellen Wertewandel erlebt (z.b. Wertewandel in den
westlichen Industriestaaten oder die Perestrojka im Gebiet der ehemaligen Sowjetunion). Der stärkste Kritikpunkt bleibt aber die Beschrän-
kung auf den IBM-Konzern, der auch in den 60er/70er Jahren schon
eine sehr ausgeprägte eigene Unternehmenskultur weltweit hatte, die
sich von den jeweiligen Landeskulturen sehr stark unterschied.

Merksatz:

Hofstede unterscheidet in seinen Kulturvergleichsstudien die Ausprägungen von Machtdistanz, Unsicherheitsvermeidung, Individualismus, Maskulinität und Langfristorientierung einer Gesellschaft.

2.3.3 Kulturdimensionen nach Trompenaars

Trompenaars unterscheidet drei Hauptkategorien einer Kultur; die erste,
die sich auf die Beziehung der Menschen untereinander bezieht, wird
zudem in fünf Unterkategorien eingeteilt:

- Beziehung zu den Menschen (Kategorien: Universalismus vs. Partikularismus,
  Individualismus vs. Kollektivismus, neutral vs. emotional, spezifisch vs. diffus,
  Leistung vs. Herkunft),

- Beziehung zur äußeren Umwelt,

- Beziehung zur Zeit.

- **Beziehungen zu den Menschen**

Fünf Orientierungen beziehen sich nach Trompenaars auf die Weise, wie Menschen miteinander umgehen (verbal und nonverbal kommunizieren, zusammenarbeiten ...):

Universalismus versus Partikularismus

In universalistischen Kulturen werden allgemeingültige Gesetze und Regeln für wichtiger gehalten als situations- oder personenabhängige Ausnahmen von der Regel. Die Gewichtung von Beziehungen und Freundschaften verblasst, wenn allgemeine Gesetze ihre Gültigkeit einfordern. In universalistischen Kulturen, wie in der Schweiz und Finnland, würde man erwarten, dass in Konfliktsituationen ein moralisches Dilemma zugunsten der allgemeinen Prinzipien entschieden wird. Trompenaars behandelt das Beispiel eines Versicherungsarztes, der bei einem guten Freund einen Gesundheits-Check macht. Der Freund ist bei guter Gesundheit, obwohl es zwei relative Kleinigkeiten gibt, die zu bemängeln wären und weiterer Diagnose bedürften. Die Frage Trompenaars in seiner Untersuchung hier war, welchen Anspruch hat der Freund darauf, dass der Arzt im Interesse des Freundes wegsieht? Universalisten würden diese Frage mit einem Verweis auf allgemeine Regeln beantworten, Partikularisten würden situationsbedingt den Anspruch des Freundes berücksichtigen wollen. Trompenaars sieht hier Kulturen wie Venezuela oder Ägypten.

Individualismus versus Kollektivismus

In individualistischen Kulturen hat das Individuum einen eigenen Stellenwert, während in kollektivistischen Kulturen das Individuum zuerst in seiner Beziehung zur Gruppe wahrgenommen wird. Die Selbstdefinition läuft in einer individualistischen Kultur über die eigenen Leistungen (Persönlichkeit, Beruf, Ausbildung ...). In kollektivistischen Kulturen definiert das Individuum sich über seine Zugehörigkeit zu einer Gruppe. Trompenaars hat in einem Fragenbogen den Fall eines Versehens in einer Firma in verschiedenen Ländern einer Stichprobe aus unterschiedlichen Kulturen vorgelegt. In dem Fall wurde in der Firma in einer Installation ein Defekt entdeckt – ein Teammitglied hat offenbar einen Fehler begangen. Frage: „Kann dieses Teammitglied allein für den Fehler verantwortlich gemacht werden?". In individualistisch geprägten

Kulturen, wie in Tschechien oder in Russland [45], wird das Individuum verantwortlich gemacht, in kollektivistischen Kulturen, wie in Indonesien oder Japan, das ganze Team.

Neutral versus emotional

Neutrale Kulturen sind emotional distanziert gegenüber wichtigen Themen. In Nordamerika und Westeuropa wird versucht, Themen mit einem hohen emotionalen Wert auf ihre objektiven Eigenschaften herunterzubrechen. In den nordischen Kulturen wird eine neutrale, maschinelle Problembehandlung angestrebt, bei den südlichen Kulturen werden Emotionen als Teil des Geschäfts als normal empfunden. Laut Trompenaars sind Japan, Neuseeland und Hongkong Länder mit sehr neutralen Kulturen, wohingegen in Italien und Frankreich Emotionen offen gezeigt werden dürfen. Trompenaars Untersuchung verlief anhand der Frage nach der Bereitschaft, Emotionen am Arbeitsplatz zum Ausdruck zu bringen.

Spezifisch versus diffus

Spezifische Kulturen trennen das Geschäftliche und das Öffentliche. In diffus-orientierten Kulturen vermischen sich Geschäft und Öffentlichkeit. Auf der Straße und beim Metzger wird der „Herr Prof. Dr." so angesprochen wie an der Universität. Sein akademischer Status gilt zumeist auch in allen anderen nicht-privaten Lebensbereichen. In spezifischen Kulturen aber werden die Lebensbereiche getrennt behandelt. Für die Familie, Freizeit, Vereine, Arbeit oder die „Kneipe um die Ecke" werden spezifische Herangehensweisen vorgezogen. Im Verein zählt die Meinung des „Herrn Dr." so wie die der anderen. In diffusen Kulturen würde man dem „Herrn Dr." auch eine Autorität in vielen anderen Fragen, ob sportlich oder politisch zuschreiben. Es handelt sich hier um die Frage, wie klar getrennt werden kann zwischen persönlichen und beruflichen Beziehungen der Menschen. In spezifischen Kulturen werden die unterschiedlichen Bereiche voneinander abgegrenzt und umschrieben. In diffusen Kulturen findet eher eine Vermischung zwischen Persönlichem und Beruflichem statt. Sachliche Angelegenheiten und Verantwortlichkeiten werden hier als persönliche aufgenommen.

---

45 Entgegen vielen Erwartungen zeigen sich gerade in den ehemals traditionell kollektivistisch-politischen Systemen Organisations- und Arbeitskulturen sehr individualistisch ausgeprägt.

Eine von Trompenaars Forschungsfragen bezieht sich auf die Frage, ob ein Arbeitnehmer ein Anrecht auf Unterstützung von seinem Arbeitgeber bei der Wohnungssuche geltend machen kann. In spezifisch-orientierten Kulturen wird der Arbeitnehmer die Wohnungssuche als eine eigene Verantwortlichkeit wahrnehmen. In diffus-orientierten Kulturen ist der Übergang zwischen den Verantwortlichkeiten des Arbeitgebers und des Arbeitnehmers eher fließend. Trompenaars weist darauf hin, dass japanische Unternehmen die Gehälter abhängig von der Kinderzahl machen, Mithilfe bei der Wohnungssuche leisten und oft Freizeitmöglichkeiten und Ferienreisen verbilligt anbieten. Wenn die Verantwortlichkeitsbereiche zwischen Privatem und Berufsbereich oder Staatsbereich verschwimmen, befinden wir uns in einer diffus-orientierten Kultur.

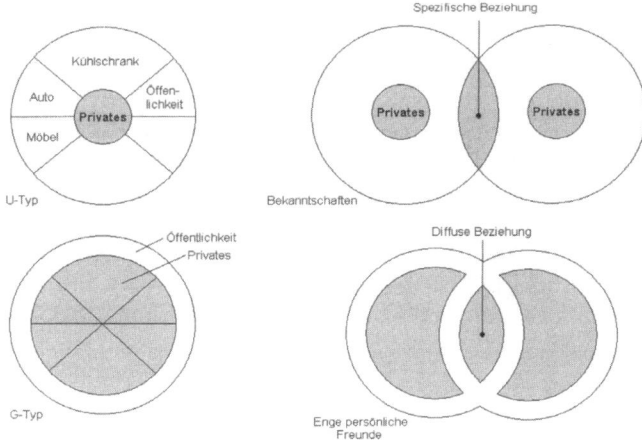

Abb. 2.5: Lewins Kreise der Persönlichkeitskulturen [46]

Trompenaars verdeutlicht den Unterschied zwischen diffusen und spezifischen Kulturen mit Lewins Darstellung der Kultur als einer Persönlichkeit (siehe Abb. 2.5). Schon in den 30er Jahren hatte der ausgewanderte deutsche Psychologe Kurt Lewin die Persönlichkeit als eine Serie von Kreisen dargestellt und in einen privaten und einen öffentlichen Teil geteilt. Die persönlichen und privaten Bereiche befinden sich im Zent-

---

46 Adaption nach Trompenaars/Hampden-Turner (1997), S. 82.

rum des Kreises, die öffentlichen Bereiche mehr am Rand. Lewin stellte den U-Typus (US-amerikanisch) dem G-Typus (German) gegenüber. Er zeigte, wie die Amerikaner in ihrer Persönlichkeit dem öffentlichen Raum mehr Platz geben, wobei der öffentliche Raum in viele kleinere, spezifisch-orientierte Sektionen aufgeteilt wurde. Deutsche geben in ihrer Persönlichkeit dem privaten Bereich mehr Raum, dieser Bereich ist groß und diffus. Deutsche teilen sich mit den wenigen, die sich in ihrem inneren Kreis befinden, viele private Erfahrungen, Amerikaner lassen andere schnell zu ihrem semi-privaten, semi-öffentlichen Lebensraum zu, dieser Bereich ist aber in Teilbereiche aufgeteilt. Anders gesagt: Wo Deutsche viel Privates mit Wenigen machen, teilen sich Amerikaner einen Teilbereich mit Einigen nach dem Motto: Für jeden Lebensbereich einen anderen. Im Gegensatz zu Deutschland werden in den USA viele Situationen im öffentlichen Bereich unterschieden, die alle eine separate Behandlung erfahren. Der private Bereich ist dort im Gegensatz zu Deutschland relativ klein. Deutsche und auch andere Europäer wundern sich immer wie schnell sie in den USA bei Leuten zu Hause eingeladen werden. Die lange Zeit, die man darauf wartet, bis man in den privaten Bereich eines Deutschen kommen kann, sowie das Ritual mit dem An- bieten des „Du" verdeutlichen als Artefakte die klare Abgrenzung zwi- schen Privatem und Öffentlichem in Deutschland. In diesem Zusam- menhang ist die Erfahrung von ausländischen Gästen, die sich über die offenen Fenster niederländischer Wohnzimmer wundern, einsichtig. In G-Kulturen, wie in Deutschland und Frankreich, werden die privaten Räumlichkeiten und Territorien mit Rollläden und möglichst Zäunen abgegrenzt.

Beispiel: Feedback und Kritik

Lewins Verteilung in G- und US-Persönlichkeiten kann herangezogen werden, um zu erklären, warum Deutsche auf Kritik und Feedback anders als US-Amerikaner reagieren. Für den Deutschen kommt Kritik eher persönlich an, anders reagiert der Amerikaner, der sich nur in einem bestimmen öffentlichen, dienstlichen Teilbereich „ankratzen" lässt. Die amerikanische Kultur gilt als eine spezifische Kultur: In den Unternehmen sind Feedback und Kritikgespräche Kommunikationsinstrumente, die die persönlichen Beziehungen offenbar nicht sehr gefährden. In einer diffusen Kul- tur wie in Japan, Indonesien oder Nigeria würde ein offenes Empfangen und Einge- stehen von Kritik Gesichtsverlust für den Kritikempfänger bedeuten und mit einem Abbruch der Beziehung zwischen Kritikgeber und Kritikempfänger einhergehen.

Das Feedbackgespräch verläuft in den USA und mittlerweile in vielen europäischen Ländern nach einem ganz geschickten Muster, das einem Sandwich ähnlich ist. Positive und negative Mitteilungen werden in einer Reihenfolge gegliedert, die die Schmerzen für den Empfänger lindern: Immer positiv anfangen, dann erst die negativen Mitteilungen, zunächst die Möglichkeit für den Empfänger, seine Emotionen zu äußern, und am Ende wird der Empfänger mit Ratschlägen wieder aufgebaut. In den Niederlanden und in Deutschland tut man sich noch schwer mit dem amerikanischen Ansatz. Der Managing Director der niederländischen 3M-Niederlassung erzählte von einer Betriebsversammlung, wo die Reaktionen von Mitarbeitern zur Präsentation abgefragt wurden. Die Kritik war herb und negativ. Als die Mitarbeiter am Ende die Veranstaltungsorganisation benoteten, werteten sie von gut bis ausgezeichnet. Der amerikanische Managing Director war verblüfft, er hatte den Eindruck, die Veranstaltung wäre katastrophal verlaufen.

Leistung versus Herkunft

Bei der Beurteilung einer Person wird in leistungsorientierten Kulturen auf das individuelle Abschneiden geachtet, in Status-Kulturen dagegen sind es Name, Titel, Schicht, Alter der Person, seine Beziehungen oder der Schulabschluss, die über die Zuweisung von Respekt entscheiden. Trompenaars Frage im Rahmen seiner Kulturforschung betraf die Zuweisung von Respekt aus der Herkunft: „Inwieweit ist Respekt eine Frage der Herkunft?". Befragte aus Dänemark, Australien und den USA waren ganz vorn bei denjenigen, die dieses Statement ablehnten.

- **Beziehung zur äußeren Umwelt**

Die Beziehung zur Umwelt kann eine sehr unterschiedliche Ordnung zwischen Mensch und Natur unterstellen. Die Kulturen, die auf Dominanz ausgerichtet sind, sehen sich der Natur, aber auch der menschlichen Umgebung in der Gesellschaft und in Organisationen überlegen. Die technologische Entwicklung, die medizinische Forschung und das ständige Bemühen, Probleme mit der Umwelt als technische Probleme zu bewältigen, zeugen von dieser Dominanzhaltung. In Organisationen erkennt man die Dominanz in der Formulierung von Zielen und zeitlichen Deadlines. Andere Kulturen sehen sich eher der äußeren Kultur unterlegen oder versuchen, sich im Einklang mit der Umgebung zu verhalten. Trompenaars Beispiel mit der Entwicklung des Walkman ist hier einleuchtend: Ein Deutscher oder Niederländer kann sich kaum vorstellen, dass bei der Entwicklung des Walkman der Gedanke voranging, die anderen nicht zu stören. Wir würden genau das Gegenteil als Motivation für den Ankauf gelten lassen: Wir tragen einen Walkman mit uns, damit wir nicht von anderen gestört werden. Aus Trompenaars Forschungsfrage ergibt sich wieder ein gespaltenes Bild. Die Frage war: „Bin ich meines eigenen Glückes Schmied?" Einwohner der USA, Schweiz und aus Deutschland gehören hier zu den Spitzenreitern, Einwohner von China, Japan, Griechenland zu den Kulturkreisen, die davon ausgehen, dass die Natur ihre natürliche Ordnung hat und wir sie so akzeptieren sollten.

* **Beziehung zur Zeit**

Es gibt Kulturen, die eher vergangenheitsorientiert sind, d.h. Leistungen, die „man schon auf seinem Konto verbucht hat", machen Eindruck. Dagegen wird in anderen Kulturen die Zukunftsplanung für sehr wichtig gehalten. In Frankreich und Italien werden Traditionen gepflegt. Die USA, England und die Niederlande sind eher zukunftsorientiert. In westlichen Kulturen wird Zeit als knappes Gut gesehen („Time is money"). Das Instrumentalisieren von Zeit wird sichtbar in der Planung, z.B. durch die Handhabung von Probezeit bei Einstellungen oder durch befristete kurzfristige Arbeitsverträge. Trompenaars knüpft eng an Halls Einteilung von polychronen und synchronen Zeitorientierungen an (siehe Kap. 2.3.4).

Merksatz:

Trompenaars unterscheidet drei Kulturkategorien: Die Beziehungen der Menschen untereinander (Universalismus/Partikularismus, Individualismus/Kollektivismus, neutral/emotional, spezifisch/diffus), die Beziehung zur Umwelt (dominant/unterordnen) und die Beziehung zur Zeit (vergangenheits-/zukunftsorientiert).

2.3.4 Kultureinteilungen nach Hall

Hall unterscheidet die Beziehung zu Raum und Zeit sowie besonders zwischen „highcontext-cultures" und „lowcontext-cultures" und macht damit viele Missverständnisse zwischen Mitgliedern aus dem nordamerikanisch-nordeuropäischen Kulturkreis und Südeuropäern, Afrikanern, Asiaten verständlich[47]:

Beziehung zum Raum

Die japanische Raumverteilung reflektiert eine andere, mehr harmonische und weniger auf Trennung bedachte Beziehung zwischen Menschen. Die amerikanische Kultur dagegen verdeutlicht in ihrer Raumbenutzung die größeren privaten Ansprüche. Auf Artefakte-Ebene werden somit in den beiden Ländern die unterschiedlichen Rahmenbedingungen ausgedrückt: Die Japaner führen seit längerer Zeit einen Kampf mit der begrenzten Fläche (Insel-Lage), die Amerikaner haben noch reichlich freie Flächen zur Verfügung. Kulturelle Werte bezüglich der Raumbenutzung reflektieren einerseits die unterschiedlichen Rahmenbedingungen, bestimmen andererseits aber auch die Beziehung mit anderen: Wann schenkt man Vertrauen, die Gewichtung der Beziehungsentwicklung, bevor man ins Geschäft kommt, wann wird vom „Sie" auf das „Du" übergegangen; die Kontaktbereitschaft wird durch räumliche Bedingungen geprägt. Schneider/Barsoux behaupten, die amerikanische Kontaktbereitschaft und Freundlichkeit lässt sich vor dem Hintergrund der Notwendigkeit, die größere räumliche Distanz („die Weite Amerikas") wettzumachen, erklären.[48]

Beziehung zur Zeit

In anglo-amerikanischen Kulturen wird Zeit als eine begrenzt vorhandene Ressource gesehen, sie kann nur einmal verwendet werden. Zeit kann linear aufgeteilt werden, Termine werden auf die Minute genau geplant, mit Zeit wird gerechnet und gewuchert. Hall verwendet für Kulturen mit eindimensionaler Zeitbenutzung den Begriff „monochrone" Kultur. In einem Begriffspaar stehen die monochronen den „polychronen" Kulturen gegenüber. In Lateinamerika, in Nahost, in Spanien („manana") wird Zeit als unbeschränkt, mit offenem Ende und simultan einsetzbar gesehen. In polychronen Kulturen hat nicht nur Pünktlichkeit einen anderen Stellenwert als in Deutschland. Terminkalender werden weniger akribisch aufgeteilt (in Deutschland z.B. bis in Zeitabschnitte von halben Stunden), Sitzungen werden mit Telefonaten und Zwischenaktivitäten (Gespräche mit Dritten) aufgelockert, statt am Zeitplan festzuhalten.

---

[47] Hall/Hall (1989), S. 6 ff.
[48] Schneider/Barsoux (1997), S. 39.

Begegnungen auf dem Flur werden nicht wegen einem drohenden Termin abgewürgt oder übergangen. Hier macht sich die Bedeutung, die Beziehungen in polychronen Kulturen haben, bemerkbar.

Highcontext- versus Lowcontext-Kulturen

Diese Kultureinteilung stellt nach Auffassung der einschlägigen Fachliteratur die wichtigste Ausführung Halls dar: In „lowcontext"-Kulturen wird deutlich, direkt und explizit kommuniziert. In „highcontext"-Kulturen wird dagegen implizit kommuniziert: Vieles sollte man „zwischen den Zeilen" lesen, weil nicht alles, was gemeint wird, ausdrücklich gesagt wird. Viele Informationen sind schon durch den Kontext der (sozialen) Umgebung aufgenommen. Die Bedeutung von Ereignissen hängt hier stark ab vom durch die soziale Gruppe definierten Kontext, mit ihren explizit geltenden Regeln. In lowcontext-Kulturen findet das Individuum mehr Freiheiten vor dem Hintergrund der weniger eng definierten Rahmenbedingungen.

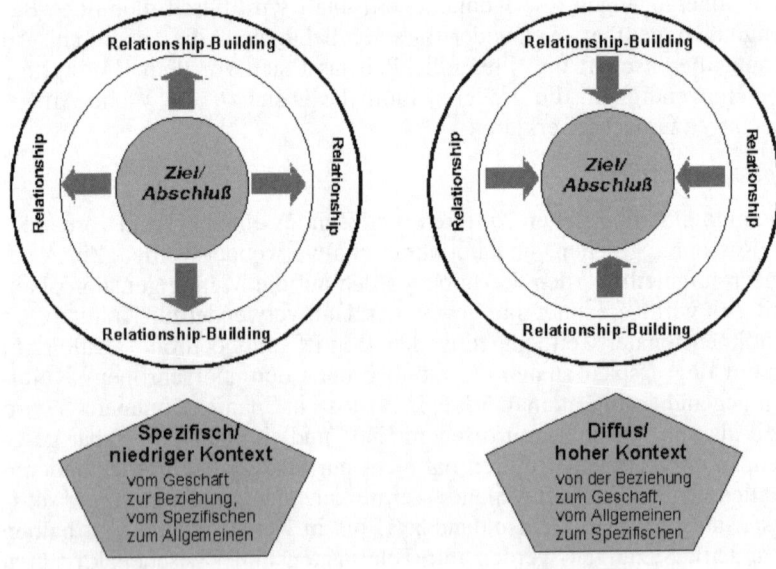

Abb. 2.6: Differenzierung nach spezifischer und diffuser Kultur

Kommunikation in highcontext-Kulturen setzt somit ein Verständnis der nonverbalen kommunikativen Mittel, der Körpersprache und Kultur-Artefakte voraus. Diejenigen, die aus einem lowcontext-Kulturkreis kommen, sind oft überrascht, weil sie ihren Gesprächspartner aus einem highcontext-Kulturkreis nicht so verstehen, wie er es meint, oder weil die eigenen Aussagen anders interpretiert werden, als es gemeint war. Amerikaner haben den Ruf, „sehr direkt" zu sein, sogar auf Briten wirken Amerikaner oft irritierend, alles noch einmal „auf den Punkt" zu bringen. Die Briten haben eine eher umständlichere Weise des Umgehens mit Sprache. Vieles wird über suggestive Sprache kommuniziert. Lowcontext-Kulturen setzen wenige Informationen über die Umgebung der Kommunikation voraus, die verbale Kommunikation stopft diese Lücke mit expliziten Botschaften, notfalls wird die Hintergrundinformation zusätzlich geliefert. Im Gegensatz zu highcontext-Kulturen lässt die Kommunikation in lowcontext-Kulturen wenig Interpretationsspielraum. Apfelthaler erläutert die Entwicklung und breite Verwendung von Internet und E-Mail als ein für lowcontext-Kulturen typisches Kommunikationsinstrument[49]. E-Mail ist ein relativ kontextloses Kommunikationsinstrument, weil Briefkopf und andere Formalia, die sonst auf dem Briefpapier verzeichnet sind, fehlen. In Apfelthalers Beispiel hat ein russischer Universitätsprofessor die Angewohnheit, seine E-Mail-Nachrichten nicht im Text der E-Mail, sondern als Attachement mit eingescanntem Briefkopf seiner Universität zu versenden. Gerade die Kommunikationsweise die einen „highcontext" voraussetzt, ist in der Regel in kollektivistischen Kulturen vorherrschend, während individualistische Kulturen eher lowcontext-gebunden und somit auf expliziten Informationsaustausch angewiesen sind. Kollektivistische Kulturen kennen dagegen viele Selbstverständlichkeiten für Gruppenmitglieder.

Beispiel: Der Niederländer und der Araber [50]

Die Verhandlungen verliefen mühsam. Der Araber schweifte während des Gesprächs stets ab. Er lud den Europäer zu sich nach Hause ein. Der Europäer aber machte klar, dass er es eilig hat und die Einladung deshalb nicht annehmen kann. Solche Missverständnisse kommen ständig vor. Endlich kam es dann doch zu einem Vertrag. Der Europäer zeigte sich zufrieden. Er kreuzte seine Beine und entspannte

---

49 Apfelthaler (1999), S. 47.
50 Pinto (1999), S. 96 ff.

sich, nachdem er den Vertrag unterzeichnet hatte. Es handelte sich hier schließlich um einen Millionenvertrag. Deshalb war Zufriedenheit angesagt. Er übergab dem Araber den Vertrag mit seiner linken Hand, damit der Araber jetzt unterzeichnen konnte. Völlig unerwartet verweigerte der Araber daraufhin, den Vertrag zu unterzeichnen.

Kommentar: Zuerst unterläuft dem Niederländer hier ein „technischer Kulturfehler". In der arabischen Kultur ist die linke Hand unrein. Außerdem gehen Araber davon aus, dass Geschäfte, die mit der linken Hand gemacht wurden, Unglück nach sich ziehen. Der Niederländer zeigt seine Fußsohlen, was in vielen Kulturen als mangelnder Respekt bis zur Beleidigung aufgenommen wird. Die Beine zu kreuzen, wird in manchen Kulturen kontrovers gesehen. In den USA wird es als unmännlich empfunden, in Europa eher als unpassend.

Aus Trompenaars Kulturdimensionen lässt sich ableiten, dass es mehr als nur unhöflich war, dass der Niederländer die Einladung nach Hause nicht angenommen hat. Die arabische Kultur ist diffus-orientiert. Araber gehen erst zum Geschäftlichen über, wenn sich auf privater Ebene eine Vertrauensbeziehung entwickelt hat. Der Niederländer dreht die Reihenfolge Privat-Geschäftlich um, womit er keine gute Basis für eine positive Geschäftsbeziehung legt. In spezifisch-orientierten Kulturen kommt zuerst der Kern der Sache zur Sprache, die persönliche Beziehung entwickelt sich später, nachdem stets größere Kreise gezogen wurden. In diffus-orientierten Kulturen fangen dagegen Geschäftsverhandlungen mit einer allgemeinen, eher allgemein gehaltenen Diskussion an, bevor man sich nach langer Zeit ins spezifische Geschäftsthema bewegt.

Nach Hall werden in high-context orientierten Kulturen, wie der arabischen, zuerst gemeinsame kommunikative Kodices geschaffen, die als Selbstverständlichkeiten in die Gespräche eingehen. Der Niederländer kommt aus einer lowcontext-orientierten Kultur. Hier wird erwartet, dass in neuen Situationen die Regeln gemeinsam neu definiert werden. Entsprechend sind lowcontext-Kulturen einerseits flexibler und anpassungsfähiger, anderseits aber tragen sie weniger gemeinsamen, unausgesprochenen kulturellen Ballast mit sich. In diesem Beispiel sollte der Niederländer sich Zeit nehmen, um mit dem Araber „warm" zu werden.

Merksatz:

Hall unterscheidet zwischen highcontext- (indirekte, implizite Kommunikation) und lowcontext-Kulturen (direkte, explizite Kommunikation) und zwischen Beziehungen zu Raum (begrenzte/unbegrenzte Räume) und Zeit (beschränkte/unbeschränkte).

2.3.5 Kulturgliederung nach Pinto

Pinto versucht seine Kultureinstufung an den tieferliegenden Unterschieden in Wertesystemen zwischen Kulturkreisen festzumachen. Mit der Unterscheidung zwischen „modernen und traditionellen" bzw. „westlichen und nicht-westlichen" Kulturen bietet Pinto ein Interpretationsmuster, womit viele interkulturelle Missverständnisse mit neueingetroffenen, ehemaligen ausländischen Mitbürgern verständlich gemacht werden. Pintos Kategorisierung trennt zwischen feingegliederten (F-Kultur) und grobgegliederten (G-Kultur) Kulturen. In F-Kulturen werden für alle Situationen detaillierte Verhaltensregeln definiert, der Verhaltensspielraum ist für das Individuum sehr beschränkt. Die Verhaltensstandards sind in G-Kulturen eher grob gegliedert, d.h. das Individuum hat die Freiheit, die allgemeinen Regeln selbst in Verhaltensregeln für konkrete Situationen umzusetzen. Pintos Zweiteilung zwischen G- und F-Kulturen läuft fast in gleicher Weise ab wie die Differenzierung individualistische/kollektivistische Kulturen nach Hofstede (siehe Kap. 2.3.2). Die F-Kulturen sind eher die traditionellen Kulturen. Folgt man Hall (siehe Kap. 2.3.4), so sind Pintos G-Kulturen lowcontext-orientiert und die F-Kulturen setzen in Kommunikationssituationen einen highcontext voraus.

F-KULTUREN	G-KULTUREN
Individuum und Umgebung	
- Gruppenabhängigkeit	- Individualität
- Scham	- Schuld
Status und Respekt	
- Gruppenehre: z.b. Familie, ehrvolles Verhalten/Rolle, sichtbarer Reichtum	- Persönlicher Erfolg: z.b. Leistungen, Persönlichkeit, innerer Reichtum
- Alter (Respekt vor Alter)	- Verherrlichung der Jugend
Erziehung	
- Platz in der Gruppe kennen	- Entfaltung des Individuums
- Trennung Männer-/Frauenwelt deutlich	- keine Geschlechtertrennung
Verhalten und Beurteilung	
- Esskultur	- Trinkkultur
- Beziehungsaspekte	- Inhaltsaspekt
- emotional	- rational
Gesellschaft	
- gesellschaftliche Position herkunftsbestimmt	- gesellschaftliche Position abhängig von Leistungen
- wenig soziale Mobilität	- hohe soziale Mobilität
- hierarchieorientiert	- gleichheitsorientiert
Natur	
- Fatalismus: Welt erscheint kaum beherrsch-/änderbar	- Welt erscheint sehr beherrsch- und änderbar
- Aufmerksam für das Ganze	- Aufmerksamkeit für die zusammenhängenden Teile

Abb. 2.7: Wichtige Unterschiede zwischen F- und G- Kulturen (Auszug)[51]

Jede Kultur rangiert irgendwo auf der Skala zwischen den beiden G- und F-Extremen. Z.B. ist die lateinamerikanische Kultur nach Pinto eine typische Mischform. Mischformen sieht man auch in Einwanderungsländern, wenn die sog. zweite Generation der ehemaligen Gastarbeiterfamilien sich zwischen den Kulturen bewegt. Innerhalb von Ländern mit überwiegend G-Kultur, wie Deutschland oder den Niederlanden, kann es F-Kultur-Nischen geben bei den Einheimischen. In den Niederlanden ist

---

51 Ebenda, S. 70 ff.

die sog. „reformierte Welle", die auf der Landkarte von Südwest nach Nordost sichtbar gemacht werden kann, ein Beispiel dafür. Kulturen bestehen immer aus unterschiedlichen Subkulturen, die regional- oder sozial-ökonomisch geprägt sind. In Deutschland gibt es das Ost-West-, das Nord-Süd- und das Stadt-Land-Gefälle mit entsprechenden Kulturunterschieden. Im Allgemeinen werden die G-Kulturen in den westlichen Ländern und in Städten der Einwanderungsländer vorgefunden.

Merksatz:

Pinto unterscheidet in feingegliederte F-Kulturen (traditionell-kollektivistisch) und grobgegliederte G-Kulturen (modern-individualistisch).

Generell kann zu allen Kulturvergleichsstudien zusätzlich zur individuellen inhaltlichen oder methodischen Kritik (z.B. an Hofstedes Ansatz, Kap. 2.3.2) kritisch hinzugefügt werden: Es gibt nicht „den Italiener", den Schweden, den Franzosen, den Griechen und schon gar nicht den Asiaten, den Araber, den Afrikaner oder den Chinesen; genauso wenig wie es den Amerikaner gibt (weißeuropäischer Abstammung, schwarzafrikanischer Herkunft, Hispanic: südamerikanischer Herkunft, Chinese-American: chinesischer Herkunft, indianischer Abstammung ...).[52]

2.4 Interkulturelles Verhalten

Personen, die aus unterschiedlichen Kulturkreisen stammen, bringen in der Regel unausgesprochene, meist unbewusst wirksame Selbstverständlichkeiten mit, die in Begegnungen für Missverständnisse sorgen. Diese Missverständnisse gehen auf mentale Programmierungen (Hofstede) oder kollektive Systeme von Bedeutungen (Vermeulen) zurück, die, solange sie nicht aufgeklärt werden, zu unausweichlichen Hemmungen oder Blockaden in der Zusammenarbeit führen (siehe Kap. 2.2).

In den folgenden Beispielen und Fallstudien werden Probleme von interkulturellen Begegnungen exemplarisch dargestellt.

---

52 Gebhardt (2000), S. 25.

Beispiel: Einzelhandelsunternehmen Ahold

Das weltweit aktive Einzelhandelsunternehmen Ahold organisiert in den Niederlanden zur Vorbereitung auf ihre Tätigkeit im eigenen Land Praktikantenstellen für Nachwuchskräfte aus Südostasien. Als eines Tages ein von den Trainees bereits bezahlter Ausflug aus Termingründen ausfallen muss, bietet der Ahold-Manager den Gästen einen Ausgleich der durch die Absage entstandenen Kosten an. Die Trainees zeigen sich später im kleinen Kreis entsetzt.

Kommentar: Zentrale Werte in F-Kulturen sind die Vermeidung von Gesichtsverlust und das Aufrechthalten der (Familien-)Ehre. Die südostasiatischen Mitarbeiter fühlen sich beleidigt durch das Angebot des Managers, für den Ausgleich der Kosten aufzukommen, weil sie sich hier selber verantwortlich fühlen. Sie sehen den Aufenthalt in den Niederlanden als eine eigene Investition, wofür sie selber Risiken tragen. Niederländer haben eher eine „Versicherungsmentalität". Sie würden froh sein, die finanziellen Folgen dieser Terminänderung abwälzen zu können.

Beispiel: Inshallah

Die niederländische Luftfahrtgesellschaft KLM sendet einen Manager zur KLM-Filiale in Saudi-Arabien. Der Manager fängt schon bald an, sich über seine Mitarbeiter zu ärgern. Immer wenn etwas schief läuft, sagen sie „Inshallah" (wie Gott es will). So können Probleme wohl nie gelöst werden!

Kommentar: F-Kulturen werden von einem gewissen Fatalismus geprägt. Die Welt erscheint als kaum beherrschbar und änderbar. In vielen nahöstlichen Ländern wird das Leben bzw. wichtige Ereignisse und Vorfälle als von Gottes Hand gesteuert empfunden. In Kulturen, die auf Dominanz ihrer Umgebung orientiert sind, sind Unternehmungen bestrebt, die Organisation zu beherrschen. Es werden Bemühungen angestellt, um durch Zielsetzungen und strategische Überlegungen Ist- und Soll-Situation miteinander übereinstimmen zu lassen. Wenn der KLM-Manager den Fatalismus seiner Mitarbeiter akzeptieren würde, würde er darauf gelassener reagieren. Er könnte dann versuchen, mit den Mitarbeitern ins Gespräch zu kommen, um für beide Parteien wirksame Lösungsansätze zu entwickeln.

Der Ratschlag „when in Rome, do as the Romans do" zielt auf die interkulturelle Anpassung an andere Kulturen in deren Kulturraum. Dies bedeutet aber nicht, dass man unbedingt zum Beispiel in Indonesien im Sarong am Arbeitsplatz erscheinen oder in Japan den Kotau perfekt beherrschen sollte. Die Neugier auf eine andere Kultur lässt sich am besten kommunikativ erleben und sensibel darstellen, zum Beispiel indem Sätze verwendet werden wie „is it usual/appropriate to do this or that ... in this situation ...?" oder „what do your people do/expect in this situation ...?" [53] Hierdurch zeigt man seinem Gegenüber den notwendigen interkulturellen Respekt, ohne sich durch nachgeahmte oder eventuell falsch verstandene Rituale lächerlich zu machen oder damit seinen Gastgeber zu beleidigen.

Fallstudie: Frank in Lissabon

Frank, ein junger deutscher Geschäftsmann, fliegt nach Lissabon, um drei potenzielle Kunden zu besuchen. Bei den ersten zwei Terminen ist er pünktlich, beide Male lassen seine portugiesischen Geschäftspartner ihn jedoch eine halbe Stunde warten. Frank behauptet jetzt, dass die Portugiesen nicht so pünktlich sind wie die Deutschen. Als er sich beim dritten Termin dann vierzig Minuten zu spät meldet, hat er keine großen Bedenken. Der dritte Kunde ist jedoch verstimmt.

Auftrag: Diskussion in Kleingruppen folgender Fragen:

1. Welches unterschiedliches Rollenverständnis könnte für die Unpünktlichkeiten auf beiden Seiten Grundlage des Verhaltens sein?

2. Was kann man Frank raten, auch im Hinblick auf seine kulturelle Herkunft?

Fallstudie: Jan in Japan[54]

Jans Verhandlungen mit einem japanischen Unternehmen verlaufen zügig. In einigen Tagen wurden die wichtigsten Entscheidungen getroffen. Es sieht so aus, als ob Jan bald mit dem Flugzeug heimwärts kehren kann. Am fünften Verhandlungstag kommt der Großvater des Geschäftspartners herein. Der Großvater hat das Unternehmen in langen Jahren aufgebaut und fängt an, ausführlich über einzelne Sachen und die Entwicklungen im Allgemeinen zu erzählen. Er er-

---

53 Ebenda, S. 24.
54 Pinto (1999), S. 98 ff.

wähnt auch Themen, worüber gerade während der Verhandlungen zu Änderungen entschieden wurde. Anstatt den Großvater auf die Veränderungen hinzuweisen, nickt der japanische Verhandlungspartner nur. Jan aber äußert Bedenken und erläutert die gemachten Pläne. Der Großvater reagiert nicht auf Jans Bemerkungen, er erzählt weiter über die großen Fortschritte, die in der Vergangenheit durch den alten Ansatz gemacht wurden.

Jan packt die Wut und verlässt den Raum. Die Vertragsverhandlungen werden abgebrochen.

Auftrag: Diskussion folgender Fragen in Gruppen:

1. Erläutern Sie Jan's Verständnis und Unverständnis für seine Gesprächspartner anhand der Unterschiede zwischen einer F- und einer G-Kultur.

2. Was hätte Jan in dieser Situation tun sollen, um nicht ohne Erfolg die Vertragsverhandlungen zu beenden?

3. Interkulturelle Kommunikation

3.1 Kommunikationsmodell

Die Informationsübertragung findet durch Kommunikation statt (lat. communicare = teilen). Kommunikation bezieht sich nicht nur auf das Teilen von Informationen, daneben können auch Emotionen, Vorstellungen und Meinungen, Appelle an das Verhalten des anderen und motivierende Anregungen geteilt werden. Verallgemeinert wird gesagt, dass durch Kommunikation Bedeutungen vermittelt und somit geteilt werden. Was letztlich in der Kommunikation wirksam ist, ist der Eindruck, den der Empfänger von der Botschaft bekommt. Was zählt, ist die Wahrnehmung des Empfängers, nicht das, was der Sender vielleicht beabsichtigt hat, zu berichten.

Ein vereinfachtes Kommunikationsmodell verdeutlicht, in welchem komplizierten Verschlüsselungs-/Entschlüsselungsprozess Sender und Empfänger einer Botschaft sich bewegen, bevor die Kommunikation stattgefunden hat (siehe Abb. 3.1).

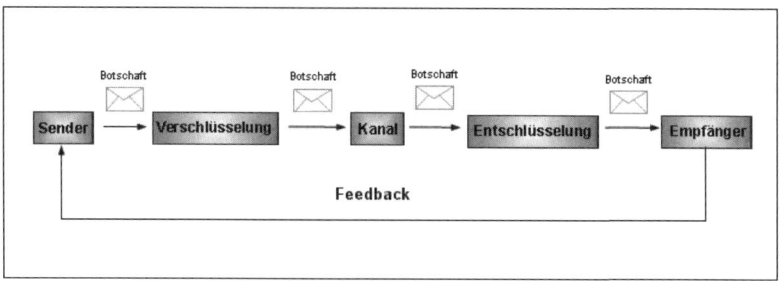

Abb. 3.1: Modell des Kommunikationsprozesses[55]

Kommunikation lässt sich als "Prozess der Vermittlung von Bedeutung" definieren. Der Sender verschlüsselt seine Botschaft über Worte oder andere Signale, der Empfänger entschlüsselt die Botschaft, je nachdem, ob er den Kommunikations-Code des Senders versteht. Die Botschaft wird über einen Kanal bzw. ein Medium übertragen. Die Kommunika-

---

55 Robbins (1996), S. 378 ff.

tion ist erst dann erfolgt, wenn die Botschaft so vom Empfänger verstanden wurde, wie sie vom Sender gemeint wurde. Durch Blickkontakt, kurze Zusammenfassungen oder Fragen signalisiert der Empfänger, ob er die Botschaft richtig verstanden hat. Somit folgt ein Feedbackteil, womit die Kommunikation einer Botschaft abgeschlossen werden kann (siehe Abb. 3.1).

Merksätze:

Kommunikation ist der Prozess der Vermittlung von Bedeutung zwischen Sender und Empfänger. Kommunikation ist erst dann erfolgreich, wenn der Empfänger die Botschaft so versteht, wie sie der Sender gemeint hat.

3.2 Erfolgreiche Kommunikation

Erfolgreiche Kommunikation entsteht erst dann, wenn die Botschaft, so wie sie vom Sender gemeint wurde, auch vom Empfänger verstanden wird. Es gibt schon reichliche Kommunikationsprobleme in Situationen, in denen Menschen dieselbe Sprache sprechen. Umso größer ist das Problempotenzial, wenn Menschen unterschiedlicher Kulturen und Muttersprachen miteinander kommunizieren. Betrachtet man die folgende 7-stufige Vorgehensweise bei der Kommunikation auf der Grundlage des vereinfachten Kommunikationsmodells (siehe Abb. 3.1), sind viele Quellen für Missverständnisse in der Kommunikation zu erkennen:

* Sender
* Verschlüsselung der Botschaft
* Botschaft
* Kommunikationskanal
* Entschlüsselung
* Empfänger
* Rückkoppelung

(1) Der Sender

Der Sender oder die Quelle der Kommunikation stößt die Kommunikation an. Mehrere Bedingungen nehmen auf seine Kommunikationsleistung Einfluss, z.b. seine kommunikativen Fähigkeiten und das soziokulturelle System, aus dem er stammt. Der Kulturkreis des Senders prägt die impliziten Normen und Wertvorstellungen (siehe Kap. 2.), seine Grundannahmen und damit die Bedeutungen, die er seiner Botschaft mitgibt. Auch wird der Sender beeinflusst von den Vorstellungen und Erwartungen, die er dem Kulturkreis des Empfängers entgegenbringt. In Form von z.b. Stereotypen oder Vorurteilen sind diese Erwartungen vom Kulturkreis des Empfängers der Ausdruck des Selbstbildes und der Fremdeinschätzungen, wie sie im eigenen Kulturkreis entstanden sind.

(2) Die Verschlüsselung der Botschaft

Die Verschlüsselung der Botschaft durch verbale oder non-verbale Codices ist sehr vom Kontext der Situation abhängig. Der Kontext besteht aus dem sozio-kulturellen System, in dem sich der Sender befindet. Die Fähigkeit des Senders, sich schriftlich, verbal oder non-verbal verständlich auszudrücken, somit seine Attitüde gegenüber dem Empfänger und seine Erkenntnisse vom Sachstand bestimmen den Erfolg der Kommunikation.

(3) Die Botschaft

Die Botschaft als physisches Produkt ist die Form, in der die Verschlüsselung stattfindet. Zum Beispiel sind bei einem Brief der geschriebene Satz die Botschaft und bei der Gebärdensprache die Gestik. Die Art und Weise, wie wir unsere Botschaft verschicken, welchen Kommunikationskanal wir verwenden, entscheidet über die Form der Botschaft.

(4) Der Kommunikationskanal

Der Kommunikationskanal ist das Medium für die Botschaft. Kommunikationsmedien verfügen über unterschiedliche Potenziale, Informationen zu vermitteln – sie reichen von standardisiert bis nicht-standardisiert und zwischen reich und arm. Voll standardisiert sind Faltblätter, Broschüren, Zeitungen, begrenzt standardisiert Memos, Briefe oder E-Mail. Nicht-standardisiert sind Telefongespräche und persönliche Gespräche. Kommunikationsmedien, die mehrere Signale gleichzeitig verarbeiten können, schnelles Feedback ermöglichen und persönlich sind, gelten als reiche Kanäle. Reich bedeutet in diesem Zusammenhang, dass viele Informationen vermittelt werden können. Das persönliche Gespräch bietet die größten Möglichkeiten, vielseitige Informationen auf verbale und non-verbale Weise zu teilen, gleichzeitig unmittelbar Feedback zu bekommen und Kommunikation mit persönlicher Präsenz überzeugend zu gestalten. Sehr unpersönliche Kanäle wie Faltblätter und Zeitungen bieten nur eine beschränkte Möglichkeit der Kommunikation, zudem eine einseitige (siehe Abb. 3.2).

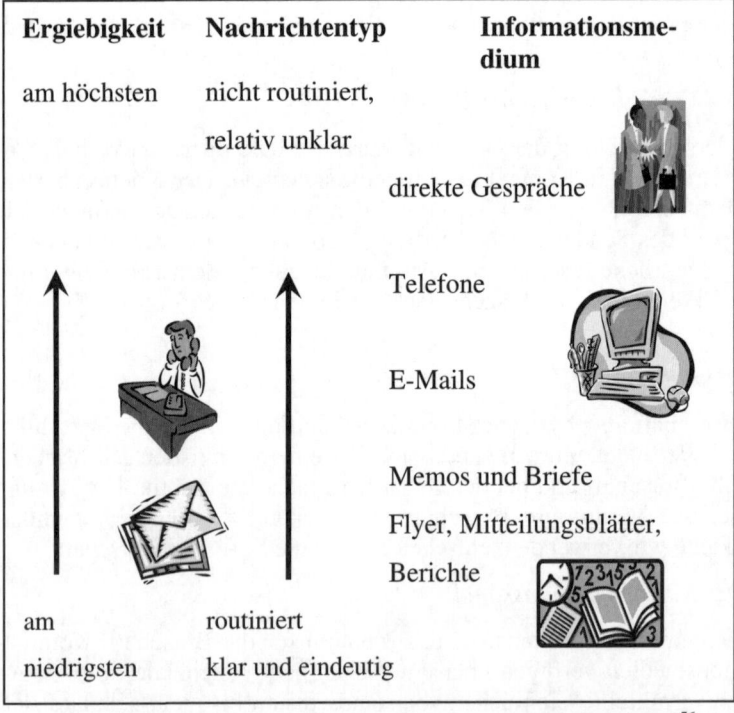

Ergiebigkeit	**Nachrichtentyp**	**Informationsme-dium**
am höchsten	nicht routiniert,	
	relativ unklar	
		direkte Gespräche
		Telefone
		E-Mails
		Memos und Briefe
		Flyer, Mitteilungsblätter,
		Berichte
am	routiniert	
niedrigsten	klar und eindeutig	

Abb. 3.2: Ergiebigkeit verschiedener Kommunikationskanäle[56]

---

56 Ebenda, S. 386.

Der Einsatz der Kommunikationskanäle ist kulturell geprägt, das heißt die verschiedenen Kommunikationskanäle genießen in unterschiedlichen Kulturen, Geschlechtern, Altersgruppen etc. eine unterschiedliche Wertschätzung.

(5) Die Entschlüsselung

Die Entschlüsselung unterliegt der gleichen Dynamik und den gleichen Problemen einer erfolgreichen interkulturellen Kommunikation wie die o.g. Verschlüsselung der Botschaft – jetzt aus Sicht des Empfängers. Mit größerer Ähnlichkeit der Kulturkreise der Kommunikationspartner steigt die Chance auf eine erfolgreiche Kommunikation.

(6) Der Empfänger

Der Empfänger reagiert auf die Botschaft, nachdem er sie entschlüsselt hat. Er unterliegt den gleichen Rahmenbedingungen wie der Sender. Seine Verständnismöglichkeiten sowie seine Einstellungen dem anderen gegenüber, seine Erwartungen, Stereotypen und Vorstellungen werden ebenso durch seinen Kulturkreis beeinflusst.

(7) Rückkopplung

Mit der Rückkopplung der empfangenen Botschaft wird der Kommunikationskreis geschlossen. Durch Feedback findet ein Rollentausch in der Dynamik des Kommunikationsprozesses statt. Die vom Sender wahrgenommene Reaktion des Empfängers auf seine Botschaft gibt ihm die Möglichkeit festzustellen, ob die beabsichtigte Vermittlung seiner Botschaft gelungen ist.

Kommunikationsregeln

Folgende Statements gelten allgemein als Regeln erfolgreicher Kommunikation[57]:

Es ist unmöglich, nicht zu kommunizieren.

Nach diesem Motto wird jedes Verhalten zur Kommunikationssprache[58]. Sobald man sich begegnet und einander wahrgenommen hat, fängt die Kommunikation über Körpersprache und Worte an. Viele Autoren halten auch relativ feststehende Eigenschaften, die also nicht mit

---

57 Nach Stiehl, entn. aus Harris/Moran (1996), S. 25.
58 Watzlawick/Beavin/Jackson (1971), S. 53.

jeder Kommunikationssituation variieren, für die Vermittlung von Bedeutung verantwortlich, z.b. signalisiert man bewusst oder unbewusst durch Kleidung, Körperhaltung, Hautfarbe oder Körperpflege, „wer man ist." Sobald man sich begegnet, beginnt Kommunikation. Wenn man beispielsweise jemanden im Flur oder auf der Straße ignoriert, kommuniziert man damit mangelndes Interesse oder andere Prioritätenstellung, was allerdings vom anderen als beleidigend empfunden werden kann.

Wer kommuniziert, muss sich nicht notwendigerweise verständigen.

Jeder kennt viele Beispiele von Zwiegesprächen, bei denen viel geredet wird, aber keiner so richtig zuhört, geschweige die Gesprächspartner verstehen einander. In vielen Untersuchungen über Zuhörverhalten wird festgestellt, dass gerade die Fähigkeit zuzuhören in den USA am meisten genutzt wird, dagegen am wenigsten gelernt. In der Schule lernen wir zu erzählen, vorzutragen und zu schreiben, weniger aber durch zuhören zu verstehen, was unser Gesprächspartner uns sagen will. Richtig zuhören setzt auch voraus, dass beide Gesprächspartner ihrer Symbolik dieselbe Bedeutung geben, damit sie einander die Botschaften so verstehen, wie sie gemeint sind.

Kommunikation ist unumkehrbar.

D.h. was gesagt ist, wurde gesagt. Durch Kommunikationsäußerungen werden Fakten geschaffen, die sich bestenfalls noch erklären, gegebenenfalls noch entschuldigen lassen. Einen Araber oder im Allgemeinen jemand aus einem diffus-orientierten Kulturkreis (vgl. Kap. 2.) in der Anwesenheit von anderen offen zu kritisieren, gilt als eine Beleidigung, die so leicht nicht mehr korrigiert werden kann.

Kommunikation findet in einem Kontext statt.

Der Kontext wird gesetzt durch den Zeitpunkt, den Platz, die benutzten Kommunikationskanäle und die kulturellen Hintergründe der Kommunikationspartner. In Frankreich ist „Monsieur le président" auch zu Hause für die Zugehfrau oder beim Bäcker als „Monsieur le président" anzusprechen. Die in den Niederlanden übliche Trennung zwischen Privatem und Geschäftlichem ist in Frankreich nicht gerne gesehen. In Frankreich z.B. sind Umgangsformen wichtig, dort ist man in der Kommunikation und den Umgangsformen formeller und förmlicher. Wer einen Geschäftspartner zum Essen einlädt, reserviert einen Tisch in einem

Top-Restaurant. Während des Essens über das Geschäft zu sprechen, gilt als unpassend. Stattdessen ist man gut beraten, einen französischen Philosophen oder Schriftsteller zu zitieren.

Kommunikation ist dynamisch.

Die Rollen von Sender und Empfänger werden kontinuierlich wechselnd erfüllt. Anfang und Ende einer Kommunikation sind oft nicht klar sichtbar.

Nicht alle Kommunikationsversuche gelingen.

Kommunikation findet erst dann statt, wenn die Botschaft den Empfänger erreicht hat. Das Nichtankommen einer Botschaft ist anders, als wenn der Empfänger versucht, den Eindruck zu erwecken, dass er die Botschaft nicht wahrgenommen hat. Der Empfänger, der versucht, den Sender und seine Botschaft zu ignorieren, kommuniziert somit sein Desinteresse oder die fehlende Bereitschaft, die Kommunikation fortzusetzen. Wenn die Botschaft bei dem Empfänger nicht eingetroffen ist, ist die Kommunikation gescheitert, weil es nicht zu der Erfahrung eines Teilens von Informationen gekommen ist.

3.3 Kommunikationsebenen

3.3.1 Inhalts- und Beziehungsebene der Kommunikation

Nach Watzlawick hat jede Mitteilung einen Inhalts- und einen Beziehungsaspekt[59]. Wir machen uns ein Bild über den Adressaten unserer Botschaft und über die Beziehung, in der wir zu ihm stehen. Dieses Bild über die Beziehung zu unserem Kommunikationspartner prägt schließlich die Art und Weise, wie wir uns mitteilen. Unser Verhalten wird letztlich dadurch beeinflusst, was wir vom anderen halten. Das, „was wir vom anderen halten", ist stets Teil der Botschaft. So geben wir fortwährend Informationen, wie wir die Beziehung zum Kommunikationspartner wahrnehmen. Der Inhaltsaspekt spricht die Ebene des Verstandes, Inhalte, Fakten, Themen und Ergebnisse an, der Beziehungsaspekt macht Aussagen zu Kontakt, Klima und emotionalen Aspekten, dazu wie man zueinander steht. Die emotionale Einfärbung einer Mitteilung gibt Auskunft, wie das, was gesagt wird, gemeint ist. Nicht immer pas-

---

59 Ebenda, S. 46.

sen Inhalts- und Beziehungsaspekte zusammen: Beziehungsaspekte werden sehr stark über non-verbale Sprache vermittelt. Mit seiner Körperhaltung, durch Lachen, Tonalität der Stimme, Stimmvolumen, Gebärdensprache, Körperentfernung, Kleidung, Mimik drückt der Sender aus, was er vom Adressaten seiner Botschaft hält, wie wichtig dieser für ihn ist, welche Bedeutung das Gespräch für ihn hat, welche Perspektiven er für die Beziehung sieht. Die non-verbale Sprache ist in Bezug auf den Beziehungsaspekt oft viel ehrlicher als die verbale Sprache. Zu gleicher Zeit ist die non-verbale Sprache gerade in interkulturellen Begegnungen eine Quelle von Missverständnissen über die vom Sender wahrgenommene Beziehung zum Adressaten (siehe auch Kap. 2). Nonverbales Verhalten zu interpretieren nach den eigenen kulturellen Normen, wenn der Gesprächspartner seine eigene Verschlüsselung hat, führt zu Missverständnissen. Man sollte sich über die Richtigkeit seiner Wahrnehmung vergewissern, um möglichst interkulturelle Missverständnisse zu vermeiden.

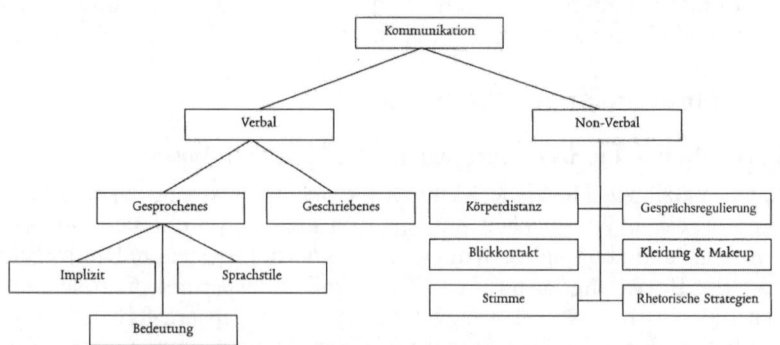

Abb. 3.3: Kommunikationsebenen

3.3.2 Rolle der verbalen Sprache

Während der Erziehung in der Kindheit und Jugend lernen Menschen die Sprache ihres Kulturkreises. Die Sprache zeigt Kultur und wird auch als eigene Kultur erlebt. In den Niederlanden gibt es z.B. die paradoxe Situation, dass einerseits Dialekte von Einheitssprachen (z.B. „das Hochdeutsche" oder entsprechend in den Niederlanden das „Algemeen Beschaafd Nederlands) verdrängt werden und andererseits in den Regionen die Menschen den Dialekt als eigene Sprache kultivieren. Ähnliches ist auch in Deutschland zu beobachten, dass das überall gültige und gelernte Hochdeutsch regional durch wiederauflebende Dialektpflege ergänzt wird. Mit Sprache lernt man in jeder Kultur Wirklichkeit zu erkennen und zu bewerten. Eskimos kennen 13 Worte für die Vielfalt von Schnee, Araber kennen 6000 Wörter für Kamele, Teile und Ausrüstung, Hanunos auf den Philippinen benutzen 92 Begriffe für die verschiedenen Sorten Reis. Während wir Westeuropäer den Regenbogen mit sechs Farben beschreiben (purple, blue, green, yellow, orange, red), kennen die Shona in Simbaws hierfür nur 4 Farben (cipsWuk, cirema, cicena, cipWuka) und die Bassa in Liberia nur zwei (hui, ziza). Im englischen Sprachgebrauch kann man mindestens sechs Bedeutungen von europäisch unterscheiden[60]: Europäisch hat u. a. die Bedeutung von christlich sein und weißer Hautfarbe, europäisch bedeutet zweitkleinster Kontinent und Anhängsel an Eurasien, aber auch Kontinent Europa ohne Britische Inseln oder die EU. Zum Beispiel meinen Briten, wenn sie beschreiben, dass jemand auf den europäischen Kontinent gefahren ist: „Er ist nach Europa gefahren." Und europäisch bedeutet „europäische Standards" im Sinne einer normativen, idealistischen Version Europas.

Sprachstile sind innerhalb einer Kultur auch regional sehr unterschiedlich. Wenn in den Niederlanden der Brabander in „wir" oder „uns" redet, spricht er zwar plural, meint aber nur singulär sich. Mit „unsere Mutter" oder „unsere Frau" verweist er auf seine Partnerin. Mit Sprache wird Wirklichkeit „konstruiert": Ein bekanntes Beispiel ist die Beschreibung eines halbgefüllten Glases. Während pessimistisch eingestellte Menschen das halbleere Glas sehen, sehen Optimisten eher das halbvolle Glas.

Wörter haben in unterschiedlichen Kulturen unterschiedliche Bedeutung. So versteht man in Russland unter dem Begriff „Freiheit" etwas völlig anderes (Freiheit in der Gruppe) als in den USA (individuelle und politische Freiheit). Spricht man in den Niederlanden oder in Deutschland über „korrekte Verwaltung" oder „unabhängige Regierung", meint man, dass sie nicht käuflich oder durch Seilschaften bestimmt ist. Vertreter der niederländischen Antillen rügten die niederländische Politik aber aus ganz anderen Gründen, nämlich wegen der niederländischen

---

60 Die Zeit vom 8.3.2001.

Drogenpolitik und der Kriminalitätsraten in den Niederlanden, die dagegen von den Niederländern eher als akzeptabel oder als normale Alltagserscheinungen gesehen werden. Ein letztes Beispiel geringer Übereinstimmungen des Wortsinns bezieht sich auf das „Ja" sagen. „Ja" sagen muss nicht unbedingt Zustimmung meinen, sondern kann auch heißen „ich höre zu" oder „vielleicht", sogar „nein" kann gemeint sein. In interkulturellen Situationen, wenn die Gesprächspartner vielleicht sprachliche Verständigungsprobleme haben oder man sozial-erwünschte Antworten gibt, wird höflichkeitshalber oft „ja" gesagt, anstatt eine klare Antwort zu geben. In diesem Fall sollte man den Mut haben, bei dem anderen nachzufragen, ob alles richtig verstanden wurde. „Nein" hat in Indonesien eine andere Bedeutung als in den Niederlanden. Anders als in Indonesien ist das niederländische „nein" ein klares, wohlüberlegtes, definitives „nein". Der Japaner reagiert mit „nein", wenn er eigentlich sagen will „ja, Sie sollten aber nochmals fragen". Höflichkeitshalber wird „nein" gesagt, wenn man ein Geschenk bekommt, weil es als unhöflich empfunden wird, ein Geschenk ohne Zögern anzunehmen.

Jede Kultur hat ihren eigenen Wortschatz. Einem Russen zu erklären, was „soziale Marktwirtschaft" heißt oder „Wirtschaftlichkeit", ist schwierig, weil es hier (noch) keine russischen Synonyme gibt. Die niederländische Drogenpolitik wird mit dem Begriff „gedogen" am besten beschrieben. In anderen Sprachen, wie der Deutschen und der Französischen, fehlt es an dieser Praxis und an den Worten, womit das Bestehen einer grauen Zone in der Handhabung der Gesetzgebung beschrieben werden kann.

Im Vergleich zum **expliziten** Sprachgebrauch führt **implizite Sprache** zu weit mehr Missverständnissen in der interkulturellen Kommunikation. Der Unterschied zwischen implizitem und explizitem Sprachgebrauch macht z.b. die Erfahrung, dass unter Bekannten ein halbes Wort oft ausreicht, um eine Botschaft zu vermitteln. Mitarbeiter im Ausland beklagen sich oft, dass ihnen die Witze fehlen, die zu Hause gemacht werden. Das ist darauf zurückzuführen, dass vor allem in der ersten Zeit des Auslandsaufenthaltes die in der Gastkultur impliziten Botschaften nicht wahrgenommen oder ausgedrückt werden können. Im Umgang mit anderen Kulturen entstehen Probleme, sobald Kommunikation implizit wird. Ein Beispiel aus Deutschland ist die Frage: „Wie geht es Ihnen?" Deutsche beantworten diese Frage zumeist stereotyp mit

„danke gut", obwohl es ihnen vielleicht schlecht geht. Die Frage ist eher eine Höflichkeitsfloskel. Hoffman/Arts warnen vor niederländischen Redewendungen wie „die Tür ist für Sie immer offen," „einander Raum geben" oder „auf derselben Spur sitzen" (den selben Kurs verfolgen) oder „met jou wil ik in zee gaan" (mit Dir will ich ins Geschäft kommen). Wer die niederländische Sprache nicht auch implizit beherrscht, könnte diese Redewendungen wörtlich nehmen. Smalltalk am Gesprächsanfang ist im dortigen Kulturkreis normal, diese mehr oder weniger künstliche Aufwärmphase wird aber kaum ernst genommen. In vielen Kulturen sind die Inhalte des Smalltalks aber Ernst zu nehmen, sie gelten als Auftakt zur persönlichen Beziehung. Am Ende sind beispielsweise Asiaten enttäuscht, wenn wir die Inhalte des Smalltalks mit ihnen nicht ernst nehmen.

3.3.3 Non-verbale Kommunikation

Noch mehr als bei Begegnungen zwischen Menschen aus gleichen Kulturen mit gleicher Muttersprache gibt es in interkulturellen Kommunikationssituationen Anlässe für Missverständnisse. Sie können verbal oder non-verbaler Art sein. Wenn Menschen verschiedene Sprachen sprechen, werden vor allem auf Beziehungsebene verstärkt non-verbale Symbole bewusst und unbewusst angewendet und wahrgenommen. Es ist deshalb nicht verwunderlich, dass Kommunikationsstörungen häufig durch interkulturelle Unterschiede im non-verbalen Verhalten ausgelöst werden. Non-verbales Verhalten besteht z.b. aus Blickkontakt, Territorialmarkierung, Stimmvolumen, Intonation und Sprechgeschwindigkeit sowie Gestik (z.B. Körperhaltung, Kopfnicken). Non-verbales Verhalten hat im Allgemeinen drei Funktionen zu erfüllen[61]:

Non-verbale Signale regulieren die verbale Kommunikation,

indem das Gespräch durch non-verbale Zeichen strukturiert wird. Z.B. regeln Sprechpausen und Blickkontakte die Abwechselung der Gesprächsfolge: Wer in einer Diskussion einem anderen das Wort erteilt, schweigt meist ein oder zwei Sekunden und sucht den Blickkontakt, um dem anderen zu signalisieren, zu sprechen. Nicht in jeder Kultur werden aber Gesprächspausen als Rollenüberleitung gesehen. Ein anderes Beispiel: Das „Hände schütteln" ist in Deutschland unter Kollegen ein

---

61 Klassifizierung nach Keers/Wilke (1987), S. 149.

wichtiges tägliches Signal bei erstmaliger Begrüßung am Tag, zu einer Abteilungsbesprechung oder zum Abschied.

Non-verbale Signale ersetzen manchmal verbale Kommunikation.

In Extremsituationen, „wenn es jemand die Sprache verschlägt", kann er durch Kopfnicken, Lachen oder Weinen seine Emotionen zeigen. In interkulturellen Begegnungen werden non-verbale Signale verstärkt eingesetzt, um verbale Sprache oder Fremdsprachendefizite zu ersetzen. Um eine „Beziehungsbrücke" zu schlagen, wird bei der Begrüßung oder beim Gesprächsanfang zumeist versucht, Sympathie zu signalisieren. Dies geschieht in der Regel non-verbal über Stimmgebung, Gesichtsausdruck und Gestik. Mehrabian fand heraus, dass der Gesamteinfluss einer Botschaft sich nur zu 7% auf Wörter stützt, zu 38% auf Aussprache (z.B. Stimmlage, Lautstärke) und zu 55% durch non-verbale Zeichen (Mimik, Körperhaltung, Gestik) zurückzuführen ist[62]. Vielbenutzte Signale wie „ja" oder „ok" werden auch unterschiedlich verschlüsselt. Das amerikanische ok-Zeichnen wird in Brasilien als obszön empfunden, in Japan verweist es auf Geld. Wenn Japaner Überraschung zeigen, kratzen Sie sich am Kopf. Im Islam ist das Fingerzeigen auf eine Person ein schwere Beleidigung. In Indien bedeutet Kopfschütteln Zustimmung. Wer als Absender einer Botschaft diese Verschlüsselungen nicht kennt, wird die Gefühlsäußerung, die sich dahinter verbirgt, bestimmt nicht so gemeint haben bzw. falsch deuten.

Non-verbale Signale ergänzen die verbale Kommunikation:

Wenn die Zeichen zu den Worten passen, wird die verbale Botschaft unterstützt und damit verstärkt. Die meisten Menschen unterstützen ihre Botschaften mit Gestiken (Körperhaltung, Handbewegungen, Mimik etc.). Sie zeigen z.B. auf Objekte oder illustrieren ihre Aussage. Wird Sprache nicht non-verbal unterstützt, wird diese Inkonsistenz z.B. zwischen Tonfall und Inhalt der übermittelten Botschaften den Gesprächspartner verwirren. Mehrabian's Untersuchungen zeigen, dass die vom Gesprächspartner angestellten Beurteilungen hauptsächlich durch die Variation des Tonfalls als non-verbale Botschaft bestimmt werden. Im Vergleich zu Deutschen benutzen z.B. Italiener bekanntlich mehr Worte und mehr Gestik. Wo in Südeuropa Gestik ein fester Bestandteil der Kommunikation ist, gilt in Deutschland übertriebene Gestik als unge-

---

62 Mehrabian (1981), S. 182.

eignet. Japaner dagegen sind auch nach deutscher Wahrnehmung ziemlich ruhig und gehen sparsamer mit Worten und Gebärden um.

Merksatz:

Non-verbale Signale regulieren die verbale Kommunikation. Non-verbale Signale können verbale Kommunikation auch ergänzen oder ersetzen.

Fehlerquellen non-verbaler Kommunikation

Typische Beispiele für Fehlerquellen in interkulturellen Gesprächen, die bei der Verschlüsselung und Entschlüsselung einer Botschaft Grund für Missverständnisse sein können, sind in den folgenden Fehlerquellen dargestellt. Sie beziehen sich alle auf non-verbale Kommunikation, z.b. Körpernähe und Blickkontakt, Stimmintonation, Kleidung, Gesprächsregulierung oder Rhetorik[63]:

Körperdistanz

Die Raumbenutzung ist kulturell abhängig. So sind z.b. Menschen aus Surinam an eine geringere Körperdistanz gewöhnt als Niederländer. Wenn man jemandem räumlich zu nahe kommt, wird er sich abwenden, entfernen oder die Arme verkreuzen. Hoffman/Arts diskutieren Forschungsergebnisse, die sich auf niederländische und surinamisch-stämmige Polizisten in den Niederlanden beziehen. Die Surinamer bevorzugen im Allgemeinen eine geringere Körperdistanz, niederländische Bürger fühlen sich dadurch bedrängt und zeigen Abwehrverhalten. Dies wird wiederum von dem surinamischen Polizisten vielleicht als verstärkend für den Verdacht wahrgenommen. Andererseits kann ein niederländischer Polizist sich von surinamischen Bürgern durch körperliche Nähe bedroht fühlen. Für einen Niederländer ist das in Deutschland gängige „Hände schütteln" im Büro, beim Arbeitsanfang und -ende gewöhnungsbedürftig, da man dies in den Niederlanden so nicht kennt.

---

63 Hoffman/Arts (1994), S. 118 ff.

Kleidung

Innerhalb einer Kultur sind große Unterschiede in der Kleidung in den Unternehmen sichtbar. In deutschen Banken gibt es andere Standards als im Industriebereich. Unternehmensberater oder Bankangestellte tragen grundsätzlich Anzug, in der New Economy oder im Medienbereich geht es häufig bis ins obere Management sehr leger zu. Aber international gelten die Deutschen in der Kleiderordnung als sehr förmlich.

Blickkontakt

In westeuropäischen Kulturen ist es üblich, Interesse für den anderen mit Blickkontakt zu unterstützen. Der Redner, der während seines Vortrags keinen Blickkontakt mit seinem Publikum hat, wird laut einschlägigen Forschungsergebnissen von den Zuhörern als unglaubwürdig eingestuft[64]. In lateinamerikanischen und in einigen afrikanischen Kulturen wird Blickkontakt von jemandem aus einer niedrigeren sozialen Schicht als mangelnder Respekt wahrgenommen. Das Senken des Blickes gilt in Japan als Respektbekundung. US-Amerikaner zeigen ihr Interesse mehr durch Kopfbewegungen als durch Blickkontakt.

Stimmintonation

Stimme kann auch innerhalb einer Sprachkultur unterschiedlich sein. Beispielsweise die Intonation der Stimme: Flamen und Niederländer haben eine gemeinsame Sprache, dennoch mit eigenen Begriffen und eigener Intonation. Lachen ist kulturgeprägt. Menschen lachen, z.B. um Sympathie auszudrücken, Emotionen zu zeigen oder zu verbergen (z.B. Spannung, Angst, Nervosität). Asiaten lachen so viel, dass es Westeuropäern, z.B. Niederländern und Deutschen eher unheimlich ist. Stimmvolumen: Aus asiatischer Sicht gelten Europäer als relativ laut. Viele Einheimische sind es gewohnt, Kollegen oder Mitbürger ausländischer Abstammung laut anzusprechen, damit sie die Botschaft besser verstehen. In asiatischen Ländern wird „lautes Reden" als unhöflich wahrgenommen. Dort gilt die Regel: Je wichtiger das Thema, desto ruhiger die Stimme.

---

64 Keers/Wilke (1987), S. 132.

Gesprächsregulierung

Die Abwechselung in Gesprächsfolge, -anfang und -abschluss (Gesprächsregulierung) sowie die Übergänge während des Gespräches signalisieren den Gesprächspartnern gegenseitiges Interesse und Verständnis. Man wird quasi non-verbal gefragt, ob alles verstanden wurde. Pausen als Gesprächsregulierung geben Gesprächspartnern Bedenkzeit oder die Möglichkeit auszuruhen. Es gibt Forschungsergebnisse, aus denen hervorgeht, dass asiatische Mitarbeiter längere Gesprächspausen nehmen als Niederländer. Welche Konsequenzen hat dies z.B. für ein Bewerbungsgespräch, wo ein Bewerber asiatischer Herkunft sich bei einem niederländischen Unternehmen bewirbt?

Beispiel:

Hoffman/Arts beschreiben einen Fall, wo die unterschiedlichen Regulierungsmechanismen in einem Gespräch zu irritierenden Missverständnissen führten[65]. Eine Gesprächssituation in den USA zwischen weißen Supervisoren und schwarzen Studenten: Die Weißen sind so sozialisiert, dass sie auf jede Frage reagieren, verbal oder non-verbal. Die schwarzen Studenten reagieren nicht gleich, obwohl sie zuhören. Die Supervisoren hatten das Gefühl, „keinen Draht" zu ihren Studenten zu haben und haben ihre Bemerkungen und Fragen wiederholt. Die Studenten fühlten sich dadurch nicht ernst genommen.

Rhetorik

Viele Menschen „kommen gleich zur Sache", andere warten und bereiten ihren Punkt geduldig durch ergänzende Informationen vor. Es kommt vor, dass wichtige Fragen erst spät in einem Gespräch geklärt werden, zuerst werden aber mehrere konzentrische Kreise durchlaufen, bevor das Hauptthema angesprochen wird. Damit können Kontextinformationen gegeben oder Reaktionen des Gegenübers geprüft werden. Argumente können unterschiedlich aufgebaut werden. Manche beginnen mit ihrem Statement und argumentieren danach, andere argumentieren erst und geben danach ihr Statement. Bei Verhandlungen machen sich Unterschiede in rhetorischen Strategien sehr bemerkbar: Nach dem Motto „Zeit ist Geld" konzentrieren sich US-Manager im Geschäftsleben auf

---

65 Hoffman/Arts (1994), S. 123.

schnelle Erfolge. Bei einem Geschäftsessen in den USA kann es passieren, dass die amerikanischen Partner erwarten, dass man mit wenigen Worten „zur Sache" kommt. In Deutschland wird bei Vertragsverhandlungen oft erst die geschäftliche Situation als Ganzes beschrieben, um am Ende „auf den Punkt" zu kommen. Deutsche Gesprächspartner wirken in den USA oft zögerlich. Gerade in diffus orientierten Kulturkreisen wie in asiatischen Ländern, die vom Informationsniveau high-context bezogen sind, wird in Verhandlungssituationen zuerst eine emotionale Beziehung entwickelt, durch Symbole, Gestik und Mimik, bevor nach relativ langem Beziehungsaufbau Sachverhalte angesprochen werden. Hier müssen europäische Gesprächspartner aufpassen, nicht wie der sprichwörtliche „Elefant im Porzellanladen" aufzutreten (siehe auch Kap. 2.).

Beispiel: Geschlechtsspezifisches Kommunikationsverhalten

Organisationen sind „Männersache", auch in Europa. Dion hat konkrete Verhaltensweisen und Verhaltensunterschiede analysiert[66]. Es zeigt sich u.a., dass

- Männer wettbewerbsorientierter arbeiten, Frauen zu einer kooperativeren Arbeitsweise neigen und entsprechend auch eher bereit sind, den Erfolg einer guten Leistung mit anderen zu teilen,

- Männer eher sachlich kommunizieren, während Frauen häufig gefühlsbetont kommunizieren und sich mit emotionalen Aspekten der Kooperation auseinandersetzen,

- Männer bereit sind, Mehrheitsentscheidungen in Kauf zu nehmen und die Befindlichkeit der unterlegenen Personen zu vernachlässigen, während Frauen möglichst einen Konsens suchen,

- Konflikte bei Männern eher auf offene Konfrontation im Sinne „Gewinn/ Verlust-Kampf" gerichtet sind, während Frauen Kompromisse bzw. konstruktive Lösungen im Sinne von „Positivsummen-Spielen" suchen oder eventuell zum Nachgeben bereit sind, wenn Kompromisse nicht möglich sind, um nicht auch noch die Beziehung zu gefährden.

---

66 Dion (1985), S. 293-347.

3.4 Erfolgsmerkmale interkultureller Kommunikation

Viele interkulturelle Missverständnisse sind auf sprachliche Probleme zurückzuführen. Zusammenfassend ist festzustellen, dass verbale und non-verbale Sprache in unterschiedlichen Kulturen auch unterschiedliche Bedeutungen haben können, dass es in anderen Sprachen teilweise keine Synonyme oder Übersetzungen für einen Begriff oder Ausdruck gibt, weil man diesen Umstand dort gar nicht kennt, und interkulturelle Missverständnisse oft auch durch Wahrnehmungsunterschiede entstehen. Ein Problem in der interkulturellen Kommunikation ist oft, dass die Unterschiede nicht so groß sind, dass man sich ihrer sofort bewusst ist. Aber innerhalb eines Kulturkreises oder zwischen Nachbarn wirken Kulturunterschiede oft schneller, als man sie bemerkt.

Beispiel:

Es gibt in der Zusammenarbeit von Unternehmen in der Grenzregion Ostfriesland und Emsland auf deutscher Seite und Groningen und Drenthe auf niederländischer Seite Kulturunterschiede, die man bei einer Entfernung von weniger als 100 Kilometer nicht erwarten würde. Aus niederländischer Sichtweise sind die Norddeutschen sehr auf eine natürliche Ordnung orientiert. Unter allen Umständen wird nach Signalen für hierarchische Verhältnisse, wie Autos, Kleidung und gesellschaftliche Position gesucht. Aus deutscher Sicht hingegen geht man von der bekannten „Lockerheit und Toleranz der weltoffenen Niederländer" aus, merkt aber nach einiger Zeit, dass Konventionen und Hierarchien oft noch viel stärker ausgeprägt sind als in Deutschland; sie sind nur nicht direkt sichtbar.

Die zunehmende Empfindlichkeit für interkulturelle Probleme in vielen Ländern hat die Begegnung zwischen Kulturen gewissermaßen auch mit mehr und neuen Problemen versehen. Wenn sich beide Kommunikationspartner jeweils auf den anderen zu bewegen, kann passieren, was Trompenaars mit einer Metapher verdeutlicht: „Even as we move towards the other person's perspective, they have started to move toward ours, and we pass each other invisibly like ships in the night."[67] In diesem Fall kommt es zu "kommunikativen Kurzschlüssen", weil die Gesprächspartner sich zu viel einander angepasst haben.

---

67 Trompenaars/Hampden-Turner (1997), S. 199.

Beispiele:

Trompenaars bezieht sich auf eine Begegnung zwischen einem Vertreter der Motorola-University und Vertretern chinesischer Unternehmen und Behörden. Der Motorola-Vertreter versuchte eine Beziehung zu seinen chinesischen Zuhörern aufzubauen, indem er sein Interesse und Committment für den Aufbau der chinesischen Wirtschaft untermauerte. Die Chinesen hörten höflich zu; sie interessierten sich aber besonders für das typisch amerikanische Managementinstrument Leistungsbelohnung. Die Chinesen hatten sich schon auf amerikanische Werte eingestellt.

Ein anderes Beispiel von zwei Kulturen, die sich bei ihrer Annäherung verpassen, wurde von Pinto dargestellt: Der ehemalige niederländische Premier Ruud Lubbers hatte sich Anfang der 90er Jahre auf einen China-Besuch gut vorbereitet. Er hatte ein Geschenk mitgebracht und wusste, dass in China ein Geschenk nicht gleich nach dem Empfang ausgepackt wird. Als Lubbers auch ein Geschenk bekam, ließ er das Paket dann ungeöffnet. Die Gastherren konnten ihre Enttäuschung kaum verbergen, sie hatten sich auch gut vorbereitet und ließen ihr Geschenk nicht unausgepackt.

Im Arbeitsalltag sind Mitarbeiter und Führungskräfte häufig in Situationen, in denen interkulturelle Missverständnisse auftreten können. Wie lassen sich kulturbedingte Fehlwahrnehmungen und -interpretationen vermeiden? Welche Wege soll man gehen, wenn Missverständnisse aufgetreten sind? Viele Menschen halten die eigenen Erkenntnisse und Wertvorstellungen für die einzig richtigen. Wer den Anspruch auf Richtigkeit nur auf sich bezieht, wird zumindest keine Verabsolutierung seiner Vorstellungen fordern. Erst wenn eigene Werte als allgemeingültig betrachtet werden (ethno-zentrische Überheblichkeit), können Missverständnisse und Konflikte nicht verhindert werden. Begründet wird ein solches Verhalten mit der Angst, das eigene Weltbild und positive Selbstbild zu beeinträchtigen und deshalb Abwehrmechanismen durch die Verabsolutierung der eigenen Vorstellungen zu entwickeln (Verdrängungs- und Verleugnungsmechanismus). Ein solches „Schablonen-Denken" führt meist dazu, andere Menschen vorschneller „einzuordnen", z.B. durch Vorurteile bezogen auf Kulturen: Italiener sind kreativ oder Italiener sind chaotisch, Belgier sind Lebensgenießer oder Belgier sind langsam, Polen lieben Jazz oder Polen machen krumme Geschäfte. So lange diese schablonenartigen Vorurteile positiv sind, hält sich das Konfliktpotenzial in Grenzen. Werden sie negativ, stören sie die interkulturelle Kommunikation.

Regeln interkultureller Kommunikation

Regeln, um in interkulturellen Situationen Missverständnissen vorzubeugen oder sie zu mindern, können sein:

Verständnis für die anderen zeigen,

indem man sich z.b. gedanklich in die Position des anderen versetzt und
versucht, in dessen Erfahrungs- und Wertesystem zu denken.

Feedback beim anderen einholen.

Die Wahrnehmung und Interpretation des Verhaltens des Gesprächspartners sollte man nachfragen. Am besten teilt man die eigene Wahrnehmung und sein Gefühl in Bezug auf eine bestimmte Situation mit
und fragt nach seiner Einschätzung. Beispiel: „Ich sehe Sie zum Boden
blicken, während ich Ihnen etwas erkläre. Ich bekomme das Gefühl,
dass ich Sie unter Druck setze. Ist mein Eindruck richtig?"

Aktiv zuhören.

Um andere ernst zu nehmen bzw. selbst ernst genommen zu werden,
sollte man verbal und non-verbal freundlich, offen und gesprächsbereit
gegenüber seinen Gesprächspartnern sein. Das schafft Verständnis und
Vertrauen und erleichtert die weitere Gesprächsführung. In interkulturellen Situationen ist aktives Zuhören besonders wichtig, um Verständnis-
probleme zuerst aufzudecken und dann zu klären.

Eine erfolgreiche interkulturelle Kommunikation kann erst stattfinden,
wenn die Gesprächspartner sich der eigenen Werte, Normen, Grundannahmen, Weltbilder bewusst sind. Sobald jemand in der Lage ist, die
eigenen Bilder zu relativieren, kann er leichter mit anderen, die tatsächlich anders sind, kommunizieren. Das Problem „mit den eigenen Bil-
dern" ist aber, dass man sich dessen nicht immer bewusst ist. Die eigenen Werte, Normen und Grundannahmen stellen einen „blinden Fleck"
in der Selbstwahrnehmung dar. Das Johari-Fenster verdeutlicht, wie
durch Feedback die eigenen Bilder bewusst gemacht werden können
(siehe Abb. 3.4).

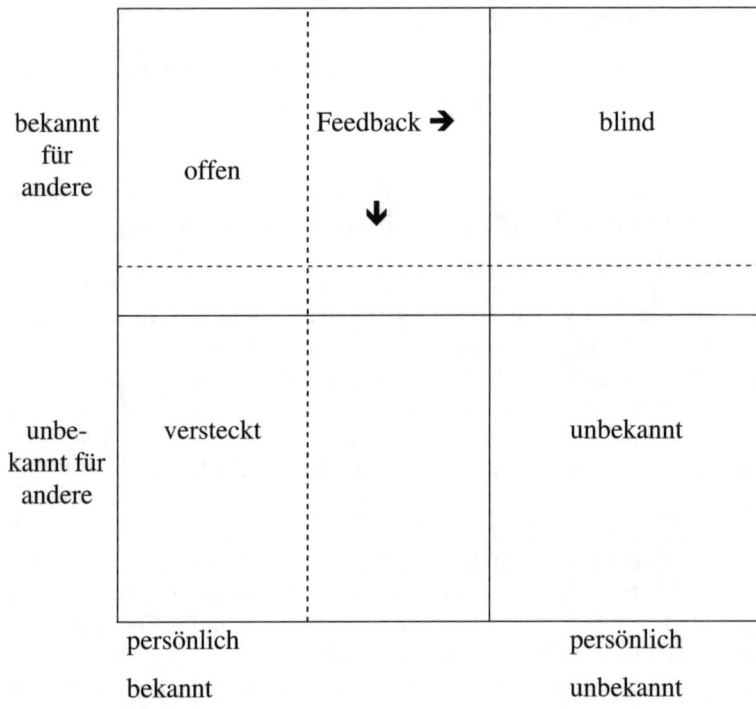

Abb.: 3.4: Das Johari-Fenster

Das Johari-Fenster[68]

Im interkulturellen Austausch ist Rückmeldung über Verhaltensweisen des Gesprächspartners für die Aufdeckung von Missverständnissen unbedingt notwendig. Gleichzeitig stellen aber auch gerade Vermittlung und Empfang von Rückmeldungen über Verhaltensweisen des Gesprächspartners ein Potenzial für neue Missverständnisse dar, weil in Verhaltensrückmeldungen viele Empfindlichkeiten sehr kulturabhängig sind. Das Johari-Fenster zeigt die konzeptionelle Grundlage für den Austausch von Rückmeldung (Feedback) in der Selbst- und Fremdwahrnehmung, wie sie oft in Verhaltenstrainings praktiziert wird. Das Modell beinhaltet vier Bestandteile, in die wir unser Verhalten einteilen können: Die vier Teile ergeben sich aus der Kombination von Selbst-

---

68 Luft (1961), S. 6 f.

und Fremdwahrnehmung. Damit lassen sich kulturell bedingte Unterschiede im Kommunikationsverhalten beschreiben und analysieren, weil Kommunikation mit sozial erwünschtem bzw. kulturell erwartetem Verhalten zusammenhängt (siehe Abb. 3.4):

Persönlich bekannt, bekannt für andere

Links oben in Abb. 3.4 ist der Bereich der öffentlichen Aktivität einer Person. Handlungen und Verhaltensweisen sind sowohl der handelnden Person bekannt als auch von anderen wahrnehmbar. Beispiel: Du weißt von Dir, dass Du Dich schwer tust, Deine Gedanken zu verbalisieren. Andere merken dies an Deinen undeutlichen Formulierungen oder/und der Tatsache, dass Du zu viel rauchst. In spezifischen Kulturen, wie z.b. der US-amerikanischen, ist die Weite des Bereiches der offenen Kommunikation größer im Vergleich zu (z.b. chinesischen) diffusen Kulturen.

Persönlich unbekannt, bekannt für andere

Rechts oben ist der Bereich des „blinden Flecks", d.h. der Teil des Verhaltens einer Person, der zwar für andere sichtbar ist, wovon die handelnde Person sich aber nicht bewusst ist. Beispiel: Du bist geizig oder Du zeigst eine gewisse Arroganz. Nach Einsichten der modernen interkulturellen Managementliteratur ist zu erwarten, dass gerade in Kulturen, in denen Feedback ungern und mühevoll empfangen wird, wie dies z.b. in asiatischen Kulturen der Fall ist, der „blinde Fleck" relativ groß ist. Der Angst vor Gesichtsverlust könnte hier über die Unfähigkeit, Kritik in Empfang zu nehmen, zu Folgeproblemen führen, weil Gegenmaßnahmen, die von Vorgesetzten eingeleitet werden, nicht mehr wirksam greifen können[69].

Persönlich bekannt, unbekannt für andere

Links unten in Abb.3.4 ist der Bereich des Handelns und Verhaltens, der einer Person bekannt und bewusst ist, anderen aber nicht bekannt gemacht wird. Er wird entsprechend „privater Bereich" genannt. Beispiel: Du hast Vorstellungen, Meinungen, Gefühle, die Du nicht äußern willst, z.b. dass Du jemand gerne hast oder dass Du neidisch bist.

---

69 Hanisch (2000), S. 57.

Persönlich unbekannt, unbekannt für andere

Rechts unten ist der Bereich des Verhaltens und der Einstellungen, die weder der handelnden Person noch dem anderen bekannt sind. Beispiel: Unbewusste Motive für Verhalten, Ängste und Abwehrverhalten. Wieso bist Du öfters verlegen, schweigsam, aggressiv oder aufgeputscht?

Das Geben und Empfangen von Feedback führt dazu, dass der Blinde Fleck und der versteckte oder private Bereich kleiner werden und der Bereich der öffentlichen Person sich vergrößert. Den öffentlichen Raum kann man als Freiraum für die Person sehen. Durch „Feedback empfangen" wird der Freiraum vergrößert. Der Feedback-Geber weitet durch seine Rückkoppelung über bislang unbekannte Verhaltensweisen den Freiraum des Feedback-Empfängers aus. Rückmelden führt dazu, dass der Feedback-Geber Angewohnheiten des Feedback-Empfängers aufdeckt. Somit reduziert sich der blinde Fleck des Feedback-Empfängers. Ob man seinen privaten Bereich verkleinern will, sollte die eigene Entscheidung sein. Im Allgemeinen sollte die Aufklärung des Bereichs des Unbekannten zu den Tätigkeiten von Psychologen und Psycho-Therapeuten gehören.

Fallstudie: Feedback geben und Feedback empfangen

Ziel ist es, sich der eigenen Werte, Normen, Grundannahmen, Weltbilder bewusst zu werden, um die eigenen Bilder zu relativieren. Wenn interkulturelle Empfindlichkeiten thematisiert werden, sollen die Teilnehmer in gemischt-kulturellen Gruppen zusammenarbeiten. Diese Feedbackübung eignet sich für die Besprechung vieler Situationen der Zusammenarbeit.

Auftrag:

Die Teilnehmer setzen sich in Gruppen mit max. 8 Teilnehmern (möglichst gemischt-kulturell) zusammen. Aufgabe ist es, dass alle Teilnehmer von allen anderen eine Rückkopplung auf ihr Verhalten bekommen.

Spielregeln:

Der Feedbackgeber gibt seine Rückkopplung auf sachliche, konkrete und spezifische Weise, mit konstruktiven Absichten formuliert, am

Ende folgt eine Hilfestellung. Der Feedbackempfänger verteidigt sich nicht, fragt nach, hört aktiv zu.

Leitsätze:

- In unserer Zusammenarbeit machst Du auf mich den folgenden Eindruck ...

- Mir geht es dabei so ...

- Ich empfehle Dir ...

3.5 Synergien durch interkulturelle Begegnung

Trompenaars ist auf der Suche nach Möglichkeiten, kulturelle Unterschiede so zu nutzen, dass sie für alle Partner einen Nutzen haben. Die Suche nach synergetischer Zusammenarbeit ist auf seine Annahme der Komplementarität der Kulturen zurückzuführen[70]. Die Kulturdimensionen nach Trompenaars bewegen sich zwischen zwei Extremen. Die beiden Extreme setzen einander voraus und sind zugleich komplementär. Z.B. schafft das auf sich gestellte Individuum es nicht, ohne die Gruppe zu überleben, oder wie Trompenaars es sieht: „Being by yourself ... requires a group if the difference is to register". Zweitens plädiert Trompenaars für Humor bei der Beobachtung von Kulturen vor dem Hintergrund der Annahme, dass es viele paradoxe Wahrnehmungen gibt. Beispielsweise sind die Niederländer für ihren Individualismus bekannt. Bei Sportereignissen (wie z.b. Fußball-Europameisterschaft) geraten sie aber in Wellen von kollektiver „Oranje"-Euphorie. Im Falle des oben beschriebenen Besuches des niederländischen Premier Ruud Lubbers in China (siehe Beispiel in Kap. 3.4) hätte gerade Humor die Situation retten können. Die Niederländer und Chinesen hatten sich alle gut auf die Begegnung vorbereitet. Das verblüffende Resultat war die unbeabsichtigte Folge der guten Vorbereitung. Beide wollten auf den anderen zugehen, dazu wollten sie die eigenen Werte außer Acht lassen. Beim Rückblick hätte diese witzige Situation Anlass für ein Gelächter und ein gutes Gespräch sein können. Auch analysiert Trompenaars, das es viele Möglichkeiten der Synergie zwischen Kulturen gibt, vorausgesetzt wir skalieren die Möglichkeiten der Kulturen und suchen die Flächen, wo sie einander ergänzen können.

---

70 Trompenaars/Hampden-Turner (1997), S. 201.

Beispiel:

Ein interessantes Dilemma, womit Trompenaars selbst konfrontiert wurde, verdeutlicht, wie man sein Modell so anwendet, dass scheinbar entgegengesetzte Interessen doch unter ein Dach gebracht werden können. Trompenaars bekam eines Tages ein Email mit einem Dankeschön des Direktors einer großen koreanischen Firma. Er teilte Trompenaars mit, wie sein Buch „Riding the Waves of Culture" in Korea erfolgreich übersetzt, in einer Auflage von 5000 Exemplaren im Unternehmen verteilt wurde und bei der Durchführung der Strategie sehr hilfreich war. Aus europäischer Perspektive hatten die Koreaner somit das Copyright von Trompenaars und seinem Verlag verletzt. Aus koreanischer Perspektive aber ist die Übersetzung eines Buches als Freundschaftsdienst zu sehen. Die Koreaner waren sich deshalb keines Problems bewusst.

Trompenaars hat sich überlegt, was zu tun sei. Das Copyright gegenüber den Koreanern rechtlich durchzusetzen, würde einen moralischen Sieg, aber eine verlorene Geschäftsbeziehung bedeuten. Er hätte auch einen Dank „für den Copyright-Verstoß" schicken können. Die Beziehung wäre dann gerettet, das Geld aber weg. Trompenaars entwickelte im Gespräch mit seinem Verleger eine „win-win-Lösung". Sie schrieben einen Dankesbrief und baten um fünf Ansichtsexemplare. Zusätzlich baten sie das koreanische Unternehmen, einen Verlag zu finden, um das Buch in Korea weiter zu verkaufen, zumal die Übersetzung schon da war. Letztlich hat Trompenaars noch rd. 19.000 Exemplare des Buches verkaufen können. Außerdem hat er eine ausgezeichnete Beziehung zum koreanischen Unternehmen geknüpft[71].

Umgang mit unterschiedlichen Kommunikationskulturen
(Doppelperspektive-Modell nach Pinto)[72]

Pinto unterscheidet in dem weit verbreiteten Kompromissmodell verschiedene Möglichkeiten für den Umgang zwischen Kulturen. A und B repräsentieren hier Personen aus unterschiedlichen Kulturkreisen[73]:

A + B = A   (Kulturmuster von A dominiert)

A + B = B   (Kulturmuster von B dominiert)

A + B = A + B   (jeder hält am eigenen Muster fest)

A + B = C   (ein neues Muster)

---

71 Cramer (2000), S. 23.
72 Zu Pintos Kulturgliederung siehe Kap. 2.3.5.
73 Pinto (1999), S. 77 (m = minus, p = plus).

A + B = Am + Bm (Kompromissmodell, beide Parteien geben etwas ab)

A + B = Ap + Bp (Doppelperspektive-Modell, beide Parteien ergänzen sich)

Beide Parteien geben die eigenen Normen und Werte teilweise auf, damit der Geschäftspartner zufriedengestellt werden kann. Pinto sucht nach Möglichkeiten, das Doppelperspektive-Modell (DPM) anzuwenden, weil so der größte Nutzen für beide aus einer Zusammenarbeit entsteht. Das Doppelperspektive-Modell in interkulturellen Situationen entsteht dann, wenn eine Situation sowohl aus der eigenen als auch anderen Perspektive erkundet wird. Sobald die doppelte Perspektive eingenommen wurde, wird Ärger über das andere Verhalten meistens schon im Vorfeld reduziert. Wenn z.B. im Bewerbungsgespräch in einem deutschen Unternehmen der asiatische Bewerber Blickkontakt vermeidet, nur zustimmt, statt Fragen zu stellen, oder sich gegen kritische Bemerkungen zu wehren, wissen Führungskraft und Personalreferent, welche kulturellen Faktoren hier im Spiel sind. Wenn Akzeptanz für kulturelle Unterschiede vorhanden ist, können Irritationen vermindert und das Gespräch vielleicht anders geführt werden. Ein anderes Beispiel: Wenn asiatische Mitarbeiter eines niederländischen Unternehmens von ihrem niederländischen Chef nach ihrem Weiterbildungsbedarf gefragt werden, werden sie in Verwirrung geraten. Der Hintergrund ist, dass für asiatische Arbeitnehmer Hierarchie innerhalb des Unternehmens eine ganz andere Bedeutung hat als für Niederländer. Wenn die asiatischen Kollegen sich dessen bewusst sind, ist die Chance größer, dass es sie nicht irritiert. Vorteil des Doppelperspektive-Modells ist die Reduzierung der Irritationen, sobald die interkulturellen Gesprächspartner sich abweichend verhalten.

Doppelperspektive-Modell

Das Doppelperspektive-Modell erfolgt in drei Schritten[74]:

Erster Schritt

Die eigenen, kulturgebundenen Normen und Werte kennen lernen. Der erste Schritt ist schwierig, weil man sich der Selbstverständlichkeiten

---

74 Ebenda, S. 176 ff.

seiner Kultur bewusst werden sollte. Die eigenen Selbstverständlichkeiten werden oft fälschlicherweise für allgemein gültig gehalten.

Zweiter Schritt

Die kulturgebunden Normen und Werte des Gesprächspartners kennen lernen. Während des zweiten Schritts ist das „fact finding" wichtig, also die Trennung von subjektiven Wahrnehmungen und objektiven Fakten. Pinto empfiehlt drei Wahrnehmungsstufen:

- *Stufe 1*: Situationsbeschreibung ohne Urteil, z.B. ein asiatischer Mitarbeiter reagiert während eines Mitarbeiter/Vorgesetzten-Gesprächs nicht auf Kritik oder gibt dem Vorgesetzten kein Feedback.

- *Stufe 2*: Die Beschreibung der subjektiven persönlichen Empfindung der Situation. In diesem Fall denkt die Führungskraft sich: „Es irritiert mich, dass er überhaupt nichts sagt. Was denkt er sich jetzt? Warum sagt er nichts?"

- *Stufe 3:* Die Suche nach fehlenden Informationen. Er stellt sich die Frage, ob sich diese Erfahrung aus der Perspektive des asiatischen Gesprächspartners verstehen lässt. Vielleicht sollte er mehr Informationen über die Kultur des anderen sammeln, z.B. durch Gespräche mit Kollegen mit mehr Erfahrung oder Literaturstudien. Den Gesprächspartner persönlich ansprechen, wäre die leichteste Möglichkeit, die fehlenden Informationen zu erhalten. Gerade in der o.g. Situation können bei Meta-Kommunikation (Gespräch über das Gespräch) leicht Fehler geschehen. Die direkte Frage „Warum verhalten Sie sich so, wie Sie sich verhalten haben?" ist direkt, konfrontierend und beschuldigend. Vor allem in F-Kulturen (nach Pinto's Modell, siehe Kap. 2.3), Kulturen mit feingegliederten Strukturen von Normen und Werten, sind solche direkten kommunikativen Sitten sehr unüblich. Das Gespräch über das Gespräch sollte also wenigstens indirekt verlaufen, z.B. „Ist es bei Ihnen üblich, dass ein Mitarbeiter sich im Mitarbeiter/Vorgesetzten-Gespräch nicht zum Vorgesetzten äußert?"

Bevor man das Risiko eingeht, in Gesprächen „in ein kulturelles Fettnäpfchen zu treten", sollte man

- vorab Informationen holen. In allen Fällen gilt, dass äußerste Kreativität bei der Findung der Motive für das Verhalten des Gesprächspartnern gefragt ist;

- selbst mehr Erfahrung sammeln, in diesem Fall also mehrere Gespräche führen, worin die o.g. zwei ersten Stufen durchlaufen werden.

Das Doppelperspektive-Modell ist noch nicht ausgeschöpft, wenn man nach dem Durchlaufen der ersten beiden Schritte die Eigenheiten des Gesprächspartners verstanden hat. Demzufolge könnte man das Verhalten des Gesprächspartners akzeptieren, muss dies aber nicht. Wenn Verständnis für den anderen besteht, sollte hieraus nicht unbedingt Akzeptanz hervorgehen. Ob Akzeptanz oder Nicht-Akzeptanz, es besteht in allen Fällen Handlungsbedarf, damit der „von interkulturellen Hindernissen gepflasterte Weg" doch ein gemeinsamer Weg wird:

Dritter Schritt

Die Art und Weise festlegen, wie man mit den unterschiedlichen Normen und Werten umgehen will. Wo liegen die eigenen Grenzen, wenn es um Anpassung und Akzeptanz des anderen geht? Man erklärt dem anderen seine Grenzen auf eine Weise, die mit den kulturellen Kommunikationsverschlüsselungen des Gesprächspartners stimmig ist. Der dritte Schritt besteht aus der Suche nach einem gemeinsamen Weg, der auf die interkulturellen Unterschiede Rücksicht nimmt. Im Beispiel des Mitarbeiter/Vorgesetzten-Gesprächs ist denkbar, dass beide Gesprächspartner sozusagen „klein beigeben" und sich irgendwo in der Mitte treffen. Aufgrund seiner Erfahrungen mit Mitarbeitern aus dem asiatischen Kulturraum gewöhnt der Vorgesetzte sich an die Gepflogenheiten seiner Mitarbeiter, seine Irritationsgefühle lassen nach. Jetzt, wo er das Verhalten der Gesprächspartner akzeptiert, fällt es ihm zunehmend leicht, darüber auf eine lockere, nicht konfrontierende Weise ins Gespräch zu kommen. Der Mitarbeiter seinerseits hat durch die Anwendung des Doppelperspektive-Modells verstanden, wie die Irritationen während des Gesprächs auf interkulturelle Unterschiede zurückgehen. Auch beim Mitarbeiter wächst wahrscheinlich Verständnis für die Ansprüche seines Vorgesetzten. Um die Beziehung zum Vorgesetzten zu pflegen, äußert der Mitarbeiter sich offener, er hat mehr Blickkontakt und lässt sich ab und zu auf einen Meinungsaustausch mit seinem Vorgesetzten ein.

Beispiel: Kommunikation nach dem Doppelperspektive-Modell[75]

Nuna arbeitet für einen großen niederländischen Verlag. Sie macht eine Geschäftsreise nach Japan. In einem Unternehmen hat sie ausführliche Besprechungen mit einem positiven Ergebnis gehabt. Nuna wurde während der Verhandlungen von einem Dolmetscher unterstützt. Beim Abschluss der Besprechung äußerte der Gesprächspartner aber den Wunsch, die Sache mit Nuna's Chef weiterzuführen. Nuna's Anregung, sie hätte Verhandlungskompetenz, wird von dem japanischen Manager nur mit einem Lächeln beantwortet. Der japanische Manager wiederholte seine Absicht erneut, nur mit Nuna's Chef weiter zu verhandeln. Wie kann Nuna in diesem Fall die Doppelperspektive anwenden und wie könnte sie diese Situation lösen?

Kommentar:

(Lösungsansatz mit einem möglichen Vorgang - die dritte Phase kann auf alternative Weise gelöst werden, je nach Geschick des Gesprächspartners):

Stufe 1: Nuna beschreibt die Erfahrung für sich in drei Schritten:

1. Was passiert hier: „Ich habe den Auftrag erhalten, die Geschäftsverhandlungen zu einem erfolgreichen Ergebnis zu führen. Ich bin der Meinung, eine für beide Parteien befriedigende Lösung herbeigebracht zu haben. Sowohl der Kunde als auch mein Chef sind zufrieden. Jetzt aber, wenn ich den Vertrag schriftlich festmachen will, verweigert der Japaner die Unterschrift, solange mein Chef nicht anwesend ist. Ich habe aber die Befugnis, den Vertrag zu unterzeichnen".

2. Wie erlebe ich die Situation: „Es irritiert mich, dass mein Chef vor Ort sein soll. Außerdem fühle ich mich unterbewertet. Vermutlich werde ich hier aufgrund meines Alters oder als Frau diskriminiert".

3. Ich sollte mir Informationen über die kulturellen Gepflogenheiten meines Verhandlungspartners einholen.

Stufe 2: Nuna fragt den Dolmetscher, wie er das Verhalten des Japaners erklärt. Der Dolmetscher erzählt, der Geschäftsmann sei für japanische Begriffe relativ altmodisch. Wie in vielen F-Kulturen ist er nicht mit dem Gedanken vertraut, dass Frauen in Unternehmen externe Aufgaben erfüllen, wie beispielsweise Verhandlungen zu führen. Das bedeutet aber nicht, dass Frauen für dumm gehalten werden oder Männern gegenüber minderwertig sind. Erst dann versteht Nuna, welche Kulturunterschiede sich hinter dem Vorfall verbergen. Auf diese Weise erklärt sie sich das eigene Verhalten und das Verhalten des Japaners. Nuna geht zurück in die erste Stufe und wird sich wiederholt ihrer eigenen Normen und Werte bewusst.

---

75 Ebenda, S. 190 f.

Stufe 3: Nuna steht vor einem Dilemma zwischen Akzeptanz und Anpassung. Sie neigt dazu, an ihren eigenen Werten festzuhalten: Es wäre gut, dem Japaner zu zeigen, wie eine emanzipierte Frau sich verhält. Sie würde dem Japaner die Wahl geben, mit ihr den Vertrag abzuschließen oder es zu lassen. Das Geschäft zu sprengen, erlebt Nuna andererseits nicht als höflich. Vor allem aber gilt hier das Prinzip „Der Kunde ist König".

Was tun? In diesem Fall hat Nuna letztlich ihren Chef in den Niederlanden angerufen, mit der Bitte, sich telefonisch mit seinem japanischen Geschäftspartner in Verbindung zu setzen und ihn zu bitten, alle Geschäfte mit Nuna abzuhandeln. Der Chef wird sich vielleicht auch Gedanken über die Sache gemacht haben, sogar eine eigene Dreistufenmethode durchgeführt haben. Er hat dem Japaner dann ein Fax geschickt mit einer Entschuldigung für seine Verhinderung. Er wäre gerne nach Japan geflogen, im Moment sei er aber so voll beschäftigt, dass eine kurzfristige Terminplanung beschwerlich sei. Er bittet ihn, diesmal das Geschäft mit Nuna „abzurunden".

In dem Beispiel wird klar, wie aus dem Verständnis der kultureigenen Normen und Werte des Gegenübers neue, positive Interpretationsmöglichkeiten und Handlungsalternativen entstehen:

Fallstudie: Checkliste Interkulturelle Kommunikation[76]

Erstellen Sie eine Checkliste mit den (aus Ihrer Sicht) wichtigsten Punkten oder Regeln für interkulturelle Kommunikation.

Variation: Teilen Sie sich in Gruppen und bearbeiten Sie getrennt:

- verbale Kommunikation,

- non-verbale Kommunikation,

- Sender-Kommunikation,

- Empfänger-Kommunikation,

- vorhandene Kommunikationsstörungen beheben.

---

76 Im Anhang finden sich Beispiele.

4. Strategien im Internationalen Personalmanagement

4.1 Dimensionen internationaler Unternehmenspolitik

In den Wirtschaftswissenschaften wird weit verbreitet davon ausgegangen, dass nur mit Unternehmenswachstum den internationalen Herausforderungen durch die Globalisierung begegnet werden kann (siehe Kap. 1). Dies betrifft auch mittelständische Unternehmen, die künftig verstärkt in internationalen Märkten und Marktnischen tätig sein müssen, um dauerhaft erfolgreich zu sein[77]. Die Dimensionen einer internationalen Unternehmenspolitik reichen von einzelnen, sporadisch grenzüberschreitenden Geschäftstätigkeiten nationaler Unternehmen bis zum international integrierten Management weltweit agierender Konzerne (siehe Beispiele in Kap. 1.2). Im Vergleich zu einer inländisch-orientierten Unternehmensführung in einem relativ bekannten gesellschaftspolitischen Umfeld müssen internationale Managemententscheidungen in einem viel komplexeren und relativ unbekannten oder unsicheren Umfeld stattfinden, mit oft auch teilweise gegensätzlichen wirtschaftlichen, sozialen, kulturellen oder politischen Entwicklungen in den einzelnen Ländern und Kulturen.

Seit Mitte der 60er Jahre ist in Europa ein stetiger Anstieg internationaler Verflechtung der Volkswirtschaften und der Unternehmen mit entsprechenden einzelnen grenzüberschreitenden sehr komplexen, international verflochtene unternehmerische Entscheidungen zu beobachten. Unternehmerische Entscheidungen z.B. in Bezug auf die Beschaffung von Material und Arbeitskräften oder den Absatz von Waren hat es schon immer gegeben. Schon in Ägypten wurden 2.500 v. Chr. beim Bau der Pyramiden „freie Arbeiter" aus Zentralafrika angeworben. Seit den 50er Jahren arbeiten sog. Gastarbeiter aus südeuropäischen Ländern in Deutschland und auch in vielen anderen westeuropäischen Ländern, z.B. in Frankreich, den Niederlanden, Großbritannien oder den skandinavischen Ländern. Tägliche Schlagzeilen wie z.B.:

- Unternehmenskäufe, -verkäufe und -beteiligungen werden internationaler,

- Rechnungslegung orientiert sich zunehmend am internationalen Kapitalmarkt,

---

[77] Meier (1998 a), S. 77 ff.

- Reorganisation und Investitionen muss Wettbewerb mit Billiglohn-Ländern standhalten,

- Produktentwicklungen müssen international vermarktbar sein,

- Produktion und Produkte müssen internationalen Standards entsprechen,

- Mitarbeiter müssen Fremdsprachen beherrschen und international mobil sein oder

- Unternehmen suchen Facharbeiter weltweit,

zeigen die Breite und Intensität der Herausforderungen für die Unternehmen. Die führenden großen, aber auch hochspezialisierten mittelständischen Unternehmen arbeiten in aller Regel nur mit Zulieferern, die europa- oder weltweit liefern können (Handelsketten wie Aldi, Lidl, Wal-Mart oder die Kfz-Hersteller). Bei den laufend steigenden Direktinvestitionen deutscher Unternehmen im Ausland (in der ersten Hälfte der 90er Jahre um 66% Anstieg) hat auch die Zahl der Mitarbeiter in Auslandsniederlassungen und Tochtergesellschaften entsprechend zugenommen (für Deutschland z.B. Mitte 80er bis Mitte 90er Jahre von 1,8 Mio. auf 2,6 Mio.). Der Auslandsumsatz großer deutscher Unternehmen liegt oft zum größten Teil im Ausland (z.B. 60-80% bei Siemens, Bayer, VW oder BASF) und viele dieser Großunternehmen beschäftigen bereits einen großen Teil ihrer Mitarbeiter im Ausland. Gleiches gilt für Unternehmen in allen anderen westeuropäischen Industrieländern oder den USA (siehe auch Abb. 1.1 in Kap. 1.2).

Beispiel: Human Resources Planning for multinational Corporations

Some of the largest, most prestigious U.S. companies (e.g. Merck, Pepsico, IBM, Exxon, Shell, Coca-Cola) derive close to 50 percent of their revenues from overseas business. Given the immense market potential of the Eastern bloc and the level of interest and activity in the new Soviet Commonwealth, this figure is likely to get even higher for many U.S. corporations. Approximately 25.000 U.S. firms have offices overseas, with over 33 percent of business profits from overseas functions ... All agree that international HRM[78] is more complicated than domestic HRM ... . Planning and design are more unpredictable because of the importance of volatile environmental and political issues in the host country which can affect the overseas operations ... staffing, communications and public relations, performance manage-

---

[78] Human Resources Management.

ment, reward systems and compliance, and employee development are more difficult and more unpredictable in overseas operations not only because of environmental volatility but also because many of the methods which have proved effective in U.S. settings do not necessarily work for international staffing, performance management, and the other domains ... . One recent study identified the critical issues affecting planning and recruitment aspects of international HRM for the 1990s. The major challenges were: (1) identifying top managerial talent early in the process, (2) identifying criteria for success in overseas assignments, (3) motivating employees to take overseas assignments, and (4) establishing a stronger connection between the strategic plan of the company and HRM[79]...

Merksätze:

Im Vergleich zu inländisch-orientierter Unternehmensführung im relativ bekannten gesellschaftspolitischen Umfeld müssen internationale Managemententscheidungen in viel komplexeren und relativ unbekannten Umfeldern stattfinden – mit zum Teil gegensätzlichen Entwicklungen in den einzelnen Kulturen bzw. Ländern.

Internationale Unternehmenspolitik zeigt sich in der Praxis häufig als ethnozentrischer Ansatz (Heimatland-orientiert), polyzentrisch (Gastland-orientiert) oder geozentrisch (Weltmarkt-orientiert).

4.2 Internationale Strategien der Unternehmenspolitik

In der international orientierten Unternehmenspolitik werden häufig drei bzw. vier unternehmenspolitische Ansätze unterschieden. Eine „ethnozentrisch" unternehmerische Sichtweise versucht die im Stammland des Unternehmens bisher erfolgreiche Unternehmenspolitik auf die Auslandsaktivitäten zu übertragen. Die im Gegensatz dazu stehende „polyzentrische" Orientierung berücksichtigt verstärkt die im Gastland üblichen Sichtweisen und passt sich diesen so weit wie möglich an. In multinationalen Unternehmen findet man häufig eine „geozentrisch" orientierte Unternehmenspolitik, die aufgrund der vielen komplexen internationalen Beziehungen eine eigene konzernorientierte Sichtweise weltweit zu gestalten versucht. Vereinzelt findet sich auch die Unterscheidung einer an Ländergruppen „regiozentrisch" orientierten Unternehmenspolitik.

---

79 Snell/Favia (1993), S. 185 f.

Organization design	ethnocentric	polycentric	geocentric
Complexity of organisation	complex in home country, simple in subsidiaries	varied and independent	increasingly complex and interdependent
Authority; Decision making	high in headquarters	relatively low in headquarters	aim for a collaborative approach between headquarters and subsidiaries
Evaluation and control	home standards applied for persons and performance	determined locally	find standards which are universal and local
Reward and punishments; incentives	high in headquarters, low in subsidiaries	wide variation; can be high or low rewards for subsidiary performance	international and local executives rewarded for reaching local and world-wide objectives
Communication; information flow	high volume to subsidiaries; orders, commands, advice	little to and from headquarters, little between subsidiaries	both ways and between subsidiaries, heads of subsidiaries part of management team
Identification	nationality of owner	nationality of host country	truly international company but identifying with national interests
Perpetuation (recruiting, staffing, development)	recruit and develop people of home country for every positions everywhere in the world	develop people of local nationality for key positions in their own country	develop best men everywhere in the world for key positions everywhere in the world

Abb. 4.1: Das EPG-Modell: Three types of Headquarters Orientation toward subsidiaries in an International Enterprise[80]

---

80 Perlmutter (1995), S. 95.

Ethnozentrische Unternehmenspolitik

Eine ethnozentrische Unternehmenspolitik wird oft auch als Stammland-Orientierung (home country orientation) oder Monokultur-Strategie bezeichnet. Typische Kennzeichen (siehe auch Abb. 4.1) einer ethnozentrisch orientierten Unternehmenspolitik sind z.B.:

- Internationale Unternehmensaktivitäten dienen zur Verstärkung der Inlandsposition, das Stammland bleibt zumeist der Hauptmarkt.
- Die Stammlandnationalität ist im Ausland weiter klar erkennbar.
- Auslandsspezifika werden nur ausnahmsweise berücksichtigt.
- Typische Organisationsform sind z.B. Länderniederlassungen.

Die Vorteile einer ethnozentrischen Sichtweise liegen in der einheitlichen Unternehmenspolitik, der einfachen Kommunikation zwischen Stammhaus und Auslandsniederlassung und der Auslandserfahrung der Stammhaus-Mitarbeiter. Nachteile ergeben sich durch die Bevorzugung der Stammhaus-Mitarbeiter, was zur Demotivation bei den ausländischen Mitarbeitern führen kann, hohe Kosten durch Entsendungen, höhere Fluktuation im Ausland bei einheimischen Mitarbeitern (staff) und Konfliktpotenziale mit der Gastlandkultur durch die Stammhaus-Führung.

Polyzentrische Unternehmenspolitik

Die polyzentrische Unternehmenspolitik wird oft auch als Gastland-Orientierung (host country orientation) oder Multikultur-Strategie bezeichnet. Typische Kennzeichen der polyzentrisch orientierten Unternehmenspolitik (siehe auch Abb. 4.1) sind u.a.:

- Das Gastland ist Mittelpunkt der Unternehmensbemühungen.
- Ziel ist eine möglichst hohe Integration im Auslandsmarkt.
- Hierfür wird oft ein nationales (Gastland)-Image aufgebaut.
- Hohe Autonomie der Auslandsorganisation.
- Typisch sind Formen von Auslandsgesellschaften.

Die Vorteile des polyzentrischen Ansatzes liegen in den oft niedrigeren Personalkosten für einheimische Mitarbeiter (staff) im Gastland sowie in den sprach-, kultur- und markterfahrenen einheimischen Mitarbeitern. Nachteile sind u.a. häufig die Kommunikationsprobleme zwischen

Stammhaus und Auslandsniederlassung, unternehmerische Zielkonflikte und weniger Know-how-Transfer.

Geozentrische Unternehmenspolitik

Die geozentrische Unternehmenspolitik wird oft mit Weltmarkt-Orientierung oder Mischkultur-Strategie umschrieben. Als typische Kennzeichen einer geozentrischen Unternehmenspolitik gelten z.B. (siehe auch Abb. 4.1):

- Alle Unternehmensaktivitäten sind am Weltmarkt ausgerichtet.
- Ziel ist eine Weltmarktposition.
- Globalisierung aller Unternehmensentscheidungen (zentral oder dezentral).
- Typisch sind hier Tochtergesellschaften (auch nach Ländergruppen als regiozentrischer Ansatz).

Vorteile des geozentrischen Ansatzes: Weltweites Mitarbeiterpotenzial, hohe Flexibilität bei der Mitarbeitersuche, hoher Entsendungsanteil fördert internationalen Know-how-Transfer. Die Nachteile liegen in den hohen Kosten durch eine hohe Zahl entsandter Mitarbeiter (expatriates), den sehr komplexen Kommunikationsstrukturen und einer sehr aufwendigen Corporate-Identity-Entwicklung quasi quer durch alle Kulturen.

Fallstudie: Szenario Internationalisierung

Ein großes Traditionsunternehmen der Konsumgüterindustrie, dessen Markenprodukte bereits europaweit vertrieben werden, hat sich in einem Geschäftsbereich auf spezifische Fertigprodukte und entsprechende Portionierungsgrößen für Nahrungsmittel mit der Zielgruppe: Singles, Dink`s (double income no kids), Senioren und Alleinerziehende spezialisiert. An dem jährlichen Strategie-Workshop nehmen der entsprechende Bereichsvorstand, die Bereichsleiterin, der Projektleiter Produktentwicklung, die Abteilungsleiter Einkauf, Produktion und Marketing sowie die zentrale Personalleiterin und der Leiter Controlling teil. Als Auftakt für die Strategiediskussion wird ein kurzes Brainstorming zum Thema „Folgen der Globalisierung" gemacht (Auszug):

- Freier Verkehr von Waren und Dienstleistungen, Kapital und Arbeitskraft in der EU,

- Angleichung von internationalen Gesetzen und Normen
- zunehmende Konkurrenz aus EU, USA, Asien,
- neue Märkte in EU, USA, Asien und Osteuropa,
- Übersiedlungen aus Osteuropa,
- Asylströme aus Südosteuropa, Afrika, Asien nach Westeuropa,
- Wertewandel in westeuropäischen Industriegesellschaften (weniger Kinder, mehr Ein-/Zwei-Personen-Haushalte),
- international gesellschaftsfähiges Fastfood,
- internationale Unternehmenskooperationen und Fusionen,
- Überalterung der Gesellschaften in westeuropäischen Industrieländern,
- worldwide E-commerce
- ...

Auftrag:

Arbeiten Sie einzeln oder in Kleingruppen auf der Grundlage der o.g. Trends Merkmale/Empfehlungen für eine (ethnozentrische, poly-zentrische, geozentrische) internationale Unternehmenspolitik für eine ausgewählte Unternehmensfunktion aus:

1. Forschung/Entwicklung: ...

2. Einkauf: ...

3. Produktion: ...

4. Marketing/Vertrieb: ...

5. Personalmanagement/Organisation: ...

6. Finanzmanagement

7. Rechnungswesen/Controlling: ...

Variation:

Arbeiten Sie an einem selbstgewählten Produktbeispiel der o.g. Spar-te/Zielgruppe eine Gesamtstrategie (differenziert nach typischen Un-ternehmensfunktionen) aus:

1. ethnozentrisch orientiert: ...

2. polyzentrisch orientiert: ...

3. geozentrisch orientiert: ...

4.3 Internationale Entscheidungsgremien

Zur Umsetzung internationaler Strategien werden entsprechend auch die Führungsgremien (Geschäftsführungen, Vorstände) oder Aufsichts- und Beratungsgremien (z.b. Aufsichtsräte oder Beiräte) international besetzt. Dabei spielen Argumente wie internationale Erfahrung, internationale Sichtweise und Identifikationsmöglichkeiten der Mitarbeiter der verschiedenen Kulturen eine wichtige Rolle (polyzentrischer und geozentrischer Ansatz, siehe Kap. 4.2), aber auch ganz automatisch durch internationale Kooperationen und Zusammenschlüsse.

Häufig ist der Auslöser aber gar nicht das Unternehmen selbst, sondern die internationalen Finanzmärkte, die dies von den Unternehmen fordern: „Die Unternehmen wollen alle an der Wall Street notiert sein. Doch um hier mitspielen zu können, müssen sie erst einmal das Vertrauen der Shareholder-Community gewinnen."[81] Untersuchungen ergaben, dass im europäischen Raum niederländische Unternehmen mit der internationalen Besetzung fast jeder vierten Vorstands- oder Aufsichtsratsposition im Vergleich zu anderen Ländern führend sind, für Deutschland gilt ein entsprechender Wert von nur rund 5 %. Der Anteil der Ausländer in Vorstands-/Aufsichtsratspositionen von Großunternehmen beträgt im europäischen Vergleich[82]:

- Niederlande (24%),
- Schweiz (19%),
- Großbritannien (16%),
- Frankreich (14%),
- Belgien, Italien, Schweden je 11%,
- Portugal (6%),
- Deutschland (5%),
- und Spanien (4%).

Auch hier gibt es natürlich die gleichen Probleme in der interkulturellen Kommunikation und Zusammenarbeit, wie auf allen anderen Ebenen der internationalen Zusammenarbeit im Unternehmen:

---

81 Wirtschaftswoche v. 11.5.2000, S. 118.
82 Ebenda, S. 118.

- Vorteile bzw. Nutzen international besetzter oberster Führungsgremien[83]: Internationalität führt zu mehr Kreativität (z.b. größere Perspektive, mehr/bessere Ideen), zwingt zur differenzierteren Auseinandersetzung mit Ideen/Meinungen anderer Kulturen und führt damit zu besseren Problemlösungen, Strategien etc.

- Nachteile bzw. Probleme: Interkulturelle Vorurteile werden oft auch auf oberste unternehmerische Entscheidungsebene getragen, Gefahr der kulturellen „Grüppchenbildung" (z.b. europäisch vs. US-amerikanisch), aufwendigere Diskussionen/Entscheidungsprozesse durch kulturelle Vielfalt und Sprachprobleme.

Merksatz:

International besetzte Entscheidungsgremien (Vorstände, Geschäftsführungen ...) sind im internationalen Management unumgänglich.

4.4 Internationale Personalmanagementstrategien

Zielsetzung eines internationalen Personalmanagements ist die dauerhafte Sicherung des Potenzials an Fachkräften und im Management in international tätigen Unternehmen, z.b. durch Personalsuche, -betreuung, -qualifizierung und Personalführung von Entsandten aus dem Heimatland in das Gastland (expatriates) und einheimischen Mitarbeitern im Gastland (staff). Im Vergleich zum herkömmlich inlandsorientierten Personalmanagement sind beim internationalen Personalmanagement viele Besonderheiten zu beachten, z.B.:

- Mehr Funktionen/Aktivitäten, u.a. einheitliche und spezifische Vergütungsregelungen, Planen und Organisation internationaler Personalentwicklung, operative Entsendungsaufgaben wie Entsendungsverträge gestalten, Relocation-Service, Betreuung des Mitarbeiters und seiner Familie.

- Breitere Perspektive in den Personalmanagementaufgaben durch mehr Mitarbeitergruppen unterschiedlicher Kulturen und in unterschiedlichen Kulturen.

- Stärkeres Engagement für den einzelnen Mitarbeiter, z.B. durch eine individuellere Personalsuche und -auswahl, Personalentwick-

---

83 Adler (1997), S. 132.

lung, Führung oder die Einbeziehung der Familie in die Planungs-
und Betreuungsaktivitäten.

- Komplexeres Risiko: Man rechnet z.b. durchschnittlich mit drei- bis
  vierfach höheren Personalkosten bei Entsendungen, einem deutlich
  höheren Risiko der Mitarbeiterfluktuation sowie häufigem vorzeitigen Abbruch der Entsendung, unterschiedliche kulturelle und politische Systeme sowie zusätzlicher Schulung der betreuenden Perso-
  nalmanager/Führungskräfte.

Beispiel: Internationale Personalmanagementaufgaben

Auszug aus einer Aufgaben- und Projektliste des Personalmanagements einer international tätigen Bank in Bezug auf internationale Personalmanagementaufgaben
(Stand 1.1.1999):

- internationale Mobilitätsförderung,
- Fremdsprachentraining,
- Training interkultureller Kompetenzen,
- Training kulturell gemischter Gruppen,
- Suche und Auswahl internationaler Fach- und Führungskräfte,
- Vorbereitung und Betreuung von Auslandsentsendungen,
- Entsendungsbedingungen gestalten (rechtlich, steuerlich, Versicherung, sozi-
  al ...),
- länderspezifische Entgeltpolitik und -abrechnung,
- Zusammenarbeit mit (inter-) nationalen Arbeitsorganisationen,
- internationale Kommunikations- und Führungsleitlinien.

Die Internationalisierung im Personalmanagement führt entsprechend zu
einem breiten Bedarf an Beratungs- und Bildungsangeboten, um Unternehmen, Personalmanager und Mitarbeiter auf die Auslandsentsendung
und -tätigkeit, auf den Umgang mit Mitarbeitern im Gastland oder aus
dem Ausland vorzubereiten.

	Ethnozentrisch (Monokultur-Strategie)	Polyzentrisch (Multikultur-Strategie)	Geozentrisch (Mischkultur-Strategie)
Personalmarketing	Anforderungen an den „linking-pin" festlegen, zur gezielten Gestaltung von Akquisitionsmaßnahmen.	Qualitätsstandard der ausländischen Berufsausbildung feststellen und dann primär lokal arbeiten.	Kulturbedingte Wahrnehmungsverzerrungen bei der Darstellung des Unternehmens berücksichtigen.
Personalentwicklung	Auswahl geeigneter Entwicklungsmaßnahmen für Entsandte festlegen, Job Rotation nur zwischen Mutter- und Tochtergesellschaft.	Landesspezifische Überprüfung der Eignung von Entwicklungsmaßnahmen, homogenes Qualifikationsniveau der Beschäftigten weltweit, wenig Job Rotation.	Systematische Job Rotation zur Integration der Mitarbeiter quer über alle Unternehmen und Länder (auch zwischen Tochtergesellschaften).
Personalführung	Motivation der Entsandten (z.B. durch Re-Integrationsplanung) sichern.	Durch Information der Mitarbeiter integrierend wirken (z.B. mit weltweiter Firmenzeitschrift).	Landesspezifische Bedürfnisstrukturen der Mitarbeiter nicht vernachlässigen.

Abb. 4.2: Zusammenhang Personalarbeit - Kulturtransferstrategie[84]

Beispiel: Personalmanagement goes international [85]

Auf einer zweitägigen Fachtagung werden im Rahmen von Vorträgen, Workshops und Diskussionsforen mit Referenten aus den Unternehmen Abott, Aventis CropScience, Bayer, Bertelsmann, Bosch, Corus Aluminium, Honeywell Europe,

---

84 Scholz (1996), S. 848.
85 Fachtagung der Deutschen Gesellschaft für Personalführung (DGFP), Düsseldorf 2000.

IBM Deutschland Speichersysteme, Institut für Wirtschaft und Politikberatung, LT Group Holding, Mannesmann Sachs, Ruhruniversität Bochum, Tessag-Technische Systeme & Services, Towers Perrin ... Konzepte und Erfahrungen bearbeitet zu den Themenbereichen:

- Globalisierung des Managements und Auswirkungen auf das Personalmanagement,

- Erfolgsbeispiele im Internationalen Personalmanagement,

- Internationales Vergütungs- und Kompensationsmanagement,

- Integrationsmanagement im Rahmen einer Internationalen Fusion,

- Entsendungs- und Re-entrypolitik,

- Führung im internationalen Kontext,

- Internationale Projektarbeit,

- Internationale Führungskräfteausbildung und -entwicklung.

- Expatriates in Europa,

- Europäische Managementstruktur und -kultur.

Merksätze:

Internationales Personalmanagement hat im Vergleich zum national orientierten Management mehr Funktionen, eine breitere Perspektive, ein stärkeres Engagement für die einzelnen Mitarbeiter sowie ein komplexeres Risiko zu beachten.

Internationales Personalmanagement richtet sich häufig an einer ethnozentrischen, polyzentrischen oder geozentrischen Unternehmenspolitik aus.

Grundlage ist die Unternehmenstätigkeit und -strategie im Rahmen der Internationalisierung des Unternehmens; es handelt sich um eine international ausgerichtete Unternehmenstätigkeit, z.B. Zusammenarbeit mit/in einem anderen Land, eine multinationale Zusammenarbeit mit/in mehreren Ländern oder globale, weltweit vernetzte Aktivitäten. Mit welchen unternehmenspolitischen Strategien im Umgang mit der eigenen und der Gastlandkultur sollen diese Aktivitäten umgesetzt werden? Soll eine Unternehmenskultur ethnozentrisch stammlandorientiert der

Muttergesellschaft, z.B. auf die Auslandsniederlassungen, übertragen werden, sollen polyzentrisch gastlandorientiert jeweils die Gastlandkulturen bei den Auslandsniederlassungen übernommen bzw. sich ihnen angepasst werden oder soll durch eine geozentrisch weltmarktorientierte Strategie eine eigene national unabhängige unternehmenseigene Kultur durch Vermischung der verschiedenen Kulturen entstehen?

Fallstudie: Strategien im internationalen Personalmanagement einer Bank

In einer Bank, die bisher eine sehr starke ethnozentrische Orientierung in ihrer internationalen Personalpolitik hatte, will man den Veränderungen durch das Wachstum und der gestiegenen Ertragslage der ausländischen Niederlassungen und Tochtergesellschaften Rechnung tragen. Bisher wurden z.B. vorzugsweise Stammhaus-Mitarbeiter für die weltweiten Managementpositionen ausgebildet und dann in die ausländischen Standorte für drei bis fünf Jahre entsandt (insgesamt permanent rd. 80 Mitarbeiter). Jetzt will man überprüfen, wie eine polyzentrische oder geozentrische Personalpolitik in den verschiedenen personalwirtschaftlichen Funktionen aussehen könnte.

Auftrag:

1. Schritt: Entwerfen Sie (einzeln, in Gruppen oder zusammen) zunächst für die Funktionsbereiche Personalmarketing, -beschaffung, -auswahl, -entwicklung und Personalverwaltung zunächst jeweils ein Beispiel ethnozentrischer Politik (siehe Beispiel in der Ausgangslage). Stellen Sie die Beispiele im Plenum vor und verständigen Sie sich auf Nachvollziehbarkeit und Stimmigkeit des Beispiels.

2. Schritt: Bearbeiten Sie in Gruppen jeweils die Variation des Beispiels in eine polyzentrische und geozentrische Vorgehensweise.

3. Schritt: Diskutieren Sie im Plenum die generellen Veränderungen, die die Einführung von Alternativen der Beispiele für die Bank ergeben könnten.

Es gibt dabei keine grundsätzlich richtige oder falsche Strategie, da sie alle spezifische Nutzen und Probleme mit sich bringen. So kann z.b. eine ethnozentrische Stategie bei der Gefahr der Dominanz der Heimatland-Kultur im Ausland sinnvoll oder sehr problematisch sein, wenn diese Kultur mit Ihren Produkten und Dienstleistungen oder in ihrer Arbeitskultur im Ausland von den Mitarbeitern sehr geschätzt oder entsprechend abgelehnt wird. Durch eine ethnozentrische oder geozentrische Strategie kann ein hohes Maß an Standardisierung mit entsprechenden Synergieeffekten erreicht werden, polyzentrische und geozentrische Ansätze sind flexibler und können sich Markt- und Kulturentwicklungen schneller anpassen.

4.5 Organisation des Internationalen Personalmanagements

Die Organisation eines Internationalen Personalmanagements ist vielfach in die bestehende Personalorganisation integriert - zum einen, weil hier bereits reichlich Erfahrung in grundsätzlichen Aufgaben des Personalmanagements vorhanden ist, und zum anderen, weil die Gesamtheit der Aufgaben es häufig nicht rechtfertigt hierfür eine eigene Personalorganisation aufzubauen. Häufig handelt es sich um Variationen nationaler Personalmanagementaufgaben oder um sehr spezielle Fragen aus dem Vertrags-, Steuer- oder Sozialversicherungsrecht. Diese werden häufig auch zusammen mit Beratungsgesellschaften bearbeitet, die sich auf spezielle Dienstleistungen im Internationalen Personalmanagement spezialisiert haben, z.B. Internationaler Relocation-Service, Interkulturelles Training oder Internationale Steuerberatung.

Zentralbereich Personal			
Personalplanung/ Grundsatzfragen		**Personalcontrolling/ -systeme**	
Personalbeschaffung/-betreuung Tarifangestellte	**Personalbeschaffung/-betreuung Führungskräfte**	**Personalentwicklung**	**Personalverwaltung**
Personalmarketing	Personalbeschaffung/-betreuung Inland	Aus- und Weiterbildung	Personalinformationssysteme
Personalbeschaffung/-betreuung Geschäftsbereiche	Personalbeschaffung/-betreuung Ausland	Führungskräfteentwicklung	Zeitwirtschaft/ Entgeltabrechnung
Personalbeschaffung/-betreuung Zentralbereiche	Personalbeschaffung/-betreuung Tochterunternehmen	Organisationsentwicklung	Sozialmanagement

Abb. 4.3: Organisation der Personalabteilung im Großunternehmen[86]

---

[86] Typische Organisation einer Personalabteilung in einem Großunternehmen (rd. 11.000 Mitarbeiter).

Die typischen Personalmanagementaufgaben beinhalten exemplarisch sehr unterschiedliche Aufgabendimensionen, z.B.[87]:

- Personalbestandsanalyse: Analyse der länderspezifischen Personalstrukturen, Ermittlung der Fähigkeitsprofile ...

- Personalbedarfsbestimmung: Entscheidung über benötigte obere Führungskräfte (z.B. Global Manager, Country Manager oder Company Manager) ...

- Personalbeschaffung: Beschaffungsstrategie für Heimatland und/oder Gastland: Auswahl von Expatriates, Vergleichbarkeit der Auswahlbedingungen ...

- Personalentwicklung: Vermittlung interkultureller Kompetenz (z.B. Kultur-Assimilator,[88] Fremdsprachen-Training, Interkulturelle Workshops) ...

- Personaleinsatz: Organisation und Vorbereitung, Relocation-Service, Betreuung, Re-Integration ...

- Personalfreisetzung: unternehmenskulturelle Aspekte, länderspezifische Regelungen, supranationale Richtlinien ...

- Personalführung: Führungsmodelle hinsichtlich der kulturellen Unterschiede von Mitarbeitern und Vorgesetzten optimieren,

- Personalkostenmanagement: Zielkonflikt zwischen Lohngerechtigkeit im internationalen Verbund und im lokalen Bereich minimieren, Transparenz und Wirtschaftlichkeit herstellen ...

Beispiel: Internationales Personalmanagement in der WestLB

Die WestLB AG zählt zu den größeren deutschen Banken mit zahlreichen Niederlassungen, Tochtergesellschaften und Beteiligungen im In- und Ausland. Weltweit ist sie mit rd. 8.000 Mitarbeitern vertreten, davon arbeiten rd. 800 Mitarbeiter permanent im Ausland als Angestellte vor Ort (staff) oder entsandte Mitarbeiter (rd. 80) von der Zentrale (expatriates). Das Personalmanagement wird vom Zentralbereich Personal in der Hauptverwaltung in Düsseldorf mit rd. 100 Mitarbeitern gesteuert (siehe Abb. 4.3, vergleichbares Organigramm). Dabei sind alle Abteilungen im Zentralbereich Personal in internationale Fragen des Personalmanagements involviert, z.B. die

---

[87] Scholz (1996), S. 848.
[88] Beispiel für Kultur-Assimilator siehe Interkulturelle Trainingskonzepte, Fallstudie (Kap. 7.2).

- *Abteilung Personalplanung*, die Entsendungsbedingungen konzipiert, eine internationale Titelsystematik entwickelt oder das Personalkostencontrolling im Ausland führt,

- *Abteilung Personalbeschaffung/-betreuung*, die Mitarbeiterpotenziale am Arbeitsmarkt in- und extern für Auslandstätigkeiten sucht, landesspezifische Entsendungsverträge mit den Mitarbeitern macht und die Mitarbeiter während der Auslandstätigkeit betreut,

- *Abteilung Personalverwaltung*, die die Abrechnung der Gehälter und Sozial- und Zusatzleistungen in Fremdwährungen macht, sich um die spezifischen Steuer- und Versicherungsfragen kümmert oder den umzugsbedingten Relocation-Service abwickelt,

- *Abteilung Personalentwicklung*, die internationale Personalentwicklungskonzepte entwirft, interkulturelle Seminare zur Vorbereitung der Auslandsaufenthalte für den Mitarbeiter und ihre Familien anbietet und Re-Integrationskonzepte bei der Rückkehr ins Heimatland begleitet.

Merksatz:

Die Organisation des Internationalen Personalmanagements ist häufig in das betriebliche Personalmanagement integriert - mit zusätzlichen Spezialistenfunktionen und fallweise externer Beratung.

4.6 Zusammenarbeit mit Internationalen Arbeitsorganisationen

Das kollektive Arbeitsrecht regelt die Rechte und Pflichten zwischen den Sozialpartnern (Arbeitgeber- und Arbeitnehmerverbände), in Deutschland z.B.

- auf der Grundlage des Art. 9 GG (Koalitionsfreiheit, dem Recht zur Vereinigung zum Zweck der Förderung der Arbeits- und Wirtschaftsbeziehungen),

- das Tarifvertragsrecht, das generelle Arbeitsbedingungen durch Tarifverträge zwischen Tarifpartnern (z.B. Arbeitgeberverbände oder einzelne Firmen und Gewerkschaften) regelt,

- im Betriebsverfassungsrecht werden Mitwirkungsrechte in sozialen, personalen und wirtschaftlichen Angelegenheiten sowie Fragen der Arbeitsgestaltung der Mitarbeiter über einen gewählten Betriebsrat geregelt,

- und in den Mitbestimmungsgesetzen für die Mitwirkung auf der Ebene der Unternehmensführung, z.B. durch Arbeitnehmervertreter im Aufsichtsrat oder Berufung eines Arbeitsdirektors als gleichberechtigtes Vorstandsmitglied.

Zu den typischen Beteiligungsrechten des Betriebsrats im Unternehmen gehören in Deutschland (nach BetrVG 1972):

- Mitbestimmungsrechte (z.B. bei der Festlegung von Leistungszuschlägen),

- Initiativrechte (z.B. Einführung von interner Stellenausschreibung),

- Zustimmungsrechte (z.B. Grundsätze einer Mitarbeiterbeurteilung),

- Veto-Rechte (z.B. bei Einstellungen oder Versetzungen),

- Recht auf Beratung (z.B. bei Berufsbildungsmaßnahmen),

- Recht auf Anhörung (z.B. bei ordentlichen und außerordentlichen Kündigungen),

- Recht auf Information (z.B. Personalbedarfsplanung).

Internationale Arbeitsorganisationen

Unter internationalen Arbeitsorganisationen versteht man den Zusammenschluss von betrieblichen Interessengruppen, um gemeinsam entsprechende betriebliche und gesellschaftspolitische Interessen durchzusetzen. Hierzu gehören in erster Linie die Betriebsräte als Arbeitnehmervertreter. Internationale Betriebsräte wie z.B. ein „Europäischer Betriebsrat" oder ein „Weltkonzernbetriebsrat" (siehe Beispiele unten) haben meist eine Doppelfunktion: Zum einen, die Interessen der Mitarbeiter international zu vertreten und zu koordinieren, und zum anderen als zentraler Verhandlungspartner gegenüber der Konzernleitung, wenn es um Themen von internationaler Bedeutung für das Unternehmen und seine Mitarbeiter geht, z. B:

- langfristige Investitionsentscheidungen,

- Beschäftigungs- und Standortsicherung,

- Konzernentwicklung,

- Produktivität und Kosten,

- Entwicklung von Arbeitsbedingungen und Sozialleistungen,

- neue Produktionstechnologien und Arbeitsorganisation,

- Arbeitssicherheit und Umweltschutz,

- Auswirkungen politischer Entwicklungen auf das Unternehmen.

Das Hauptziel dabei, sich auf internationaler Ebene zu organisieren, ist die Koordination der jeweiligen nationalen zu internationaler Macht. Ein typisches Beispiel ist die grenzüberschreitende Information und Koordination mit dem Ziel untereinander abgestimmter Maßnahmen, um zu verhindern, dass bei einem nationalen Streik (z.b. zur Durchsetzung besserer Arbeitsbedingungen) dieser durch Produktionsverlagerungen innerhalb des Konzerns ins Ausland unterlaufen wird; aber auch die unternehmensweite Standardisierung von Arbeitsbedingungen und Sozialleistungen[89]: So wurden z.b. mit Hilfe des Weltkonzernbetriebsrats bei VW in Belgien die Arbeitszeiten nach dem „Wolfsburger Modell" flexibilisiert und schrittweise die 35-Stunden-Woche eingeführt, in Spanien die Wochenarbeitszeit reduziert und flexibilisiert, man schaffte die üblichen Werksferien ab und ernannte eine Frauenbeauftragte. Und bei Skoda in der Tschechischen Republik wurde ein Konzept der Alterssicherung eingeführt.

Bei der Beurteilung und Zusammenarbeit mit den jeweils nationalen und internationalen betrieblichen Arbeitnehmerorganisationen wie Betriebsräten (workers council) und den Gewerkschaften (unions) darf nicht vergessen werden, dass diese in den unterschiedlichen Kulturen auch unterschiedliche Ursprünge und unterschiedliche gesellschaftliche Selbstverständnisse haben.

Ebenso wie die Gewerkschaften immer mehr grenzüberschreitend zusammenarbeiten, z.b. mit dem Ziel einer europäischen Tarifpolitik, wollen natürlich auch die Arbeitnehmer bzw. die Arbeitnehmervertreter innerhalb eines Konzern grenzüberschreitend zusammenarbeiten. Die Entwicklung Europäischer- oder Welt-Konzernbetriebsräte steht sicher noch am Anfang ihrer Entwicklung, obwohl es bereits in einigen Unternehmen seit Jahren solche Institutionen der internationalen grenzüberschreitenden Arbeitnehmervertretung gibt. Durch die EU-Richtlinie über die Einsetzung eines europäischen Betriebsrates sind die Unternehmen aber gezwungen, einen europäischen Betriebsrat oder alternativ zumindest ein Verfahren zur Unterrichtung und Anhörung der Arbeitnehmer einzurichten.

---

89 VW AG (1999).

Beispiel: Europäischer Betriebsrat bei Unilever[90]

Bereits 1988 gab es Forderungen nach einem Europäischen Betriebsrat. Die Gewerkschaften (Lebensmittel und Chemie) versuchten, den Erfahrungs- und Meinungsaustausch auf europäischer Ebene zu intensivieren. Unilever hatte diese Forderungen bisher immer abgelehnt. Schließlich stimmte das Unternehmen dem Informationsaustausch des Betriebsrats auf europäischer Ebene zu, darüber hinausgehende Beteiligungen lehnte man jedoch ab. Aus diesem Grund wurde ein kaskadenähnlicher interner Informationsprozess eingeführt. Die weitere Mitwirkung des Betriebsrats sollte sich aber auf die nationale Ebene beschränken. Die Richtlinie zum Europäischen Betriebsrat enthält drei Optionen: eine Vereinbarung, eine Annexlösung und ein Pre-Directive-Agreement. Die Voraussetzungen für das Pre-Directive-Agreement sind: Eine Vereinbarung, die für alle Arbeitnehmer gilt: Information und Konsultation. 1995 wurde eine entsprechende Vereinbarung getroffen. In der Präambel wurden Information und Zusammenarbeit festgeschrieben. Außerdem wurde die Subsidiarität der Regelung im Verhältnis zu den örtlichen Kompetenzen vereinbart. Ein gemeinsamer Ausschuss (UEWC) wurde eingerichtet und ein Chairman bestimmt. Einmal im Jahr finden Treffen statt, wobei die Kosten von Unilever getragen werden. Die Vereinbarung hat eine Laufzeit von sechs Jahren. Die englischen Trade Unions partizipieren nicht an der Vereinbarung. Der Europäische Betriebsrat umfasst 31 Mitglieder. Bei internen Meetings können Vertreter der Gewerkschaft anwesend sein. Ein Regionaldirektor von Unilever organisiert die vertraulichen Kontakte. Die bei den jährlichen Meetings behandelten Themen sind an die Themen des Wirtschaftsausschusses angelehnt. Dies sind beispielsweise die finanzielle und ökonomische Situation des Unternehmens, die Geschäftslage, Investitionsvorhaben, Einführung neuer Arbeitsmethoden, Produktionsverlagerungen oder auch Schließung operativer Einheiten. Die Themen werden von dem sog. Koordinationskomitee, das sich zweimal im Jahr trifft, festgelegt. In den Sitzungen wird lediglich beraten, Entscheidungen fallen hier nicht.

Die wachsende Internationalisierung am Markt sowie in den Konzernen selbst und der stetig steigende Wettbewerbsdruck verändern auch die Arbeit der Betriebsräte. Da die Betriebsstätten unternehmenspolitisch innerhalb eines Weltkonzerns immer mehr nach Produktivität, Standortkosten, Fertigungskosten etc. untereinander verglichen werden, stehen Fragen der Arbeitszeit, Anlagennutzung, Produktionsverlagerung usw. immer sofort auch in einem international zu betrachtenden Zusammenhang.

---

90 Auszug aus einem Interview der Deutschen Gesellschaft für Personalführung mit Deutsche Unilever GmbH.

Fallstudie: Weltkonzernbetriebsrat bei VW

Der VW-Konzern mit Sitz in Wolfsburg ist der größte Automobil-produzent in Europa und der drittgrößte weltweit. In 41 Produktions-stätten in 19 Ländern werden weltweit täglich rd. 20.000 KFZ von rd. 324.000 Mitarbeitern produziert. Mit einer Jahresproduktion von 5 Mio. KFZ hält VW damit rd. 12,1 % am Automobilmarkt und einen Gesamtumsatz von rd. 87 Mrd. US$ (Stand 2002).

Bereits 1976 gab es erste Besuche von Belegschaften bei ausländi-schen Tochtergesellschaften, die durch weitere Besuche, Informati-onsaustausch, Tagungen etc. zur Gründung eines Europäischen Volkswagen-Konzernbetriebsrats 1990 führten und 1992 in einer „Vereinbarung über Zusammenarbeit zwischen der VW-Konzern-leitung und dem EuroKBR"[91] in Brüssel zwischen dem EuroKBR und der Konzernleitung dokumentiert wurde. 1998 wurde weltweit der erste Weltkonzernbetriebsrat bei VW gegründet - mit zurzeit 27 Mitgliedern für die über 300.000 Mitarbeiter an den 41 Konzern-standorten:

Vereinbarung über die Zusammenarbeit zwischen der Volkswagen-Konzernleitung und dem Volkswagen-Weltkonzernbetriebsrat: (Auszug)[92]

Der Volkswagen-Konzern ist ein global operierendes Unternehmen, das sich weltweit zu einem Entwicklungs-, Produktions- und Absatz-verbund integriert und vernetzt hat. Der wirtschaftliche Erfolg für das Unternehmen und die soziale Entwicklung für die Belegschaft sind vom erfolgreichen Zusammenwirken aller Teile dieses Netz-werkes abhängig. Hierzu soll die Zusammenarbeit zwischen der Volkswagen-Konzernleitung und dem Volkswagen Weltkonzernbe-triebsrat einen entscheidenden Beitrag leisten. ... wird folgende Ver-einbarung getroffen:

---

91 EuroKBR = Europäischer Konzern-Betriebsrat.
92 VW AG (1999).

(§ 1) ... Beide Seiten sehen hierin einen Beitrag, im Volkswagen-Konzern im Sinne eines konstruktiven Dialogs und einer kooperativen Bewältigung wirtschaftlicher, sozialer und ökologischer Herausforderungen global zusammenzuarbeiten und möglicherweise entstehende Konflikte gemeinsam zu lösen. Die gesetzlichen Rechte und Pflichten der jeweiligen nationalen Arbeitnehmervertretungen bleiben hiervon unberührt.

(§ 3) ... Die Leitung des Volkswagen-Konzerns und der Volkswagen-Weltkonzernbetriebsrat kommen mindestens einmal im Jahr zu einer gemeinsamen Sitzung zusammen ... Die in den gemeinsamen Sitzungen zu erörternden Themen, sofern sie von konzernweiter Bedeutung für die Produktionsstandorte sind, beziehen sich vor allem auf folgende Bereiche:

- Beschäftigungs- und Standortsicherung sowie Standortstrukturen,
- Entwicklung der Konzernstrukturen,
- Produktivität und Kostenstrukturen,
- Entwicklung der konzerninternen Lieferbeziehungen und Marktverantwortungen,
- Entwicklung der Arbeitsbedingungen (z.B. Arbeitszeit, Entlohnung, Arbeitsgestaltung),
- Entwicklung der betrieblichen Sozialleistungen,
- neue Produktionstechnologien,
- neue Formen der Arbeitsorganisation,
- Arbeitssicherheit und Gesundheitsschutz, betrieblicher Umweltschutz,
- wesentliche Auswirkungen politischer Entwicklungen und Entscheidungen auf den VW-Konzern,
- Entwicklung der politischen und wirtschaftlichen Rahmenbedingungen des internationalen Handelns.

(§ 4) ... Der VW-Weltkonzernbetriebsrat bzw. sein Präsidium ... ist über geplante Verlagerungen (Investitionsschwerpunkte, Produktionsumfänge, wesentliche Unternehmensfunktionen) frühzeitig zu informieren. Dies betrifft Verlagerungen, sofern sie regionsübergreifende Auswirkungen haben, die die Interessen der Beschäftigten an hiervon betroffenen Standorten wesentlich nachteilig beeinflussen können. ... erhält ein Recht zur Stellungnahme ... kann die Erläuterung im Rahmen gemeinsam festzulegender Konsultationsgespräche verlangen.

(§ 5) Der VW-Konzern verpflichtet sich zur Übernahme der Kosten der Arbeit des VW-Weltkonzernbetriebsrats ...

Barcelona, 20. Mai 1999

Auftrag:

1. Welchen Nutzen und möglichen Probleme haben internationale Arbeitnehmerorganisationen aus Sicht der Mitarbeiter?

2. Arbeiten Sie den Nutzen und die Probleme/Nachteile aus der Sicht der Unternehmensführung heraus.

3. Welche Sichtweise könnten nationale Gesellschaftssysteme (nationale Politik, Regierung) bei der Bildung internationaler Arbeitnehmerorganisation haben?

4. Welche Sichtweise könnten internationale Politikgremien (z.B. Europäische Kommission) haben?

5. Erarbeiten Sie einen Verhaltenskodex zwischen einer Arbeitnehmerorganisation (z.B. Weltkonzernbetriebsrat) und Unternehmensführung (z.B. Vorstand).

Für die Vereinheitlichung internationaler Arbeitsorganisationen sprechen in erster Linie die Bündelung spezifischer Interessen, man erhofft sich mehr „Durchsetzungskraft", da es nur einen Ansprechpartner gibt und dadurch schnellere Problemlösungsprozesse und Entscheidungen ermöglicht werden. Nicht zuletzt ist es aber auch geltendes Recht in vielen Ländern bzw. in Europa, inzwischen auch EU-Recht. Für eine Differenzierung sprechen dagegen die oft sehr unterschiedlichen wirtschaftlichen und sozialen Bedingungen (z.B. Kaufkraft und Lebenshaltungskosten, soziale Sicherungssysteme), die auch politisch eine Vereinheitlichung bzw. Anpassung nicht immer sinnvoll erscheinen lassen.

Merksatz:

Internationale Arbeitnehmerorganisationen wollen in erster Linie die nationalen Mitbestimmungsrechte der Arbeitnehmervertretungen grenzüberschreitend koordinieren zur Durchsetzung ihrer Interessen bzw. zur Abwehr grenzüberschreitender Arbeitsverlagerungen der Unternehmen.

Gewerkschaften und Globalisierung

Über die künftige Entwicklung der Gewerkschaften gibt es sehr unterschiedliche Einschätzungen. Sie reichen durch die Extrapolation der zurückgehenden Mitgliederzahlen in vielen Ländern von der Einschätzung, dass es künftig auch Industriestaaten ganz ohne Gewerkschaften gibt, über einen sehr geringen Organisationsgrad von gerade durch Veränderungen betroffenen Berufsgruppen oder Branchen bis zu Vorhersagen über die Wiedererstarkung durch die dramatisch veränderten Arbeitsbedingungen und die damit oft einhergehenden Einschränkungen der erkämpften Sozialstandards und die unsicherer werdenden Arbeitsplätze durch globalisierte unternehmenspolitische Strategien wie Unternehmenskäufe und -zusammenschlüsse, Downsizing oder Deregulation für die Arbeitnehmer. In fast allen Industrieländern hat vor diesem Hintergrund in der jüngsten Vergangenheit ein Wandel von der früher im Vordergrund stehenden Gewerkschaftspolitik der Steigerung von Arbeitnehmereinkommen und Sozialleistungen hin zur Sicherung der Arbeitsplätze und permanenten Qualifizierung der Arbeitnehmer stattgefunden.

Beispiel: International Labour Relations: (Vergleich USA – andere Länder)

There are several unique characteristics of the U.S. labor relations system relative to systems in most other countries. Among the most significant are the following[93]:

- In the USA, unions have exclusive representation (i.e., there is representation by only one union for any given job in the USA). In Europe, more than one union, often with religious and political affiliations, may represent the same workers.

- In the USA, the government plays a passive role in labor relations and dispute resolution, characterized by regulation the process, not the outcomes. In Western and Eastern European countries, Australia, Canada, and Latin America, the role of the government is much more active.

- In the USA, there is generally an adversarial relationship between the union and management, while in most other countries the relationship is much more conciliatory and cooperative.

---

93 Schubinski (1993), S. 584.

• Collective bargaining in the USA is more decentralized (i.e., agreements are negotiated primarily at the local level). Unions in Europe, Japan and Canada rely primarily on industry-wide negotiation.

Typisierung nationaler Gewerkschaftskulturen

Ungeachtet ihrer historischen Tradition und ihrem gesellschaftspolitischen Auftrag zeigen sich die Gewerkschaften in den unterschiedlichen Kulturen in einem oft unterschiedlichen Selbstverständnis, was wiederum natürlich Auswirkungen auf die Politik der Arbeitnehmervertreter in den Betrieben hat.

Deutsches Modell

Das deutsche Modell entspricht einer staatlich gewollten institutionalisierten Beteiligung der Gewerkschaften auf allen Ebenen der Unternehmenspolitik (im Betrieb, Unternehmen, Konzern, Branche) bis hin zum gesellschaftspolitischen Auftrag (z.B. Bildung eigener Forschungsinstitute, Bildungseinrichtungen). Zumeist sind die Gewerkschaften und Arbeitgeberverbände nach Branchen strukturiert (bis auf einige Ausnahmen). Sie handeln die jeweiligen Tarifverträge für ihre Mitglieder aus und haben ein gesetzlich verankertes Streikrecht (Gewerkschaft) und Recht zur Aussperrung (Arbeitgeberverbände). Im internationalen Vergleich werden diese Rechte allerdings relativ gering eingesetzt. Traditionell gilt die deutsche Gewerkschaftspolitik als sehr pragmatisch und politisch-sozialdemokratisch orientiert, wobei es z.B. aber auch einzelne kleinere Gewerkschaften mit religiösem oder politisch-konservativem Ursprung gibt.

Romanisches Modell

Das romanische Modell (z.B. Frankreich, Italien, Belgien) sieht eine eher nicht-formalisierte Gegenmacht zu den Unternehmen und zum Staat vor. Traditionell sind die Gewerkschaften politisch-sozialistischen Zielen verbunden mit den gesellschaftspolitischen Absichten „zur Verbesserung der Arbeitsbedingungen und der Veränderung der gesellschaftlichen Machtverhältnisse zugunsten der Arbeitnehmer." Ihre Streikbereitschaft gilt im europäischen Vergleich als relativ hoch.

Britisches Modell

Im britischen Modell gelten die Gewerkschaften als sehr pragmatisch. Es finden sich sehr viele verschiedene Organisationsformen nebeneinander. Neben den dominierenden betriebsbezogenen Gewerkschaften (industrial unions) gibt es auch Berufsgewerkschaften (craft unions) und übergreifende (general unions). Durch diese Zersplitterung haben die einzelnen Gewerkschaften zwar auf betrieblicher Ebene relativ viel Macht, überbetrieblich und gesellschaftspolitisch im europäischen Vergleich aber eine relativ geringe Macht, was entsprechend auch zu einer starken Dezentralisierung von Tarifverhandlungen führt.

Amerikanisches Modell

Das amerikanische Modell zeichnet sich in erster Linie durch nichtinstitutionalisierte Verhandlungen lokaler Gewerkschaftsvertreter mit dem Unternehmen aus. Da der Organisationsgrad der Arbeitnehmer relativ gering ist, haben diese auch eine entsprechend geringe Verhandlungsmacht. Überbetriebliche oder gesellschaftspolitische Ziele haben für US-amerikanische Gewerkschaften nur eine untergeordnete Bedeutung.

Skandinavisches Modell

Das skandinavische Modell sieht eine eher auf den Arbeitsplatz bezogene Beteiligung durch Arbeitsgruppensprecher vor. Betriebsräte und Gewerkschaften arbeiten sehr pragmatisch und politisch gleichermaßen für die „internationale Wettbewerbsfähigkeit" zusammen.

Japanisches Modell

Das japanische Modell zeichnet sich durch Betriebsgewerkschaften der lebenslang beschäftigten „Stammarbeiter" aus und zeigt eine relativ hohe Kompromissbereitschaft in Verhandlungen mit den Arbeitgebern.

	Gewerkschaftlicher Organisationsgrad (Stand 1994)	Arbeitsausfälle in Tagen je 1.000 Mitarbeiter	
		1984–1988	1989–1993
Schweden	80 %	100	70
Italien	38 %	360	250
Deutschland	37 %	50	20
Großbritannien	32 %	400	70
Niederlande	25 %	10	20
Spanien	10-15 %	740	430
Frankreich	10 %	60	30

Abb. 4.4: Gewerkschaftlicher Organisationsgrad in Europa[94]

Die Unkenntnis vieler ins Ausland entsandter Manager über die Gewerkschaftsstrukturen und ihre gesellschaftspolitische Bedeutung innerhalb der Gastlandkultur und -politik ist häufig auch ein Auslöser für betriebliche Probleme in vielen Kulturen. Während z.B. amerikanische Manager eher zu einer antigewerkschaftlichen Orientierung im Führungs- und Entscheidungsstil tendieren, nehmen sie oft nicht die Rechte und Organe der Gewerkschaftspolitik in den Unternehmen in anderen Ländern wahr. Dadurch können sehr oft und sehr schnell ernste Probleme im Unternehmen entstehen (siehe Beispiel unten). Auch ist es für sie eine fast „außerirdische Erfahrung"[95], wenn sie in Japan miterleben, dass es in den meisten Großunternehmen und zunehmend auch in mittleren und kleinen Unternehmen sehr organisierte Kommunikations- und Entscheidungskulturen zwischen der Unternehmensleitung und Arbeitnehmergruppen gibt, die z.B. gemeinsam monatlich über Unternehmenspolitik, Produktion, Personal- und Investitionspolitik diskutieren.

---

94 Quelle: Institute of Personnel and Development, 1996.
95 Schubinsky (1993), S. 585.

Beispiel: Importance of Work Councils in Germany[96]

... Johnson & Johnson`s new joint venture with a German pharmaceutical company ran into difficulties from the start because Johnson & Johnson managers apparently did not recognize the importance of the work councils at German plants and the practical implications of „codetermination" for the manufacturing process. Codetermination also stipulates that a labor director must be treated as a manager who is charged with attending to worker concerns. Labor directors have great influence in Germany and often participate in corporate strategic planning. The management board is elected by the supervisory board and must include a labor director who is approved by labor representatives. Johnson & Johnson`s expatriate managers did not recognize the significance of the labor director in the daily operation of the joint venture plants. Consequently, the firm experienced problems from the start on matters related to work rules, productivity measures and job responsibilities.

In Zeiten der immer flexibler werdenden Unternehmens- und Organisationsformen müssen sich auch die traditionellen, eher langfristig orientierten Beziehungen zwischen Gewerkschaften und Unternehmen (z.B. Verhandlungen über dauerhafte Einkommens-, Arbeitszeit- und Arbeitsbelastungs-Entwicklungen) flexibler gestalten. Die Gewerkschaften realisieren zunehmend, dass die Unternehmen und ihre Entscheidungsträger mehr moderate und flexible Absprachen benötigen, um in den dynamischen Märkten zu bestehen. Gleichfalls ist es auch Aufgabe der Gewerkschaften, die langfristige Unternehmens- und damit Arbeitsplatzsicherung vor eine auf kurzfristige Einkommenseffekte zielende Politik zu setzen. Aber auch die Unternehmen und ihr Management müssen realisieren, dass die Arbeitnehmer mit ihrer Qualifikation und Motivation ein strategischer Erfolgsfaktor für Unternehmen geworden sind. Und entsprechend sind ihre Organisationen und Vertretungen ein fester Bestandteil der Gesellschaft und Unternehmenskultur. Wie das Massachusetts Institute of Technology (MIT) in einer Studie ausführt: „... management must accept labor representatives as legitimate and valued partners in the innovation process."[97]

Einigkeit besteht in der internationalen Fachliteratur weitgehend darüber, dass sich die Arbeitnehmerorganisationen gegenwärtig in der ganzen Welt in großen Veränderungsprozessen befinden: auf der einen

---

96 Ebenda, S. 584 f.
97 MIT-Pressenotiz 1991.

Seite ausgelöst und begleitet durch die sich dramatisch verändernden politischen Rahmenbedingungen in den Kontinenten, für Europa z.B. die Europäische Union, die Wiedervereinigung in Deutschland („quasi über Nacht"), die sich rasch auflösenden politischen Systeme in Osteuropa ..., und auf der anderen Seite sich ebenso rasch verändernde Wertvorstellungen und entsprechendes Konsumverhalten sowie die immer schneller werdenden Unternehmensdynamiken. Damit kommen den Gewerkschaften gesellschaftspolitische und im Unternehmen zusammen mit den Betriebsräten auch neue nationale und internationale Ziele und Verantwortungen zu - und damit auch der Unternehmensführung bzw. den Führungskräften in ihrer Zusammenarbeit mit den Arbeitnehmervertretungen.

Merksatz:

In der Beurteilung und Zusammenarbeit mit Gewerkschaften im internationalen Kontext müssen sich internationale Manager der unterschiedlichen Traditionen und der jeweiligen gesellschaftspolitischen Rolle der Gewerkschaften in ihren Kulturräumen bewusst sein.

5. Internationale Personalsuche und Personalauswahl

5.1 Internationale Stellenbesetzungspolitik

Die Suche und Auswahl nach geeigneten Mitarbeitern im Unternehmen oder am Arbeitsmarkt für internationale Aufgaben (International Recruitment) ist oft von strategischer Bedeutung für das Unternehmen. Es handelt sich in der Regel um wichtige Unternehmensfunktionen für die Repräsentanz des Unternehmens am internationalen Markt und damit für entsprechend internationale Erfolgs- und Wachstumspotenziale. Dabei finden die Such- und Auswahlkriterien für die international einsetzbaren Mitarbeiter in einem weitaus komplexeren Umfeld statt als im Inland mit entsprechenden Kosten und Risiken für das Unternehmen. Der Auswahlprozess umfasst allgemein die Festlegung der Stellenbesetzungspolitik, das Festlegen der Anforderungsprofile und die Durchführung der Personalauswahl. Bei der Stellenbesetzung internationaler Funktionen kann in eine ethnozentrisch orientierte Stellenbesetzungspolitik, in einen polyzentrischen oder geozentrischen Ansatz unterschieden werden (siehe auch Kap. 4.2):

Ethnozentrisch orientierte Personalsuche

Bei der ethnozentrisch orientierten Stellenbesetzungspolitik werden die Positionen in der Regel vom Stammhaus bzw. Heimatland aus besetzt. Dies wird oft auch bei erstmaligen internationalen Tätigkeiten des Unternehmens im Auslandsmarkt angewendet oder bei entsprechend fehlendem Potenzial auf dem Arbeitsmarkt im Gastland. Probleme ergeben sich im Gastland durch fehlende Verantwortungs- und Aufstiegsmöglichkeiten für die einheimischen Mitarbeiter mit dem Risiko von Motivations- und Produktivitätsverlusten. Auch sind die Personalkosten für entsandte Expatriates deutlich höher, sie brauchen eine spezifisch interkulturelle Vorbereitung und längere Einarbeitungszeit und es liegt ein relativ hohes Risiko für einen vorzeitigen Abbruch der Entsendungen oder Fluktuationen (z.B. Wechsel zur Konkurrenz vor Ort) vor.

Polyzentrisch orientierte Personalsuche

Eine polyzentrisch orientierte Stellenbesetzungspolitik zielt auf die Besetzung der Auslandspositionen mit Mitarbeitern vom Gastland. Dies hat zum einen die Vorteile der Sprach- und Kulturkenntnisse, es gibt keine spezifischen familiären Belastungen und die Einarbeitungszeit ist deutlich kürzer. Die Personalkosten sind häufig deutlich geringer, weil die direkten Entsendungskosten und -zuschläge entfallen, im Gastland oft ein niedrigeres Lohnniveau und indirekt ein geringeres Fluktuationsrisiko besteht. Auch wird das Unternehmensimage im Gastland, speziell am dortigen Arbeitsmarkt, aufgewertet. Probleme können sich ergeben z.b. durch die entstehenden Kulturunterschiede in der Kommunikation, den unterschiedlichen Wertvorstellungen und Arbeitskulturen etc. zwischen Gastland und dem Stammhaus.

Geozentrisch orientierte Personalsuche

Im Rahmen einer geozentrisch orientierten Stellenbesetzungspolitik werden grundsätzlich alle Managementpositionen im In- und Ausland ohne Berücksichtigung der Nationalitäten oder Kulturen der Manager und Mitarbeiter besetzt. Vorteil für die Unternehmen ist die weltweit einheitliche Entwicklung eines Mitarbeiterpotenzials für internationale Tätigkeiten, ebenso wie entsprechend relativ weniger persönlich-nationale Interessenunterschiede. Probleme für die Unternehmen sind häufig politische Interessen der Gastländer, die über die Restriktionen in Einwanderungsgesetzen oder bei der Erteilung einer Arbeitserlaubnis versuchen, die Beschäftigung ausländischer Arbeitskräfte einzuschränken. Entsprechend ist der Antrags- und Begründungsaufwand für längerfristige Mitarbeiterentsendungen ins Ausland für die Unternehmen oft ein langwieriger und kostenintensiver Prozess. Nicht zu vergessen sind natürlich auch interne politische Interessen (z.B. informelle nationale „Seilschaften").

Verschiedene empirische Untersuchungen kommen zu dem Ergebnis, dass die traditionell ethnozentrisch orientierte Unternehmens- und Entsendungspolitik langsam abnimmt, was sicher auch mit der Zunahme der Globalisierung der Unternehmen allgemein und zugunsten der Zunahme einer geozentrischen Politik zusammenhängt.

Merksatz:

Die Personalsuche und -auswahl für international einsetzbare Mitarbeiter findet in einem weitaus komplexeren Umfeld als im inländischen Umfeld statt mit entsprechend vielfach höheren Kosten und Risiken für das Unternehmen.

5.2 Interkulturelle Anforderungsprofile

Grundlage der Personalsuche und -auswahl im internationalen Kontext sind die spezifisch internationalen Anforderungen an die künftigen entsandten Mitarbeiter (expatriates) oder vor Ort angestellten Mitarbeiter (staff). Diese können aus Stellenbeschreibungen abgeleitet werden, sofern diese im Unternehmen vorhanden sind. Stellenbeschreibungen existieren für diese Positionen häufig aber nicht, da es sich meist um wenige und spezifische Stellen, oft auch um neu geschaffene Projekte oder Stellen handelt.

Beispiel: Internationale Stellenbeschreibung in einer Bank

Funktion	Marketing-Referent International
Position	Marketing-Referent Länderbereich III: Italien, Spanien, Portugal
Organisation	- Unternehmensbereich: Kunden/Europa
	- Geschäftsbereich: Firmenkunden/Europa
	- Position: Marketing-Referent/in Länderbereich III
	- Gehaltsgruppe: Tarifgruppe 9 – F
	- Berichtet an: Gruppenleiter Länderbereich III
	- Vertretung: ./.
	- Zeichnungsberechtigung: nach besonderer Vereinbarung
Aufgaben	- Mitwirkung bei der Kundenakquisition und –pflege mit sukzessiver Übernahme eigener Kundenbetreuung.
	- Vor- und Nachbereitung von Kundenbesuchen im Ausland.
	- Sukzessive Durchführung eigener Kundenbesuche im Ausland.
	- Erstellung von Kundenpotenzial- und Kundenbedarfsanalysen.
	- Unterstützung bei der Erstellung von Kreditanträgen, Angebotsvorbereitung und -kalkulation.
Anforderung	- Bankkaufmann/-kauffrau mit wirtschaftswissenschaftlichem Studium oder entsprechenden Zusatzqualifikationen.
	- Erfahrung in kreditorientierten Bereichen.
	- Akquisitionsgeschick verbunden mit verbindlichem Auftreten im Ausland.
	- Selbständige und flexible Arbeitsweise.
	- Bereitschaft zu Auslandsreisen.
	- Fremdsprachen: verhandlungssicheres Englisch und eine weitere Fremdsprache des Länderbereiches.

Fallstudie: Internationale Stellenanforderungen

Suchen Sie allein oder in Kleingruppen aus internationalen Stellenanzeigen typische international orientierte Anforderungen heraus.[98] Differenzieren Sie diese Suche auf:

- ausgewählte Funktionen (z.b. International Project Manager, International Sales Manager, International Controller ...)

- oder nach ausgewählten Branchen

- und/oder zweisprachig (z.b. deutsch/englisch).

Anforderungsprofile stellen die für eine Stelle typischen Fach- und Verhaltensanforderungen auf. Sie dienen als Grundlage der Personalsuche und -auswahl. Die Anforderungsmerkmale werden nach Art und Ausprägung untereinander gewichtet und oft auch graphisch aufgrund ihrer Anschaulichkeit dargestellt.

Schlüsselqualifikationen

Die typischen Anforderungen an internationale Fach- und Führungskräfte gehen weit über die Anforderungen an national tätige Fach- und Führungskräfte hinaus. In Abhängigkeit von der Personalmanagement-Strategie nehmen die „intercultural skills" insbesondere im Bereich der interkulturellen Kommunikations- und Kooperationsfähigkeiten von einer ethnozentrischen über die polyzentrische bis zu einer geozentrischen Strategie sehr stark zu. Im Vordergrund stehen dabei die Schlüsselqualifikationen. Dies sind prozessgebundene Qualifikationen, die dafür sorgen sollen, dass auf künftige Anforderungen vernünftig, flexibel und innovativ reagiert werden kann. Zu den Schlüsselqualifikationen zählen z.B.[99]:

- *Analysefähigkeit* (Aufgliederung von Betriebsprozessen in logische Schritte und Darstellung in Aufbau- und Ablaufplänen).

- *Planungsvermögen* (Ziehen von Schlussfolgerungen aus Analysen und Erstellen von Betriebsplänen, z.B. Produktions-, Absatzplan).

---

98 Z.B. Samstagsausgabe FAZ, Süddeutsche Zeitung oder Die Welt.
99 Meier (1991), S. 77.

- *Informationsverarbeitung* (Selbständig Informationen suchen, aufgabenbezogen auswerten und bedarfsgerecht aufbereitet weiterleiten).

- *Selbständiges Lernen* (Sich mit Hilfe betrieblicher Unterlagen, Fachliteratur und Bildungsmedien ein Sachgebiet selbständig erarbeiten).

- *Problemlösungsfähigkeit* (Fragen und Probleme analysieren, Lösungsalternativen entwickeln und gedanklich erproben, entscheiden und selbstkritisch evaluieren).

- *Transferfähigkeit* (Theoretische Einsichten in praktisches Handeln umsetzen, zugleich Anwendungsmöglichkeiten und -grenzen aufzeigen).

- *Teamfähigkeit* (In einer Gruppe mit anderen gemeinsam gestellte Aufgaben arbeitsteilig lösen und gemeinsam evaluieren).

- *Flexibilität* (In einem Betriebsbereich ständig wechselnde Arbeiten verrichten und bereit sein, sich laufend auf neue Situationen einzustellen).

- *Kommunikations- und Verhandlungsfähigkeit* (Besprechungen planen/vorbereiten, führen, abschließen und erfolgsbezogen auswerten).

- *Initiative* (Selbständig Probleme erkennen, Lösungen planen, anbahnen).

- *Verantwortung* (Für seine Arbeit und die Folgen seines Handelns einstehen, sich zu dem bekennen, was man getan oder unterlassen hat).

Anforderungsmerkmale	nicht wichtig	wichtig	sehr wichtig
Analysefähigkeit			X
Konzeptionsfähigkeit			X
Kreativität und Innovationsfähigkeit		X	
Planungs- und Organisationsfähigkeit			X
Flexibilität/ Improvisationsvermögen		X	
Kontinuität in der Zielverfolgung			X
Kommunikationsfähigkeit allgemein		X	
Kontaktfähigkeit		X	
Fremdsprachenkompetenz			X
Durchsetzungsvermögen			X
Integrations- und Teamfähigkeit		X	
Interkulturelle Toleranz			X
Psychische Belastbarkeit			X
Gesundheitliche Kondition		X	
Familienflexibilität			X
Einsatzbereitschaft			X
Motivation für Auslandseinsatz		X	
Akzeptanz fremdartiger Lebensbedingungen			X

Abb. 5.1: Anforderungsprofil für Auslandsmanager [100]

100 In Anlehnung an Dülfer (1999), S. 478.

Internationale Anforderungen

Grundsätzlich lassen sich die Anforderungen an interkulturell tätige Fach- und Führungskräfte in vier Merkmalsgruppen einteilen:

- *Tätigkeitsbezogen-fachliche Anforderungen*, z.b.: einschlägige Fachkenntnisse und -erfahrungen, entsprechendes Entwicklungspotenzial, Branchen- und Unternehmenskenntnisse.

- *Schlüsselqualifikationen*, z.b. Mitarbeiterführung, Toleranz, Flexibilität, Kommunikations- und Teamfähigkeiten, Selbständigkeit, emotionale Stabilität.

- *Interkulturelle Anforderungen*, z.b. Auslandsmotivation und -erfahrung, Anpassungs- und Einfühlungsvermögen in unterschiedliche Kulturen, Bereitschaft zum Erlernen der Landessprache.

- *Persönliche Anforderungen*, z.b. physische und psychische Belastbarkeit (z.b. körperliche Fitness, Stressresistenz), familiäre Bindungen und deren Auslandsmotivation, kulturelle Bedingungen (z.b. religiöse, politische Hindernisse, Altersgrenzen).

Bei verschiedenen Untersuchungen wurden unterschiedliche Zielgruppen befragt, um z.b. die Anforderungen aus Sicht des Unternehmens/ des Personalmanagements und von betroffenen Mitarbeitern zu differenzieren. Hierbei zeigen sich zwar teilweise unterschiedliche Ausprägungen verschiedener Merkmale, doch im Gesamtergebnis sind Fachwissen, kulturelle Anpassungsfähigkeit und Sprachkenntnisse die oft als am wichtigsten bezeichneten Fähigkeiten. Untersuchungen des englischen Ashridge Institute stellen z.b. auf die Frage nach den wichtigsten Eigenschaften für internationale Manager vier Eigenschaften besonders heraus: Strategisches Bewusstsein (71%), Anpassungsfähigkeit in neuen Situationen (67%), Sensibilität für unterschiedliche Kulturen (60%) sowie die Fähigkeit in internationalen Teams zu arbeiten (56%)[101].

Zusätzlich sollten bei einem längeren Auslandsaufenthalt neben den genannten Merkmalen zusätzliche Anforderungen beachtet werden:

- *Entsendungsmotive*: Der Abgleich der Ziele und Ansprüche aus dem Bündel individueller Ziele eines Mitarbeiters (z.b. Mehrverdienst, Karrierechancen, Verantwortung, vielfältige Aufgaben, Weiterqualifizierung, Abenteuer oder Neugier ...) mit den realistisch erfüllbaren Möglichkeiten des Unternehmens.

---

101 Barham (1991), S. 69.

- *Auslandseignung der Partner*: Wegen der meist noch höheren Belastung der Partner/Familie als des Mitarbeiters selbst gelten viele der o. g. Anforderungen entsprechend auch für die mitreisenden Partner/Familienangehörigen.

Diese Merkmale interkultureller Kompetenzen sind notwendige, aber nicht hinreichende Bedingungen für eine erfolgreiche interkulturelle Arbeit. Individuell führen länder-, unternehmens- und aufgabenspezifische Besonderheiten zu weiteren Anforderungen oder relativen Ausprägungen. Auch ist zu beachten, dass es insbesondere im kommunikativen Bereich bei den ausländischen Mitarbeitern oder Gesprächspartnern eine so große Variationsbreite der individuellen Charakter- und Verhaltensweisen gibt und nicht alle „andersartigen" Verhaltensweisen gleich „kulturspezifisch" bedingt sind.

Beispiel: U.S. food manufacturer

One expert on expatriate assignments tells the story of a major U.S. food manufacturer who selected the new head of a marketing division in Japan. The assumption made in the selection process was that the management skills required for successful performance in the United States were identical to the requirements for an overseas assignment. The new director was selected primarily because of his superior marketing skills. Within 18 months his company lost 89 % of its existing market share.[102]

Kommentar: In dem vorgenannten Beispiel kommt zum Ausdruck, dass das Problem in den Auswahlkriterien im Entsendungsprozess liegen kann. Die Kriterien zur Auswahl eines Managers für eine Funktion in einem anderen Land müssen sich auf mehr Anforderungen als im Inland konzentrieren, was sich zum einen auf die Kriterien selbst und zum anderen ihre Gewichtung bezieht.

(**Beispiel** Fortsetzung):

The (U.S.) foodmanufacturer placed almost all the decisions weight on the technical competence of the individual, apparently figuring that he and his family could adjust or adapt to almost anything ... In fact, a recent review of expatriate selection cites the „domestic equals overseas performance equation" as one of the major problems in expatriate selection. The result is an overemphasis on technical skills and previous accomplishments in a domestic setting. The study concluded that the selection of expatriates should focus on four key dimensions: (1) self-orientation, (2) other-directedness, (3) perceptual factors, and (4) cultural toughness. The self-orientation

---

102 Tung (1987), S. 118 ff.

dimension is concerned with activities which serve to enhance self-esteem through reinforcement substitutions, stress reduction, and technical competence. Stress levels can be measured with personality instruments. The other-directed dimensions has to do with the ability to interact with host-country nationals[103]. The perceptual dimension reflects an ability to understand how foreigners behave and can also be measured with standardized personality instruments. The cultural toughness dimension has to do with the extent to which the culture and environment of the host country are different from those in the United States. To the extent that the difference ist great, more weight should be given to the other three dimensions[104].

> **Merksatz:**
>
> Entsprechend der Unternehmensstrategie nehmen die „intercultural skills" insbesondere im Bereich der interkulturellen Kommunikation und Zusammenarbeit von der ethnozentrischen über die polyzentrische bis zu einer geozentrischen Strategie sehr stark zu.

5.3 Internationale Recruitment-Instrumente

Die Suche und Auswahl geeigneter Fach- und Führungskräfte mit interkulturellem Potenzial ist besonders wichtig, da die Einstellung eines solchen Mitarbeiters meist eine Investition von mindestens zwei Jahresgehältern bedeutet[105]. Das Risiko von Fehlbesetzungen, vorzeitigem Abbruch oder Fluktuation (z.B. Wechsel zur Konkurrenz vor Ort) führt meist dazu, dass einer internen Stellenbesetzung zunächst der Vorzug gegeben wird. So werden im Führungskräftebereich europaweit im unteren und mittleren Management die Auslandspositionen weitestgehend intern besetzt (siehe Abb. 5.2). Für Positionen im oberen Management nimmt der Anteil der externen Besetzungen hingegen in vielen der untersuchten Länder zu. Auch andere empirische Untersuchungen kommen zu dem Ergebnis, dass bei der Besetzung von Auslandspositionen die externe Personalbeschaffung eine eher untergeordnete Rolle spielt – wenn, dann handelt es sich in der Regel um kleinere Unternehmen, die erstmalig international aktiv werden und denen entsprechendes Mitar-

---

103 Host-country nationals are nationals of the country in which the foreign affiliate is located, i.e. a Frenchmen managing the French sales subsidiary of 3M Company.
104 Earley (1993), S. 229.
105 Knab (1998), S. 15.

beiterpotenzial fehlt. Hierbei spielt sicher auch die immer noch weitverbreitete ethnozentrische Stellenbesetzungspolitik bzw. in den weltweit
vertretenen Großunternehmen die immer stärkere geozentrische Orientierung eine Rolle.

Land	n	oberes Management	mittleres Management	unteres Management
Deutschland	321	49 %	79 %	61 %
Schweiz	126	64 %	79 %	83 %
Großbritannien	539	69 %	85 %	89 %
Irland	164	59 %	73 %	76 %
Frankreich	235	55 %	68 %	25 %
Spanien	119	44 %	83 %	37 %
Italien	46	44 %	48 %	50 %
Türkei	54	85 %	100 %	93 %
Niederlande	108	51 %	70 %	69 %
Dänemark	192	36 %	72 %	72 %
Schweden	162	62 %	89 %	94 %
Norwegen	100	47 %	68 %	74 %
Finnland	108	66 %	81 %	84 %
Gesamt	2.274	57 %	78 %	71 %

**Abb. 5.2: Interne Besetzung von Führungspositionen
im europäischen Vergleich[106]**

---

106 Werte gerundet, Grundlage sind Daten der Cranfield-Studie von 1995 (Cranfield Project
on Strategic International Human Resource Management, europaweite Untersuchung in
2.274 international tätigen Unternehmen); entn. aus Weber/Festing/Dowling/Schuler
(1998), S. 113.

Typische Instrumente der Personalsuche am internen Arbeitsmarkt sind z.B.

* interne Stellenausschreibungen,
* Direktansprache von Vorgesetzten oder Mitarbeitern,
* Entwicklungsplatz/Assistentenstelle,
* Junior-Boards (multiple management-program),
* Corporate Universities,

und außerhalb des Unternehmens am externen Arbeitsmarkt z.b.

* Internationale Stellenanzeigen,
* Praktika/Stipendien,
* Recruitment-Veranstaltungen,
* Staatliche/private Arbeitsvermittlung, Personalberatungen,
* Direktansprache und Abwerbung (z.b. durch „Head Hunter").

	D	CH	GB	F	NL
	n = 321	n = 126	n = 539	n = 235	n = 108
Interne Besetzung	49 %	64 %	69 %	55 %	51 %
Personalberater	67 %	46 %	75 %	57 %	71 %
Inserate in ...					
Nationalen Zeitungen	36 %	27 %	51 %	9 %	45 %
Internationalen Zeitungen	7 %	13 %	11 %	3 %	5 %
Fachzeitschriften	16 %	15 %	39 %	8 %	29 %
Persönliche Ansprache	7 %	11 %	17 %	9 %	19 %

Abb. 5.3: Rekrutierung „oberer Führungskräfte" in international tätigen Unternehmen[107]

---

107 Ebenda, S.115.

Interne und externe Stellenbesetzung

Typische Rekrutierungspraktiken und ihre Verbreitung in international
tätigen Unternehmen bei oberen Führungskräften sind in Abb. 5.3 dargestellt. Wichtiges Ziel einer internen Stellenbesetzung ist die Rekrutierung von bereits bekannten und in der Unternehmenskultur bewanderten
Mitarbeitern, aber auch die Signalwirkung durch Karriereschritte für die
individuelle Motivation des Mitarbeiters und die motivierende Wirkung
für andere Mitarbeiter. Hinzu kommen der Wegfall direkter Beschaf-
fungskosten und meist eine schnellere Besetzung der Stelle. Durch eine
systematische und transparente interne Stellenbesetzungspolitik wird
zudem ein wichtiges Karrierefeld aufgebaut. Einer internen Stellenbesetzung stehen aber auch Nachteile gegenüber. So führen interne Besetzungen oft zu Folgebedarf auf der nachgelagerten Ebene. Die Breite der
Auswahlmöglichkeiten ist geringer gegenüber einer externen Stellenausschreibung. Auch die Gefahr von „Betriebsblindheit" oder Bildung
von „Seilschaften" besteht. Durch die gerade angesprochenen größeren
Auswahlmöglichkeiten bei einer externen Stellenbesetzung besteht zudem auch die Chance von mehr Innovationspotenzial, welches Mitarbeiter von außen zumeist mitbringen. Oft haben Externe auch eine höhere
Akzeptanz, da sie aufgrund von Erfolgen (bei nicht bekannten Misser-
folgen) eingestellt werden. Es entfällt in der Regel eine Folgebesetzung,
wenn eine Stelle extern besetzt wird. Hieraus entstehen aber oft auch
Probleme, z.B. das Fluktuationsrisiko von internen Mitarbeitern, „die
sich auch Hoffnung auf die Stelle gemacht haben" oder keine Personal-
entwicklungsperspektiven dadurch sehen und sich anderweitig orientieren (z.B. Unternehmenswechsel, innere Kündigung, Mobbing gegen den
Neuen). Dies ist gerade im internationalen Umfeld von besonderer Bedeutung, wenn einheimischen Mitarbeitern ein Externer „vorgesetzt
wird." Eine externe Besetzung ist meist auch kostenintensiver durch
den aufwendigeren Such- und Auswahlprozess.

Interne Personalsuche

Zu den typischen Instrumenten der internen Personalsuche, d.h. in diesem Fall die Rekrutierung von Fach- und Führungspersonal für internationale Aufgaben, gehören die interne Ausschreibung, die interne direkte
Ansprache von Mitarbeitern oder Vorgesetzten, die theoretische Möglichkeit einer Versetzung, die Einrichtung und Nutzung von Assisten-

tenstellen oder Junior Boards, international orientierte Traineeprogramme oder Rekrutierung aus einer eigenen Business School:

Interne Stellenausschreibung

Die Interne Ausschreibung bezieht sich auf den internen Arbeitsmarkt, der vom einzelnen Betrieb bis zu internationalen Netzwerken reichen kann; international z.b. durch Rundschreiben, in einer Mitarbeiterzeitschrift oder im Intranet organisiert.

Beispiel: Interne Stellenausschreibung International

Siehe Beispiel: Internationale Stellenbeschreibung in einer Bank „Marketing-Referent International" (Kap. 5.2)

Direktansprache

Die Direktansprache von Vorgesetzten oder Mitarbeitern ist ein weit verbreitetes Instrument in internationalen Großunternehmen, aber auch im internationalen orientierten Mittelstand. Gerade aufgrund der hohen Entsendungskosten und dem oft unbekannten Arbeitsfeld setzt man gerne auf eine mehrjährige Kenntnis des Leistungspotenzials und der Persönlichkeit des Mitarbeiters. Ein typischer Effekt ist aber auch, dass wirklich gute Mitarbeiter von ihren Vorgesetzten „geschützt" werden, weil sie in der eigenen Abteilung eine wichtige und erfolgreiche Funktion ausüben, oder umgekehrt, dass auch leistungsschwache oder kritische Mitarbeiter relativ einfach „weggelobt" werden können. Die Verantwortung bei Misserfolg des Mitarbeiters liegt damit in der neuen Aufgabe und nicht mehr beim ehemaligen/aktuellen Vorgesetzten oder ist durch den ungewohnten Kulturbereich begründet.

Versetzung/Abordnung

Die einseitige Versetzung bzw. Abordnung, die nach § 95 BetrVG (Zuweisung einer gleichwertigen Arbeit als Weisungsrecht des Arbeitgebers) theoretisch in Frage kommen könnte, kann sich im internationalen Bereich allenfalls auf kurzfristige Auslandstätigkeiten, z.B. im Rahmen eines Arbeitsprojektes oder einer Dienstreise, beziehen, wenn sich diese Möglichkeit z.B. aus einer Stellenbeschreibung, einer Funktion oder einem Arbeitsvertrag ableiten lässt.

Entwicklungsplatz und Junior Boards

Diese Stellen werden häufig auch als Assistentenstellen oder Stellvertretungen organisiert. So können Mitarbeiter auf eine Führungsfunktion durch Beteiligung an Vorgesetztenaufgaben, insbesondere auch im internationalen Umfeld gezielt vorbereitet werden. Eine Variation, die besonders bei großen Unternehmen zur Anwendung kommt, sind sog. Junior-Boards (auch: Multiple Management Program). Dies ist eine Art „Schattenkabinett", in dem eine Internationale Nachwuchsgruppe, z.B. aus Hochschulabsolventen mit Berufs- und/oder Auslandserfahrung aller Nationen des Konzerns, sich regelmäßig (z.b. halbjährlich) trifft. Sie arbeiten an realen Projekten oder Unternehmensentscheidungen mit und präsentieren den Entscheidungsgremien, z.B. dem Vorstand oder der Länderbereichsleitung, ihre Lösungsansätze. Zusätzlicher Nutzen sind die dadurch entstehenden internationalen Freundschaften und informellen Netzwerke.

Corporate Universities

Corporate Universities sind meist unternehmenseigene Business Schools[108] oder Kooperationen der Unternehmen mit privaten oder staatlichen Business Schools[109]. Ziel ist die Schaffung eines international einsetzbaren Nachwuchspotenzials, das sich gezielt im Rahmen spezieller Studien- und Weiterbildungsprogramme auf internationale Aufgaben vorbereitet.

Beispiel: INSEAD

Siehe Beispiel: Auswahlkriterien und Kandidatenrating INSEAD (Kap. 5.5)

---

108 Z.B. ABB Academy (Zürich), Motorola University (Schaumburg/Illinois), Daimler-Chrysler University (Stuttgart/Auburn Hills/Singapore), Lufthansa School of Business (Seeheim), McDonald´s University (Oak Brook/Chicago).
109 Bekannte sind z.B. Harvard Business School, INSEAD Fontainebleau, IMD Lausanne, London Business School, WHU Koblenz.

Externe Personalsuche

Zu den bekanntesten Instrumenten der externen Personalsuche gehören sicher noch immer die Stellenanzeige in verschiedenen Medien, spezielle Recruitment-Veranstaltungen oder die Vermittlung durch Personalberatungen. Gerade im internationalen Bereich sind auch die gezielte Direktansprache von potenziellen Mitarbeitern oder direkte Abwerbungen (z.B. durch Head Hunter) weit verbreitet.

Stellenanzeige

Der klassische Weg, um geeignete Bewerber im Fach- und Führungskräftebereich und insbesondere mit und für Auslandserfahrung zu suchen, ist immer noch die Stellenanzeige in überregionalen und international verbreiteten Tageszeitungen oder Fachzeitschriften, da hier ein relativ geringer Streuverlust, d.h. eine zielgruppengerechte Ansprache gewährleistet ist. So haben viele überregionale Tageszeitungen und Fachzeitschriften eigene Rubriken für internationale Personalanzeigen[110].

Internet-gestützte Personalsuche

Zwar ist die Internet-gestützte Personalsuche stark im Aufbau, dies betrifft aber noch relativ wenig den Bereich der internationalen Fach- und Führungskräfte, da diese häufig diesen Medien noch skeptisch gegenüberstehen. Im Bereich der Anfangsstellen nach einer Hochschulausbildung, internationalen Praktikantenstellen oder Traineeprogrammen ist dieser Weg inzwischen sehr beliebt, da sowohl für die Unternehmen als auch die Hochschulabsolventen die grenzüberschreitende Kommunikation kein Problem mehr darstellt.

---

110 In Deutschland z.B: FAZ, Süddeutsche Zeitung oder Die Welt.

Beispiel: Internationale Stellenanzeige

Project Manager (m/f)

TRILINGUAL ENGINEER BASED IN PARIS

Our client is the subsidiary company of an international corporate group with altogether 7.000 employees and an annual turnover of more than 20 bill. $. Since its creation in April 1998, the company has proven its skills in the development and operation of telecommunications infrastructures. Its fiber optic network covers the French domestic territory and crosses most of Western European city-centers and provides for interconnection with other long distance networks. Its costumers are the telecommunication and internet companies who take or lease the infrastructure.

The Project Manager takes over after the customer has signed the contract. In this position you are the one face to the customer whilst the contract is carried out. You deal with all questions - technical or commercial - that may occur. It is your responsibility that

the customer feels comfortable and that all his needs are met. You are based in Paris and work in an international environment.

We are looking for a young engineer with some years of experiance in handling big projects who is accustomed to serve and satisfy demanding customers. You are a German native speaker and have good command of English and French. Excellent social and especially negotiating skills as well as a service- and customer-oriented work approach are further personal qualifications required in this position. In addition you should be open-minded and have a good understanding of a multicultural environment.

Applicants, who are interested to enter in the booming telecommunications market, should send their application papers in English plus renumeration expectations referring to ...[111]

---

111 FAZ vom 9.9.2000.

Praktika/Stipendien

Viele Unternehmen versuchen ähnlich wie im Personalmarketing für Hochschüler über Stipendien, Betreuung von Studienarbeiten (Hausarbeiten, Praxisprojekt, Diplomarbeiten, Bachelor- oder Master-Thesis oder Dissertationen) oder durch ein Angebot von Ferienjobs oder Praktikaplätzen Kontakt zu den potenziellen Fach- und Führungsnachwuchskräften bereits während des Studiums zu bekommen. Das hat zum einen den Vorteil, dass das Unternehmen die potenziellen Bewerber schon im Vorfeld und längerfristig als in einem Personalauswahlverfahren beurteilen kann, und zum anderen, dass bereits eine intensive Unternehmensbindung aufgebaut werden kann, die das Unternehmen vom Arbeitsmarkt unabhängiger macht.

Beispiel: Internationales Studentenprogramm

Die Siemens AG in München versucht internationale Nachwuchskräfte frühzeitig mit einem „Internationalen Studentenprogramm" aufzubauen. An dem Programm nehmen 670 Personen (Stand 1999) aus aller Welt teil, davon sind 300 aus Deutschland, 170 aus anderen europäischen Ländern und 200 aus dem asiatisch-pazifischen Raum. Nach einem Bachelor-Abschluss können die Studierenden sich für das 2-jährige Programm bewerben, um einen Master-Abschluss zu erwerben. In dieser Zeit bietet Siemens Praktikaplätze im In- und Ausland, Weiterbildungsveranstaltungen, Mitarbeit an konkreten Projekten im Unternehmen, individuelle Beratung nach dem Studienabschluss und Vermittlungen in Festeinstellungen[112].

Recruitment-Veranstaltungen

Recruitment-Veranstaltungen sind ein beliebtes Feld, Kontakt zum international orientierten Nachwuchs zu finden. Das Spektrum dieser Veranstaltungen reicht von firmeneigenen Workshops (siehe Beispiel unten) bis zum Konzept der Firmenkontaktmessen, wie sie für Hochschulabsolventen in Mode sind.

---

112 FAZ vom 14.8.1999.

Beispiel: International Recruitment Events

Morgan means more career opportunities[113]

Internal Consulting Services Seminar 1999: J.P. Morgan is a global financial firm offering opportunities in Internal Consulting Services which includes Audit, Financial, Human Resources, Operations, and Technology. One of the routes to candidate selection is participation in Morgan`s Seminar in Frankfurt on April 23 and 24, 1999. The seminar will include a presentation and workshop based on a case study entitled „New Office Opening" to give you exposure to the challenging activities of international banking. You will interact with Morgan`s professionals, discuss current banking issues, and again insight into the dynamic, fast paced environment in which they work ...

Arbeitsvermittlung und Personalberatung

Die staatlichen Arbeitsämter spielen in der Vermittlung von Fach- und Führungskräften für Auslandstätigkeiten in Deutschland eher eine untergeordnete Rolle. Lediglich die Zentralstelle für Arbeitsvermittlung (ZAV) ist hier nennenswert tätig. So wurden z.B. 1999 rd. 7.000 Mitarbeiter ins Ausland vermittelt, davon rd. 70% Fach- und Führungskräfte, und vom Ausland nach Deutschland rd. 38.000, davon rd. 70% Hilfskräfte[114]. Seit in Deutschland 1995 das Vermittlungsmonopol für Arbeitskräfte der damaligen Bundesanstalt für Arbeit aufgehoben wurde, haben Personalberater und „Head Hunter" eine wachsende Bedeutung in der Vermittlung. Sie spezialisieren sich oft auf einzelne Länder oder Ländergruppen, Branchen oder Funktionen und können dadurch sehr schnell und funktionsgerecht dem auftraggebenden Unternehmen geeignete Bewerber präsentieren. Die Kosten für die Vermittlungstätigkeit liegen für die Unternehmen meist zwischen zwei und sechs Monatsgehältern je nach Bedeutung der Stelle plus Spesen.

Direktansprache, Abwerbung

Die Direktansprache oder direkte und gezielte Abwerbung ist gerade auch im internationalen Bereich sehr verbreitet. Dies hat einfach mit der Situation zu tun, dass in den internationalen Metropolen die Mitarbeiter verschiedener Firmen mit ihren Familien sehr eng zusammenwohnen

---

113 FAZ v. 16.1.1999.
114 Personalführung Nr. 6/2000, S. 8.

(oft in den gleichen Appartementanlagen). Dadurch entsteht ein enger Kontakt über Unternehmensgrenzen hinweg. Aus rechtlichen Gründen und auch um das Unternehmensimage zu wahren, werden oft „Head Hunter" (siehe oben) mit der Ansprache und Vorauswahl beauftragt. Auch spielt dabei eine Rolle, dass in vielen Ländern die rechtlichen Rahmenbedingungen der Personalabwerbung rechtlich nicht so stark eingeschränkt sind wie z.B. in Deutschland. Immer beliebter werden auch Direktansprachen durch die eigenen Mitarbeiter, die teilweise Prämienzahlungen von ihrem Unternehmen erhalten, wenn sie erfolgreich eine Stellenbesetzung (z.B. eines ehemaligen Studienkollegen) anbahnen.

Merksatz:

Die (internationale) Suche und Auswahl internationaler Mitarbeiter bindet erhebliche Ressourcen (oft bis zu zwei Jahresgehälter der zu besetzenden Stelle) und ist mit erhöhten Risiken (Fehlbesetzung, frühzeitige Fluktuation ...) verbunden.

5.4 Bewerben im Ausland

Gerade bei jungen Menschen (Studenten, Hochschulabsolventen, Berufsanfängern ...) nimmt die Nachfrage nach Studien- oder Praxissemestern im Ausland, Einstiegspositionen oder beruflichen Auslandsaufenthalten stark zu. Dies hängt neben der privaten Lebensplanung sicher auch mit der individuellen Karriereplanung zusammen - nach dem Motto: Ein Auslandsaufenthalt ist interessant, persönlichkeitsbildend und karrierefördernd.

Beispiel: Applying for a job in foreign countries?

Normally in English speaking countries, a job application consists of a covering letter, a curriculum vitae (c.v.) and one or two testimonials and references. Especially in the USA it is also common to make a resumé with samples of the work and to include references. In a c.v. the elements are the personal details, experiences in work, education and qualifications and additional skills, such as foreign languages, computer experience or special interests, which may be nessesary. In English speaking countries it is common, to write the c.v. chronological - write it in reverse chronological order, starting with your current job or studies. And please write as short as possible, try not to exceed one page. In the USA it is not usual to include a photo or to write about your marital status. It is not common to include all certificats and testimonials from school, studies and jobs. Take only one testimonial - translated into English - referring to your actual job or studies. It is more usual to include some references from people who are well known in your job. Another alternative is, at the end of your c.v., to give adresses of people, who can give refrences on request. Last but not least: British companies prefer a more understating approach, while in the USA a more hard-selling style is usual. But the covering letter must be in an absolutely correct form, like a business letter. Send it to a person in the company – not anonymous. If you do not know the person responsible, phone and ask. If then they invite you for an interview, be prepared for specific questions about your work experience and the way you would behave in specific situations. After the interview it is usual to send a follow-up letter thanking for the interview, explaining again, why you are ideal for the job and as well as expressing again your interest in the job in this company[115].

Die z.B. in Deutschland üblichen umfangreichen Bewerbungsunterlagen sind in anderen Kulturen eher unüblich. Dort gibt es meist viel weniger Standards (bzgl. Lebenslauf, Zeugnis etc.). In anderen Kulturen wird viel stärker auf die individuelle Persönlichkeit geschaut, d.h. Schulnoten haben weniger Gewicht als die aktuelle Leistungsfähigkeit. Entsprechend ist es in vielen Ländern üblich, statt eines in Deutschland üblichen tabellarischen Lebenslaufes (beginnend mit der Geburt) eher eine retrograde Zusammenfassung beruflich-schulischer Erfahrungen zu machen, beginnend mit Berufs-/Karriereziel und begründet mit aktuellen beruflichen/schulischen Erfahrungen. So ist es z.B. in den USA nicht üblich, durch seine Bewerbungsunterlagen Hautfarbe, Geschlecht oder den Familienstand erkennen zu lassen. Entsprechend wird kein Passfoto den Bewerbungsunterlagen beigefügt und der Vorname wird abgekürzt. Dies begründet sich in den Anti-Diskriminierungsgesetzen (siehe auch Kap. 2). Auch gibt es in den meisten Ländern keinen so ausgeprägten Stellenmarkt wie in Deutschland, dort zählen oft mehr Kontakt über Bekannte, Initiativbewerbungen, private Arbeitsvermittler oder die Jobvermittlung an der Hochschule.

---

115 Meier (1998 b), S. 95 und S. 176 ff.

> **Merksatz:**
>
> In den unterschiedlichen Kulturen gelten bei Bewerbungen sehr unterschiedliche Standards bzgl. des Stellenmarktes, der Schlüsselqualifikationen und der Personalauswahlverfahren.

Für die Bewerbung im Ausland gibt es inzwischen viele Plattformen, angefangen von der Auslandsvermittlung durch die zentrale Arbeitsverwaltung (z.b. in Deutschland über den Auslandsvermittlungsdienst der Bundesanstalt für Arbeit, siehe Kap. 5.3) bis hin zu internet-gestützten Vorbereitungsprogrammen für eine Auslandsbewerbung und einen Auslandsaufenthalt (siehe nachfolgendes Beispiel).

Beispiel: European Career Orientation (ECO)[116]

ECO is an European Union „Sokrates" project preparing students in higher Education for careers in Europe. Participating Countries (in state 2000): Finland, Ireland, Italy, France, Germany, Great Britain, The Netherlands, Portugal, Sweden.

Information and Learning moduls for every participating country:

*   Self analysis: Process, Tools, Employers Shopping List, to find out the individual Strengh/Weaknesses and Career goals.

*   Contextual knowledge: Countries Labour Markets, Economic Data, Labour Law, Language Requirements, Directories, Recruitment Agencies and Events, Business Culture, Starting Salary etc.

*   Job application process: Informations and samples about: Application letter, CV, Phoning, Internet-application, Interviewing, Tests, Assessment-center, Follow-up, Costs etc.

*   Personal Development and Intercultural Communication: To become more international open minded in understanding the own and different cultures.

---

116 Mehr Informationen unter: http://ECO.ittralee.ie.

Fallstudie: International bewerben

Basis für die Recherchearbeit sind z.b. die Internet-Adresse http://ECO.ittralee.ie oder einschlägige Literatur zu Bewerbungen im Ausland in Bibliotheken.

Auftrag:

Suchen Sie für ein Land, für das Sie sich interessieren (Finnland, Frankreich, Deutschland, Großbritannien, Irland, Italien, Niederlande, Portugal, Schweden) jeweils folgende Informationen:

1. Modul "Self analysis": Employers Shopping list.

2. Modul „Job application process": Typical forms in the application letter and typical interviewing questions.

3. Modul „Contextual knowledge": Employment trends for graduates.

Vergleichen Sie die Informationen jeweils mit Ihrem Heimatland oder stellen Sie interkulturelle Vergleiche an: Was ähnelt sich, was ist anders, was kann der Grund dafür sein?

5.5 Internationale Personalauswahl

Verfahren

Mit Personalauswahlverfahren sollen die Bewerber herausgefunden werden, deren Qualifikation, Motivation und Potenzial möglichst übereinstimmt mit dem fachlich-sozialen Anforderungsprofil der Stelle/des Unternehmens. Bei der Auswahl geeigneter Mitarbeiter für internationale Aufgaben ist zu unterscheiden in die Auswahl von Nachwuchskräften (z.b. Hochschulabsolventen) und Fach- und Führungskräften für den direkten internationalen Einsatz. Während bei Hochschulabsolventen alle typischen Auswahlverfahren zur Anwendung kommen (z. B. Dokumentenanalyse, Telefoninterview, Vorstellungsgespräch, Assessment-Center-Verfahren oder auch vereinzelt Tests oder Biographische Fragebögen) mit dem besonderen Augenmerk auf interkulturelles Potenzial, spielen bei der Auswahl von Fach- und Führungskräften eher noch die klassischen Verfahren mit Bewerbungsunterlagen, Zeugnissen und Referenzen, Vorstellungsgespräch sowie teilweise Einzel-Assessments die wichtigste Rolle. Hinzu kommt die Probezeitbeurteilung. Grundsätzlich ist zu beobachten, dass es in der Regel oft kein systematisch aufeinander abgestimmtes und einheitliches Auswahlverfahren gibt, wie z.b. bei inländischen Mitarbeitergruppen (Auszubildende, Facharbeiter, Führungsnachwuchskräfte ...). Dafür ist zum einen die Anzahl der internationalen Stellenbesetzungsverfahren zu gering und zu speziell und zum anderen auch in vielen Unternehmen noch zu wenig Erfahrung vorhanden.

Grundsätzlich kann beobachtet werden, dass bei der Auswahl die fachlichen Leistungen im Verhältnis zu den Verhaltens- und speziell interkulturellen Anforderungen eine zu große Rolle spielen. Dies ist zum einen darin begründet, dass die Fachkenntnisse im Vergleich zu Verhaltensqualifikationen einfacher und relativ sicherer zu beurteilen sind, und zum anderen sie zumindest in der deutschen Kultur generell immer noch einen höheren Stellenwert genießen, obwohl gerade die Schlüsselqualifikationen und speziell die interkulturellen Anforderungen weitaus wichtiger sind. Auch deutet die hohe Zahl der vorzeitigen Abbrüche von Auslandsentsendungen (siehe Kap. 6), dass der „fachlich geeignetste" Mitarbeiter nicht unbedingt auch gleichzeitig für die spezifischen Anforderungen einer Auslandtätigkeit am geeignetsten ist. Ähnliche Erfahrungen gelten generell in der Führungskräfteentwicklung.

Bewerbungsunterlagen

Den Bewerbungsunterlagen kommt zunächst die wichtigste Bedeutung zu, weil sie quasi die ersten Informationen über den Bewerber geben und damit die Vorauswahl bestimmen. In Deutschland haben die Bewerbungsunterlagen aber eine weitaus höhere Bedeutung als in vielen anderen Kulturen. Die in Deutschland üblichen Formalitäten in der Struktur, dem Stil und den Inhalten, die oft schon ein Beurteilungspunkt als solcher sind, sind im Ausland nicht üblich. Hier wird mehr auf die aktuellen Aufgaben und Fähigkeiten und die Persönlichkeit des künftigen Mitarbeiters Wert gelegt. Gerade auch für Auslandtätigkeiten sind Verhaltensmerkmale, die durch Bewerbungsunterlagen kaum zu beurteilen sind, besonders wichtig (siehe Kap. 5.2). Die wichtigsten Unterschiede im Vergleich zu Deutschland liegen im Aufbau und den Inhalten des Lebenslaufes (im Ausland meist retrograd von den aktuellen Tätigkeiten zurückgehend), dem Verzicht älterer Zeugnisse (in vielen Kulturen sind Arbeitszeugnisse nicht üblich), dafür wird mehr Wert auf die Nennung von Referenzgebern gelegt. Eine Übersicht über in Europa übliche Bewerbungsunterlagen und Bewerbungsstandards findet sich in Kap. 5.4 (Beispiel: European Career Orientation).

Vorstellungsgespräch (Auswahlinterview)

Ziel ist es, einen persönlichen Gesamteindruck durch Information über den Bewerber zu bekommen und dies mit den Anforderungen des Unternehmens und der Aufgabe zu vergleichen. Dazu gehören auch Meinungen, persönliche Vorstellungen oder physische Bedingungen. Bei international zu besetzenden Positionen nehmen meist mehrere Funktionsträger daran teil, z.b. ein Personalspezialist, der Bereichsvorgesetzte im Heimatland und/oder der direkte Vorgesetzte im Gastland. Die Vorteile liegen in der situativen Gesprächssteuerung, wenig Planungsaufwand und der Möglichkeit eines „summarischen" Gesamturteils. Mehrfach-Interviews wird zudem eine hohe Validität (Erfolgswahrscheinlichkeit) nachgesagt. Auch können Fremdsprachenkenntnisse sofort beurteilt werden. Die Probleme liegen in den typischen subjektiven Beurteilungsfehlern aufgrund einer fehlenden Interviewerschulung. Auch ist ein Vorstellungsgespräch nur eine Individualsituation, in der Führungs- und teamorientierte Qualifikationen nicht beurteilt werden können.

Beispiel: Typische Fragen im Vorstellungsgespräch

Die folgenden Fragen sind im deutschsprachigen Raum üblich und können teilweise auch in Englisch oder der gesuchten Landessprache bei der Besetzung einer internationalen Funktion gestellt werden:

• Wieso bewerben Sie sich gerade bei uns; wo haben Sie sich auch beworben?

• Was möchten Sie in fünf Jahren beruflich erreicht haben?

• Worin liegen Ihre Stärken/Schwächen?

• Warum wollen Sie ins Ausland (respektive Ihr Partner/Ihre Familie)?

• Wo und wie haben Sie bisher erfolgreich/weniger erfolgreich interkulturelle Arbeitssituationen gemanagt?

• Weshalb glauben Sie den physischen und psychischen Belastungen (in dem Land/der Kultur) gewachsen zu sein?

Assessment-Center

Im Assessment Center will man aufgabentypische Fach- und Verhaltensqualifikationen durch realitätsnahe Situationen (z.B. Einzelübung, Rollenspiel, Fallstudie, Diskussion ...) in Gruppen oder im Einzel-Assessment durch mehrere Beobachter beurteilbar machen. Die Vorteile liegen in einer angeblich hohen Validität und Akzeptanz der Bewerber. Auch Bewerber, die abgelehnt werden, können durch ein systematisches Feedback lernen. Im Versuch von relativ realitätsnahen Arbeits- und Gruppensituationen können auch Verhaltensmerkmale (z.B. Kommunikation) beurteilt werden. Weiterer Vorteil ist die Mehrfachbeurteilung durch verschiedene Beobachter aus unterschiedlichen Funktionen. Problematisch bleibt beim Assessment-Center die Konkurrenzsituation der Bewerber untereinander. Häufig finden sich auch sog. Einzel-Assessments, da es für höherqualifizierte Funktionen nicht üblich ist, mehrere Bewerber „gegeneinander antreten" zu lassen bzw. „gestandene" Fach- und Führungskräfte die Teilnahme an einem Gruppen-Assessment-Center oft auch ablehnen. Hinzu kommt der relativ hohe Aufwand (Zeit, Kosten, Schulung). Insbesondere ist auch bei internen Bewerbern ein so entstehendes „Verlierer-Image" nicht zu unterschätzen, was schnell zur inneren Kündigung führen kann. In der Praxis beobachtet man auch sehr viele Anwendungsfehler, z.B. ungeschulte Beobachter oder den Beobachtern selbst fehlt die interkulturelle Erfahrung, oder das Assessment-Center wird als reines Selektionsinstrument benutzt anstatt der ursprünglichen Zielsetzung einer Potenzialbeurteilung.

Beispiel: Auswahlkriterien und Kandidatenrating INSEAD[117]

1. Comment on the candidate`s career progress to date and his/her career focus.

2. What do you consider to be the candidate`s major strenghts? Comment on the factors that distinguish the candidate from other individuals at his/her level.

3. What do you consider to be the candidates`s major weaknesses? Comment on his/her efforts to improve them.

4. Describe any situation(s) or incident(s) based on first-hand experiance which illustrate(s) the candidate`s sense of purpose and maturity.

5. Comment on the candidate`s potential for senior management. Describe an occasion you may have to observe the candidate in leadership role.

---

117 INSEAD, Fontainbleau/France 1998.

6. Describe the candidate`s interpersonal skills. Comment on his/her ability to establish and maintain relationsships, sensitivity to others, self-confidence, attitude etc.

7. How do you rate the candidate on the following criteria?

	Out-standing top 2%	Very good	above average	average	below average	unob-served
Competence in his field						
Professionalism						
Focus on the task at hand						
Readiness to use opportunities for achievement						
Creativity and ressource-fulness						
Intellectual curio-sity						
Energy and inte-grity						
Personal integrity						
Ability to work in a team						
Organisational ability						
Oral communi-cation skills						
Written communi-cation skills						

8. How do you rate the candidate`s potential for becoming a responsible and successful manager in international business compared with other students or employees whom you have known in a similar capacity?

excellent	very good	above average	average	below average

In den letzten Jahren wurden in der Unternehmenspraxis spezielle „Interkulturelle Assessment Center" entwickelt, um in besonderem Masse interkulturelle Kompetenzen zu beurteilen (siehe Fallstudie: Rollenspiel zum Interkulturellen Assessment). Als Beobachter werden dabei auch häufig ehemalige entsandte Expatriates eingesetzt.

Referenzen

Während Referenzen bei der inländischen Personalauswahl nur bei Positionen im Top-Management eine größere Rolle spielen, kommt ihnen bei der Suche geeigneter Kandidaten für Auslandstätigkeiten eine wichtige Bedeutung zu. Das hängt zum einen damit zusammen, dass viele dieser Kandidaten in einem Alter sind, wo sie sich klassischen Testverfahren schlichtweg verweigern, da sie deren Schwächen kennen, und zum anderen, weil in vielen Ländern und Kulturen Referenzen einen höheren Stellenwert haben als veraltete Schulzeugnisse oder die Tagesform im Vorstellungsgespräch oder Assessment-Center.

Follow Up

Der „Follow up-letter" stellt im Gegensatz zu deutschen Unternehmen, wo dies unüblich ist, eine Besonderheit in vielen Kulturen dar. Üblicherweise schreibt man z.B. im angelsächsischen Raum nach einem Vorstellungsgespräch einen Brief an seinen Gesprächspartner, in dem man sich noch einmal für die Einladung und das interessante Gespräch bedankt sowie nochmals sein Interesse an der ausgeschriebenen Stelle hervorhebt.

Fallstudie: Rollenspiel zum Interkulturellen Assessment[118]

Ausgangslage: Sie wurden von Ihrer Firma für zwei Jahre nach Mexiko entsandt, um dort am Aufbau einer Niederlassung mitzuwirken. In den ersten Wochen Ihres Aufenthaltes machen Sie an Ihrem Einsatzort wiederholt die Erfahrung, dass Ihre mexikanischen Mitarbeiter und Geschäftspartner es mit der Pünktlichkeit nicht so genau nehmen. Sie sitzen jetzt in einem Restaurant und warten auf den Verkaufsleiter einer Ihrer mexikanischen Zuliefererfirmen. Sie sind für 12:30 Uhr verabredet gewesen, aber jetzt geht es bereits auf

---

118 In Anlehnung an: Kühlmann/Stahl (1996), S. 22 ff.

13:00 Uhr zu, und von Ihrem Partner ist immer noch nichts zu sehen. Da Sie bereits um 13:30 Uhr einen weiteren Termin haben, verlangen Sie hungrig Ihre Getränkerechnung. Als Sie gerade bezahlen wollen, betritt Ihr Partner das Restaurant – mit über einer halben Stunde Verspätung ..."

Im anschließenden kurzen Rollenspiel begrüßt der verspätete Partner den Kandidaten mit freundlichen Worten, ohne auch nur mit einem Wort auf seine Verspätung einzugehen. Die Reaktion des Kandidaten zeigt, ob er in der Lage ist, vorurteilsfrei die Ambiguität der Situation zu meistern, ob er seine eigene Verärgerung unterdrücken und erkennen kann, dass für seinen Partner andere Spielregeln von „Pünktlichkeit" gelten. Die anschließende Auswertung analysiert das beobachtbare Verhalten vor dem Hintergrund der im Ausland erforderlichen Kompetenzen. Der Beobachtungsbogen richtet die Aufmerksamkeit der Beobachter auf idealtypische Verhaltensweisen.

Beobachter-Auswertung

	Beispiele für hohe Ausprägung	Beispiele niedriger Ausprägung
Ambiguitätstoleranz	• reagiert mit Geduld • zeigt Humor	• reagiert mit Ungeduld • bleibt ernst
Kontaktfreudigkeit	• nutzt Zeit für kurzes Gespräch • erzählt etwas von sich	• verabschiedet sich sofort • geht sofort zum Geschäft über
Einfühlungsvermögen	• versetzt sich in die Lage des anderen • unterlässt verletzende Bemerkungen	• sieht nur eigene Situation • macht verletzende Bemerkungen
Vorurteilsfreiheit	• vermutet unabsichtliche Verspätung • unterlässt Vergleiche mit Deutschland	• unterstellt absichtliche Verspätung • verweist auf deutsche Pünktlichkeit
Verhaltensflexibilität	• leitet auf anderes Thema über	• wiederholt sich mehrmals

	• schlägt neues Treffen vor	• spricht von verpasster Gelegenheit
Lernorientierung	• fragt bei Unklarheiten nach • greift Aussagen des Mexikaners auf	• unterlässt Nachfragen • geht nicht auf Aussagen ein

Probleme der Personalsuche und -auswahl

Warum werden solche aufwendigen Auswahlverfahren, oft in Kombination verschiedener Auswahlinstrumente, getätigt – zum Beispiel nach der Durchsicht der Bewerbungsunterlagen (oder internen Personalakte), einem Vorstellungsgespräch und anschließendem Assessment-Center? Die Gründe liegen gerade bei der internationalen Personalsuche bzw. Stellenbesetzung in den Kosten, die durch eine Fehlbeurteilung des Bewerbers (und damit Fehlbesetzung der Stelle) entstehen und in der sozialen Verantwortung. Gerade die Mitarbeiter, die ins Ausland entsandt werden, tragen noch mehr als inländische Mitarbeiter eine hohe Verantwortung für die Integrität und das Image des Unternehmens – bei den Mitarbeitern gleichermaßen wie bei den Kunden oder dem gesellschaftlichen Umfeld. Die Personalauswahl ist aber, trotz aufwendiger und wissenschaftlich gestützter Verfahren, immer subjektiv und mit dem Risiko der Fehleinschätzung verbunden. Hinzu kommt die besondere Situation, dass bei der Besetzung von hochqualifizierten Fach- und Führungspositionen der Bewerber dem Unternehmen gegenüber auch eine besonders starke Position hat, d.h. viele Bewerber auch das Unternehmen prüfen, ob es die gemachten Zusagen einhält, die nach außen dargestellte Unternehmenskultur der Wirklichkeit entspricht oder persönliche Erwartungen erfüllt werden. Hier liegt sicher auch ein Grund für die relativ hohen Abbruchquoten von Auslandsentsendungen oder Fluktuationen (siehe Kap. 6).

Viele Unternehmen haben zunehmend Probleme, Mitarbeiter ins Ausland zu entsenden bzw. entsprechende Stellen zu besetzen. Meist verbinden die Mitarbeiter mehrere Ziele mit einer Tätigkeit im Ausland, die je nach Zielland sehr unterschiedlich sind. In Ländern mit schwierigen Bedingungen (Entwicklungsländer oder mit starken physischen Belastungen wie Entfernung, Klima, politische Instabilität ...) spielt oft das

Einkommen zur Kompensation dieser Belastungen eine größere Rolle. Die Gründe für die Nicht-Bewerbung bzw. Ablehnung von Auslandstätigkeiten sind zumeist familiär bedingt, aber auch erwartete Karrierenachteile oder Lebensgewohnheiten spielen eine wichtige Rolle[119]:

- 71 % nennen die ablehnende Haltung des Ehepartners,

- 64 % sehen Nachteile für die Entwicklung der Kinder,

- 49 % wollen keine Trennung von Verwandten und Freunden (hauptsächlich der Eltern),

- 41 % befürchten Karrierenachteile (Nichtberücksichtigung bei Beförderungen),

- 37 % möchten ihre Lebensgewohnheiten nicht umstellen

- und 29 % geben Sprachschwierigkeiten an.

Merksatz:

Ein erfolgreicher Einsatz im interkulturellen Umfeld hängt neben den fachlichen Anforderungen der Funktion in besonderem Maße von interkulturellen und persönlichen Verhaltensqualifikationen ab.

---

119 Befragung deutscher international tätiger Unternehmen, Wirth (1992).

6. Internationaler Einsatz von Mitarbeitern

6.1 Entsendungsziele und -politik

Der zeitlich befristete Einsatz von Mitarbeitern im Unternehmen bei einer Repräsentanz, Niederlassung oder Tochtergesellschaft im Ausland wird in der Praxis mit dem Begriff „Entsendung" umschrieben. Waren es früher vereinzelte Entsendungen, so hat seit Anfang der 70er Jahre gerade in international arbeitenden Unternehmen vom Mittelstand bis hin zu weltweit agierenden Großkonzernen die Entsendung von Mitarbeitern stark zugenommen. Die Gründe liegen im Wesentlichen im internationalen Wachstum der Großunternehmen, in der Bildung strategischer Allianzen und Netzwerke oder in grenzüberschreitenden Unternehmenszusammenschlüssen. Heute sind sie feste Aufgabenbestandteile vieler Personalabteilungen oder werden in Zusammenarbeit mit spezialisierten externen Beratern (z.b. Personalberatung, Steuerberatung oder Trainingsinstituten) unterstützt. Die typischen Ziele von Mitarbeiterentsendungen ins Ausland aus Sicht der Unternehmen sind ebenso vielfältig wie aus Sicht der einzelnen Mitarbeiter. Aber auch die Gesellschaft trägt einen Nutzen von der Entsendung von Mitarbeitern ins Ausland.

Entsendung aus Sicht der Unternehmen

Typische Entsendungsziele aus Unternehmenssicht sind z.B.:

*   Die grundsätzliche Unternehmenspolitik der Globalisierung,

*   Koordination von Unternehmenspolitik und -strategien, Managementkonzepten und -instrumenten,

*   Pflege/Verbesserung des Kommunikationsflusses zwischen Stammhaus und Auslandsorganisation,

*   die Gestaltung einer internationalen Organisationsentwicklung und Unternehmenskultur,

*   der Transfer von technischem oder betriebswirtschaftlichem Know-how,

*   die Personalentwicklung/Karriereplanung von Fach- und Führungskräften,

*   die Personalplanung/Stellenbesetzung für internationale Funktionen.

Entsendung aus Sicht der Mitarbeiter

Typische Mitarbeiterziele für eine Auslandsentsendung sind z.b.:

* Möglichkeiten von Einkommenssteigerungen,
* Förderung der eigenen Qualifikation und Karriere,
* Übernahme von mehr oder neuer Verantwortung,
* soziales Engagement (gilt z.b. sehr für Entwicklungsländer),
* Suche nach persönlichen Herausforderungen und Selbsterfahrungsmotive,
* Lust auf Fremdes und Abenteuer (gilt besonders für Afrika, Asien),
* Fluchtmotive (Flucht vor persönlichen und sozialen Problemen),
* Internationales Image,
* fremde Sprachen und Kulturen erleben/lernen,
* Attraktivität des Arbeitsortes,
* Rückkehr (bei Ausländern, die in Heimatländer wollen).

Bei den Bewerbern stellen sich oft zwei Kategorien heraus: Die Motive sich zu bewähren oder etwas zu erleben, stehen meist bei jüngeren Mitarbeitern im Vordergrund, während bei berufserfahrenen und älteren Mitarbeitern oft Selbsterfahrungs-, Flucht- oder Hilfsmotive dominieren.

Entsendungen aus Sicht der Gesellschaft

Der gesellschaftliche Nutzen von Auslandsentsendungen liegt u. a. in:

* Politischer Stabilität durch Unternehmensverflechtungen,
* Völkerverständigung,
* Abbau von Rassismus und Intoleranz,
* Standortqualität (z.B. Hightech-Image),
* Wirtschaftswachstum.

Auslandsentsendungen bringen aber auch Probleme mit sich. So zeigen sich für Unternehmen oft überzogene Gehaltsforderungen seitens der Mitarbeiter, die Gesamtkosten von Entsendungen betragen meist ein Mehrfaches der Gehaltskosten im Heimatland, es besteht ein erhöhtes Fluktuationsrisiko durch Abwerbung oder vorzeitigen Abbruch der Entsendung; und die Entsendung bedeutet oft auch den Verlust eines qualifizierten und hochmotivierten Mitarbeiters in der bisherigen Funktion mit entsprechend neuem Besetzungsaufwand. Für Mitarbeiter bedeutet eine Entsendung auch eine hohe soziale Belastung in der Familie oder Partnerschaft, einhergehend mit dem zeitweisen oder dauerhaften Verlust sozialer Bindungen, ein Risiko in der individuellen Karriereplanung und je nach Entsendungsziel ein entsprechender Kulturschock mit vielen Anpassungs- oder Integrationsproblemen. Gesellschaftlich können durch ein hohes Sozialgefälle zwischen zwei Ländern individueller Neid oder neue kollektive Vorurteile entstehen.

Motiv der Auslandsvermeidung

Eine für viele Unternehmen neue Erfahrung ist das Phänomen der „Auslandsvermeidung". Hierunter versteht man die Schwierigkeit, bei geeigneten Mitarbeitern ernsthafte Bewerber für eine Auslandsentsendung (auch bei interessanten Tätigkeiten und Konditionen) zu finden bzw. Widerstände bei angesprochenen Mitarbeitern. Die Vermeidungsmotive lassen sich in zwei grundsätzliche Gruppen differenzieren[120]: Bei jüngeren Mitarbeitern trifft man oft auf Berufs- oder Versagensängste (Unsicherheitsvermeidung), bei älteren Mitarbeitern sind es meist familiäre Gründe, Stressvermeidung und Gesundheitsrisiken sowie Entsagungsbefürchtungen (Änderung des gewohnten Lebensstils). Gerade in der für Auslandsentsendungen besonders geeigneten Altersgruppe der ca. 35-45 Jährigen mit einer umfassenden Ausbildung und Berufserfahrung sowie einer gefestigten Persönlichkeit und entsprechender Lebenserfahrung stehen viele dieser Mitarbeiter in Entscheidungskonflikten: Dem Wunsch nach Sesshaftigkeit (settledown-Motiv), sozialer Etablierung und der Sorge für Familie und Kinder steht das Karriere-Motiv eines Auslandsaufenthaltes (Nutzen einer einmaligen beruflichen Chance, Grundlagen für weitere Karriere legen ...) gegenüber.

Aus einer Studie zur Entsendungspolitik geht hervor, dass z.B. über die Hälfte der deutschen Unternehmen, die Mitarbeiter ins Ausland entsenden, kaum noch Mitarbeiter für längerfristige internationale Personaleinsätze finden und die häufigsten Ablehnungsgründe im privaten-sozialen Bereich liegen. Typische Gründe sind u. a.[121]

---

120 Institut für Interkulturelles Management (1990).
121 Buschermöhle (2000), S. 34 (Daten aus der Studie „International Assignments European Policy and Practise 1999/2000", befragt wurden über 270 Unternehmen in 24 Ländern mit rd. 65.000 Expatriates – durchgeführt von der Unternehmensberatung Pricewaterhouse Coopers).

- häusliche/familiäre Gründe (76%),
- Probleme der Doppelkarriere (59%),
- Entsendungsland (41%),
- Karriererisiko (34%),
- schlechtes Vergütungsangebot (28%).

Die beiden meist genannten Gründe deuten auf einen Wertewandel über die Generationen bis heute hin: Die klassische familiäre Rollenverteilung des „männlichen Hauptverdieners", dessen Ehefrau den Haushalt führt und die Kinder erzieht und entsprechend dem Karriereweg ihres Ehemannes „im Schlepptau" folgt, ist aufgehoben. Das deutlich höhere durchschnittliche Ausbildungsniveau der Frauen (was für alle westlichen Industriegesellschaften gleichermaßen gilt) führt zu deren eigenen unabhängigen Karrierevorstellungen (siehe Beispiel Demographie in Kap. 1.4).

Beispiel: Auslandsentsendung bei Unilever

Unilever ist als britisch-niederländisches Unternehmen mit einem Gesamtumsatz von rd. 41 Mrd. Euro weltweit einer der größten Konsumgüterhersteller. Mit rd. 350 Betrieben und ca. einer viertel Million Mitarbeitern ist Unilever in 90 Ländern vertreten. Zu den Hauptgeschäftsbereichen zählen mit 52% vom Konzernumsatz Nahrungsmittel und 36% Waschmittel/Körperpflege (Stand 1999).

Die Gründe für Auslandsentsendungen bei Unilever liegen in erster Linie im Mangel an geeigneten Fach- und Führungskräften, einer gewollt systematischen und internationalen Job-Rotation, dem Sammeln von internationaler Erfahrung zur Vorbereitung verantwortungsvoller Führungsaufgaben sowie der Ausbildung einheimischer Fach- und Führungskräfte mit Hilfe dieser entsandten Manager. Unilever ist traditionell stark dezentral organisiert. Die Geschäftsführungen im Ausland sind meist auch mit Mitarbeitern aus diesen Ländern besetzt (polyzentrischer Ansatz, siehe Kap. 5.1). Etwa 8% des Gesamtmanagements weltweit sind entsandte Mitarbeiter. Z.B. sind in Deutschland rd. 120 Mitarbeiter Entsandte aus anderen Ländern, von Deutschland ins Ausland sind rd. 120 in 25 Länder entsandt. Die Fluktuation nach Entsendungen liegt mit unter 1% im Vergleich zu vielen anderen Unternehmen sehr niedrig (Stand 1999).

Grundsätze der Entsendungspolitik bei Unilever:

- Entsendung abhängig von Potenzialeinschätzung über erforderliche Kernkompetenzen.

- Möglichst breite Managerkarrieren entwickeln (keine reinen Spezialistenkarrieren, Ausnahme Bereich DV).

- Möglichst junge Mitarbeiter entsenden (rd. 75% der Entsandten sind unter 40 Jahren alt, der Rest verteilt sich bis zur Pension um rd. 10%).

- Jede Entsendung ist von einem persönlichen Karriereplan begleitet.

- Die Entsendungsdauer beträgt i.d.R. 3 Jahre.

- Entsandte werden finanziell nicht schlechter gestellt als vergleichbare Fach- und Führungskräfte im Inland.

Auch in der Entsendungspolitik können unterschiedliche unternehmenspolitische Ansätze der Stellenbesetzung im Ausland differenziert werden, die zu teilweise unterschiedlichen Nutzenaspekten führen, aber auch Probleme aufwerfen können[122]:

Ethnozentrische Entsendungspolitik

Eine ethnozentrisch orientierte Besetzungspolitik zielt in der Regel auf die leichtere Durchsetzung einer einheitlichen Unternehmenspolitik, problemlosere Kommunikation und Koordination zwischen Mutter- und Tochtergesellschaft, leichteren Transfer von technischem und Management-Know-how, Erweiterung der Erfahrung von Stammhausmitarbeitern, bessere Kenntnis der Muttergesellschaft, höhere Loyalität der Entsandten gegenüber der Muttergesellschaft.

Polyzentrische Entsendungspolitik

Eine polyzentrisch orientierte Besetzungspolitik hat zumeist den Nutzen von geringeren Personalkosten, leichterer Integration der Tochtergesellschaft in das Gastland, Motivationssteigerung bei den lokalen Mitarbeitern, da sie auch Aufstiegs- und obere Managementpositionen erreichen können, höhere Kontinuität in der Tochtergesellschaft, positive Auswirkungen auf die Stellung der Tochtergesellschaft in der Öffentlichkeit des Gastlandes.

---

122 Welge/Holtbrügge (1999), S. 51 ff.; Perlmutter (1969), S. 9 ff.

Geozentrische Entsendungspolitik

Eine geozentrisch orientierte Besetzungspolitik zielt auf ein größeres Potenzial an qualifizierten Kandidaten, höhere Flexibilität in der Personalbeschaffung, da auf nationale Interessen keine Rücksicht mehr genommen werden muss, befruchtenden Austausch von Informationen durch den hohen Entsendungsanteil.

Diesen Nutzenaspekten stehen aber auch mögliche Nachteile oder Probleme gegenüber: So hat eine ethnozentrische Besetzungspolitik oft das Risiko der Demotivation der Mitarbeiter im Gastland aufgrund fehlender Aufstiegsmöglichkeiten oder die Anpassung des Führungs- und Kommunikationsstiles an die Gastlandbedingungen sowie die Belastungen des Betriebsklimas durch ständig wechselnde Entsandte aus dem Stammhaus. Bei einer polyzentrischen Besetzungspolitik entstehen höhere Kommunikationskosten, es kommt häufig zu Abstimmungsproblemen zwischen Mutter- und Tochtergesellschaft, und es besteht die Gefahr, dass bei Konflikten aufgrund mangelnder Loyalität den Gastlandinteressen zum Schaden der Interessen des Stammhauses oder Gesamtunternehmens Vorrang eingeräumt wird. Eine geozentrische Besetzungspolitik bedeutet auch sehr hohe Entsendungskosten und einen hohen Koordinationsaufwand, meist eine geringe Vertrautheit mit den Gastlandbedingungen und einen erschwerten Aufbau einer unternehmenseinheitlichen Corporate Identity.

Beispiel: Wandel in der Entsendungspolitik

Niederländische Unternehmen wie Shell, Ahold und Heineken vermindern in den letzten Jahren wieder die Zahl ihrer Auslandsentsendungen. Mit dem zunehmenden Ausbildungsniveau in vielen Ländern in Afrika und Asien steigt auch die Möglichkeit, qualifizierte lokale Nachwuchskräfte einzustellen. Mit lokalen Mitarbeitern verschafft sich das Unternehmen gleichzeitig eine bessere Stellung in Bezug auch die örtlichen Bedingungen der Belegschaft, des Marktes, der Zulieferer und der Behörden. „Ein intern ausgebildeter Kongolese hat nun mal mehr „Feeling" im afrikanischen Markt als ein gut vorbereiteter Niederländer", so der Heineken-Öffentlichkeitssprecher[123]. Ebenso spielen die erheblich höheren Gehälter, die Ent-

---

123 NCR Handelsblad vom 18.2.1999.

sendungs- und Unterbringungskosten vor Ort und die aufwendige Familienbetreuung eine wichtige Rolle bei der stärkeren Orientierung an heimischen Kräften.

6.2 Formen der Auslandsentsendung

Die Formen der Entsendung von Mitarbeitern ins Ausland reichen von einer mehrere Tage oder Wochen dauernden Dienst- oder Geschäftsreise (business trip) über die meist auf Monate oder bis zu zwei Jahren dauernde Entsendung (secondment) bis zur langfristigen Versetzung (delegation) über Jahre oder auf Dauer. Es finden sich in den letzten Jahren durch die verbesserten mobilen Bedingungen aber auch Formen des regelmäßigen Pendelns (z.b. Wochenpendler zwischen europäischen Zentralen) oder sog. virtuelle Entsendungen, die eine Mischform aus regelmäßigen Kurzaufenthalten im Gastland und dazwischen IT-gestützter Steuerung und Kommunikation vom Heimatland aus darstellen. Oft bestand ein Auslandseinsatz im Nachhinein betrachtet aus einer Kombination aus Kurzzeit-, virtuellen und Langzeiteinsätzen.

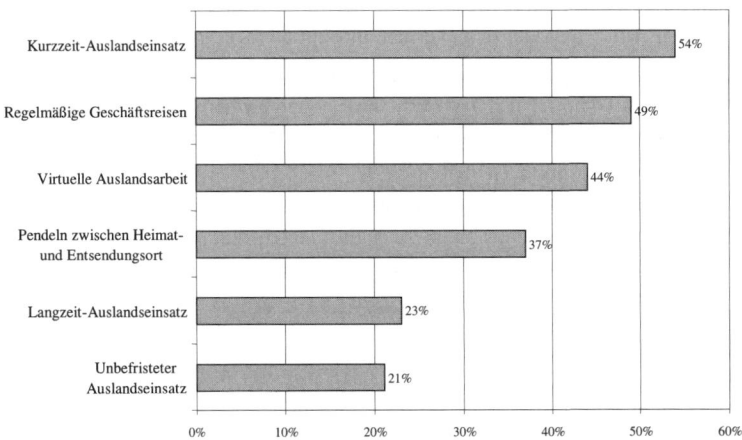

Abb. 6.1: Typische Formen bei Auslandsentsendungen[124]

---

124 Buschermöhle (2000), S. 32.

In der Praxis geht man meist davon aus, dass eine Entsendung von 3-5 Jahren mit einer bis zu dreijährigen Verlängerungsoption die geeignetste Entsendungsdauer ist. In dieser Zeit ist eine effektive Arbeit im Ausland möglich mit einem entsprechend durch die Leistung des Mitarbeiters erbrachten Unternehmensertrag. Auch sind oft in dieser Zeit die Veränderungen im Unternehmen und im Heimatland nicht so gravierend und eine Re-Integration entsprechend leichter. Die in den letzten Jahren steigende Tendenz der Dynamik in den Unternehmensorganisationen und -prozessen lässt aber die Vermutung zu, dass dadurch die Entsendungsdauer künftig eher kürzer wird.

Zur Form der Entsendung gehört auch die Unterscheidung in den Typus des Mitarbeiters, wovon letztendlich auch die Form und Höhe der Entsendungszulagen abhängig ist. In der internationalen Literatur werden häufig drei verschiedene Typen von Entsandten unterteilt, abhängig von der Nationalität des Entsandten, seinem Entsendungsursprung und dem Gastland seiner Entsendung[125]:

- *Parent-country nationals (PCNs)* are executives whose nationality is the same as that of the country in which the parent company is based. Thus, an American manager of a GM leasing subsidiary in the United Kingdom would be a PCN, as would an Italien manager of an Olivetti ditribution facility in the United States.

- *Third-country nationals (TCNs)* are executives whose nationality is neither that of the parent-company nor that of the host country where the parent company`s affiliate (and the TCN`s job) is located. A German working for a Dow Chemical experimental laboratory in Mexico would be an example of a TCN.

- *Host-country nationals (HCNs)* are nationals of the country in which the foreign affiliate is located. A Frenchmen managing the French sales subsidiary of 3M Company and an American managing a Mitsubishi plant in Illinois would be classified as HCNs.

Merksatz:

Mitarbeiterentsendungen ins Ausland reichen von kurzfristigen Business-trips über mehrmonatige/mehrjährige Entsendungen bis zu dauerhaften Versetzungen ins Ausland, neuerdings auch als Mix zwischen virtuellem Auslandsmanagement und Vor-Ort-Besuchen.

---

125 Becker (1993), S. 452.

6.3 Der Entsendungsprozess

Der Prozess der Auslandsentsendung teilt sich z.b. in die Phasen

• Auswahl der Entsandten

• Vorbereitung der Auslandsentsendung

• Entsendungsphase

• Re-Integrationsphase

Auswahl der Entsandten

Auslandseinsätze erfordern ein besonderes Maß an physischer, psychischer und insbesondere emotionaler Stabilität, was in noch weiterem Maß gilt, je entfernter bzw. unterschiedlicher die Kultur im Vergleich zur Heimatkultur ist. Schon die Auswahl der Mitarbeiter für Positionen mit einem späteren Auslandspotenzial ist ein wesentlicher Bestandteil des Entsendungsprozesses. Nicht selten werden Mitarbeiter mit einem hohen Maß an Fach- und Sozialkompetenz für inländische Funktionen ausgewählt, die aber im weiteren Verlauf für internationale Tätigkeiten nicht entwicklungsfähig sind oder bei denen die privaten Lebensumstände des Mitarbeiters einer Auslandsentsendung entgegenstehen, z.b. die fehlende Bereitschaft der Familie für einige Jahre mit ins Ausland zu gehen (siehe Kap. 6.1 und Kap. 5).

6.3.1 Vorbereitung der Auslandsentsendung

Ein längerer Auslandseinsatz ist ein tiefer Einschnitt in die individuelle Lebensbiographie des Mitarbeiters und seiner Familie. Eine entsprechende Vorbereitung hilft, diese Belastungen und das Risiko des vorzeitigen Abbruches zu minimieren. Eine der häufigsten Ursachen für einen vorzeitigen Abbruch der Auslandsentsendung sind Belastungen durch familiäre Probleme. In der Praxis hat sich erst in den letzten Jahren die Erkenntnis durchgesetzt, dass die Vorbereitung und Betreuung der Familie ebenso wichtig ist wie die Vorbereitung/Betreuung des Mitarbeiters, z.b. durch vorbereitende Seminare und Informationsbesuche zum Sprachtraining und Vorbereitung auf die neue Kultur. Daneben hat sich auch eine spezifische Familienberatung herausgebildet, z.b. mit Erfahrungsaustausch zwischen Rückkehrern und den neu zu Entsendenden und ihren Familien.

Typische Vorbereitungsmaßnahmen bei Entsendungen sind z.B.:

- Interkulturelles Handlungstraining,
- Mitarbeit in internationalen Projekten,
- Informationsaufenthalte und Praktika,
- vorbereitende Projektaufgaben,
- Fremdsprachentraining,
- Seminare/Informationen zur Landeskultur,
- Erfahrungsaustausch mit Rückkehrern.

Beispiel: BMW-Vorbereitungsprogramm für Auslandsentsendungen

- Mitarbeitergespräch über Entsendungsziele, -dauer und -kosten, mögliche Einstiegsfunktionen nach Rückkehr sowie detaillierte Informationen über die Rahmenbedingungen des Auslandseinsatzes (Arbeits-, Lebens- und Umweltbedingungen am Einsatzort)
- Info-Mappe über Einsatzland, Organisation/Aufgabenbereich der Auslandsgesellschaft)
- Look&See-Trip (bis zu 14-tägige Informationsreise im Einsatzland/am Einsatzort mit Partner)
- Sprachtraining
- Interkulturelles Training
- Medizinische Tauglichkeitsuntersuchung
- Zur weiteren Betreuung während/nach Auslandstätigkeit erfolgt Mentoring

Zu den typischen Informationen über das Gastland, die der Mitarbeiter und seine Familie benötigen, gehören z.B. Informationen über die Geographie des Landes (Infrastruktur, Ökologie ...), Politik (Landes- und Regionalgeschichte, aktuelle Politik ...), Ökonomie (Wirtschaftssituation und -entwicklung ...), Grundzüge des Rechtssystems/-verständnisses, Beziehungen zwischen Heimat- und Gastland, Bildungs- und Kulturleben, Alltag und Arbeitsleben, (Inter-) kulturelle Besonderheiten (Sitten, Religion, Strukturen und Funktion der Familie, geschlechts- und generationsspezifische Rollen, Umgang mit Macht und Hierarchie, Mentalitäten ...).

Fallstudie: Checkliste Auslandsvorbereitung[126]

Erstellen Sie einzeln oder in Gruppen jeweils eine Checkliste zur Vorbereitung einer Auslandsentsendung:

1. für den Mitarbeiter
2. für den Partner/Ehefrau
3. aus Sicht der Kinder (ein 10-jähriger Junge, eine 15-jährige Jugendliche)
4. für die Personalabteilung

Generell kann gesagt werden, dass das Niveau der Vorbereitung der Mitarbeiter und ihrer Familien für eine Auslandsentsendung noch viel zu niedrig ist, was u. a. die Aussagen von Rückkehrern bestätigen; Indiz ist auch die hohe Zahl von vorzeitigen Abbrüchen. Die Gründe für das niedrige Vorbereitungsniveau sind vielfältig und reichen von einer Einstellung vieler Unternehmen oder Vorgesetzter wie „der Mitarbeiter soll sich durchboxen" über generelle Vorbehalte gegen die Kosten und die Effizienz von vorbereitenden Trainings sowie fehlende spezifische/ bedarfsgerechte Seminare am Markt (nur Standardtrainings) bis zu einer häufig auch viel zu kurzen Zeit zwischen der Entsendungsentscheidung und der Entsendung.

Eine empirische Untersuchung ergab, dass 85% aller deutschen Unternehmen ihre Mitarbeiter unvorbereitet ins Ausland schicken (befragt wurden 328 deutsche Führungskräfte in 46 Ländern). Als wesentliche Gründe wurden genannt: Den Mitarbeitern wird zu wenig Zeit gegeben, Sprache und Kultur des Gastlandes kennen zu lernen, familiäre Wünsche werden bei der Planung nicht berücksichtigt und internationale Führungskräfte verfügen über wenig Kompetenz, wie z.B. multikulturelle Teams zu führen sind oder wie sich nationale Geschäftsgewohnheiten auf den Verhandlungsstil auswirken. Als typische Folgen wurden beschrieben, dass so wichtige Netzwerke nicht zustande kommen, Jointventures platzen oder potenzielle Kooperationspartner nach monatelangen Verhandlungen wieder abspringen[127].

---

126 Muster-Checklisten befinden sich im Anhang.
127 Marketing Corporation AG (1999).

6.3.2 Betreuung und Relocation

In der Phase des Einlebens und der Einarbeitung steigt die physische Belastung stark an. Neben den normalen Umstellungen (Klima, Wohnort, Ernährung, neue Arbeitsaufgabe und soziale Umgebung etc.) tritt häufig nach einer kurzen Zeit (oft nach ca. 6 Wochen), wenn die erste Faszination und Euphorie vorbei ist, ein „Kulturschock" ein. Der Begriff entstand in den 50er Jahren und steht als Synonym für das Phänomen der typischen Umstellungsschwierigkeiten beim Kulturwechsel.

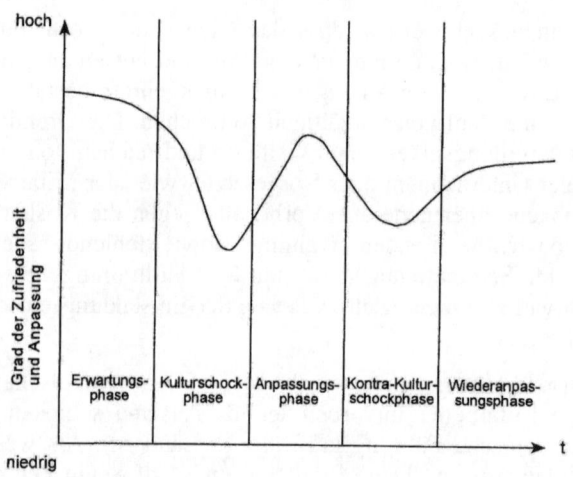

Abb. 6.2: Kulturelle Anpassung bei Auslandsentsendungen[128]

Typische Symptome des Kulturschocks sind z.B. Heimweh, Niedergeschlagenheit, Nervosität und emotionale Überreaktionen, übermäßige Kompensationsbedürfnisse (viel Alkohol, Essen) bis hin zu Kulturfeindlichkeit und Zynismus. Die Ursachen liegen oft im Hin- und Hergerissensein zwischen den Kulturen, dem nach kurzer Zeit entfallenden Ausländerbonus, d.h. die Aufmerksamkeit der Umgebung lässt nach, fehlenden Freunden und Familie sowie den oft nicht den Erwartungen ent-

---

128 Welge/Holtbrügge (1998), S. 206.

sprechenden Arbeits- und Lebensbedingungen. Hinzu kommen oft aus-
lösend oder verstärkend die physischen Belastungen wie Klima, Nah-
rungsumstellung und andere Hygienebedingungen. Ausmaß und Dauer
des Kulturschocks hängen wesentlich ab von der Vorbereitung durch
interkulturelles Training und Betreuung vor Ort.

Merksatz:

Das Phänomen „Kulturschock" tritt gleichermaßen kurz nach Beginn
der Auslandsentsendung im Gastland und kurz nach Rückkehr ins
Heimatland auf.

Zu den Betreuungsaufgaben während der Entsendung gehören üblicherweise z.b.:

- fachliche Unterstützung,

- ständige Information (über Entwicklungen/Veränderungen in der Muttergesellschaft, in der alten Abteilung),

- regelmäßige Kommunikation (z.b. mit einem Senior als Mentor),

- Informationsaufenthalte im Heimatland,

- Fortbildungsmaßnahmen.

Durch geeignete individuelle Maßnahmen und regelmäßige Reflexion
sind die meisten Mitarbeiter erfahrungsgemäß in der Lage, die kultur-
schock-bedingten Belastungen abzubauen und sich in die neue Situation
zu integrieren (Akkulturation). Das Vertrauen in die eigenen Fähigkeiten wächst wieder, negative Einstellungen gegenüber der anderen Kultur
wandeln sich in Akzeptanz des andersartigen und eine gefestigte emotionale Persönlichkeit führen zu einer ansteigenden Arbeitsleistung und
zu einem normalen Leben.

Beispiel: BMW-Vorbereitungsprogramm
(für mehrjährige Auslandsentsendungen)

Siehe Kap. 6.3.1 (Zur weiteren Betreuung während/nach Auslandstätigkeit erhält
jeder Entsandte einen persönlichen Mentor)

Relocation

Erstmals Mitte der 60er Jahre wurden in den USA Firmen gegründet, die sich auf den Service der Umzüge und Ortswechsel spezialisierten. Heute gehört der Relocation-Service zum Standard der großen Unternehmen, die viele Mitarbeiter entsenden – entweder als eigene Serviceleistung oder durch einen externen Dienstleister. Ziel des Relocation-Service ist die befristete Betreuung von Mitarbeitern, die ihr gewohntes Umfeld verlassen und organisatorische Unterstützung und persönliche Hilfen in Anspruch nehmen wollen. Relocation-Service versteht sich als Partner des Unternehmens bzw. der Personalabteilung für die

*   Betreuung von Entsandten im Gastland,

*   Betreuung von Ausländern, die im Stammhaus tätig sind,

*   Betreuung von Mitarbeitern, die aufgrund organisatorischer Veränderungen innerhalb eines Landes ihren Wohn- oder Arbeitsort verlegen müssen.

Inzwischen haben sich viele Relocation-Anbieter in weltweiten Netzwerken organisiert, womit eine umfangreiche und weltweite Betreuung im Heimatland und Gastland gewährleistet ist. Zu den Leistungen gehören z.B. die Reiseplanung und -buchung, Wohnungssuche, Kauf/Mietverträge gestalten, Umzugsservice, Wohnungsausstattung und Handwerker organisieren, Behördengänge (z.B. Visa, Arbeitserlaubnis, Einwohnermeldeamt, Kfz-Anmeldung, Versicherungen ...), Kindergarten- und Schulvermittlung, Hilfe bei alltäglichen Fragen, interkulturelles Training, Informationsmaterial beschaffen, Betreuung der Wohnung/des eingelagerten Eigentums während der Abwesenheit.

Kultureller Anpassungsprozess (Akkulturation)

Die teilweise paradoxe Situation des entsandten Mitarbeiters zeigt sich in den Rollenkonflikten in seinen täglichen Arbeits- und Lebenssituationen[129]:

*   Zum einen soll der Mitarbeiter sich an lokalen Notwendigkeiten orientieren, sich der Gastlandkultur anpassen und nicht die Heimatlandkultur hervorheben, zum anderen soll er Unternehmenspolitik adaptieren/vertreten und sein Heimatland repräsentieren.

---

129 In Anlehnung an Sauters-Osland (1995), S. 101 f.

- Er wird überall als wichtiger (und enorm teurer) Mitarbeiter darge-stellt/eingeschätzt und muss permanent seine Erfahrung und Ent-scheidungskompetenz zurücknehmen, um nicht das Stigma eines „ugly expatriate" zu bekommen.

- Der Mitarbeiter soll sich an beiden Orten/Ländern wohlfühlen und überdurchschnittlich freundlich sein, um keine Vorurteile gegen sein Unternehmen/seine Nationalität zu wecken, gehört aber nirgends richtig dazu und wird oft zu einer seine Persönlichkeit verfremden-den übermäßigen Toleranz gezwungen.

- Seine Familie soll die psychischen Belastungen (Trennung oder Mit-reise) aushalten, wird aber meist vom Unternehmen hierbei unzu-reichend unterstützt.

Hinzu kommt, dass der Mitarbeiter einen sicheren Arbeitsplatz mit ge-wohnten Aufgaben und Leistungsvermögen sowie traditionellen Karrie-rewegen zugunsten neuer, ungewohnter Aufgaben und ausländischer Karriereaussichten aufgibt. Gleichzeitig hört er oft aus seinem Umfeld, dass die Abbruchquoten hoch sind und „Karriere sowieso nur die Da-heimgebliebenen machen." In den letzten Jahren kommt ein relativ neu-es Phänomen weiter erschwerend bzw. belastend hinzu: Das „Dual Ca-reer Syndrom" drückt aus, dass die Lebenspartner eine eigene Karriere zugunsten des Auslandseinsatzes des Entsandten aufgeben, im Gastland keinen oder nur unterwertigen Arbeitsplatz finden und damit oft auf Dauer ihren beruflichen Anschluss verlieren. Oft führen solche Rollen-konflikte, insbesondere wenn sich mehrere gegenseitig verstärken, zum vorzeitigen Abbruch von Auslandsentsendungen oder Nichtantritt.

Abbruch von Auslandsentsendungen

Verschiedene empirische Untersuchungen in den letzten zwanzig Jahren zeigen, dass je nach Entsendungsziel bis zu 80% der Auslandsentsen-dungen vor Ende der Vertragslaufzeit abgebrochen werden, die meisten Abbruchquoten liegen zwischen 25-40%. Eine US-amerikanische Studie kommt zu ähnlichen Ergebnissen: 25-40% Abbruchquoten aller ins Ausland versetzten US-Expatriates, weitere 30-50% der ins Ausland Entsandten halten zwar ihre vertragliche Entsendungszeit ein, doch sei ihre Arbeit aus Sicht des Unternehmens uneffektiv[130]. Die Kosten be-wegen sich dabei je nach Entsendungsland, Tätigkeit, Betreuung sowie

---

130 Niehoff/Reitz (2001), S. 283.

Währungs- und Steuerbedingungen zwischen dem zwei- bis zehnfachen des im Heimatland für die Funktion üblichen Jahresgehaltes. Hinzu kommt der Imageschaden für die Stelle/Abteilung oder Auslandsniederlassung und Gesamtunternehmen, der je nach Funktion des Entsandten bis hin zum Wegfall von Geschäftsbeziehungen führen kann.

Die Gründe für den vorzeitigen Abbruch einer Auslandsentsendung liegen sowohl im beruflichen, sozialen oder klimatischen Bereich. In Europa wird dabei als häufigster Grund die mangelnde Fähigkeit der Integration der Familie in die neue Umgebung angegeben, in anderen Kulturkreisen (z.B. Asien) stehen meist fachliche Gründe im Vordergrund. Dabei ist allerdings zu beachten, dass es in den verschiedenen Kulturen sehr unterschiedlich ausgeprägte Werthaltungen gibt, die auch dazu führen, wahre Gründe nicht zu zeigen und zum anderen, dass alle Gründe sich gegenseitig beeinflussen (siehe Kap. 2 und Kap. 3). In der Praxis zeigt sich z.B., dass die oft genannten „familiären Gründe" genutzt werden, um persönlich-berufliche Schwächen oder nicht erfüllte Erwartungen nicht offen anzusprechen. Typische Gründe für einen Abbruch einer Auslandsentsendung sind z.B.

- beruflich-fachlich: fehlende Kompetenz oder Motivation, die neuen Aufgaben/Verantwortung zu tragen (z.B. durch falsche Potenzialeinschätzung im Vorfeld oder „politische" Entsendung), kurzfristig nicht aufholbare Fremdsprachendefizite,

- was auch auf eine fehlende oder falsche Personalpolitik im Unternehmen zurückzuführen ist (z.B. keine geeignete Personalplanung, -auswahl und Personalbetreuung) für internationale Aufgaben,

- familiär-sozial: eine mangelnde Anpassungsfähigkeit des Mitarbeiters, mangelnde Anpassungsmotivation oder -fähigkeit der Familie (Ehefrau, Kinder) an die neue und fremde Situation, andere familiäre Probleme (z.B. pflegebedürftige Eltern im Heimatland ...)[131],

- klimatisch-kulturell: physische (z.B. Gesundheitsprobleme des Mitarbeiters/der Familie) und psychische Belastungen (kulturelle Rollenkonflikte, z.B. religiös-politisch bedingt wie Rolle der Frau im Islam).

---

131 Allein im niederländischen Shell-Konzern gibt es rd. 5.000 mitreisende Familienangehörige (Stand 1999). Shell hat entsprechend 1995 ein „Spouse Employment Center" eingerichtet. Ähnliche Einrichtungen gibt es z.B. bei ABN AMRO, KLM, ING und Heineken in den Niederlanden.

> **Merksatz:**
> Die Gründe für den vorzeitigen Abbruch einer Auslandsentsendung liegen im beruflichen, sozialen oder klimatischen Bereich.

6.3.3 Re-Integration von Entsandten

Nach einem längeren Auslandsaufenthalt haben sich meist alle Beteiligten charakterlich verändert, der entsandte Mitarbeiter und seine Familie, die ehemaligen Kollegen und Vorgesetzten sowie das private soziale Umfeld, das Unternehmen und oft auch die gesellschaftlichen Rahmenbedingungen (z.B. durch politische Wahlen oder Reformen). In Umfang und Intensität sind in der Regel die Veränderungen geringer als bei der Entsendung in eine andere Kultur, doch sind sie zumeist schwerer zu ertragen, weil man davon ausgeht, die heimische Kultur zu kennen und nicht mit gravierenden Veränderungen rechnet. Allein das Beispiel der relativ unerwarteten und schnellen Wiedervereinigung beider deutscher Staaten, der rasche politische Zerfall osteuropäischer Politik- und Bündnissysteme (ehemalige UdSSR, Jugoslawien oder Warschauer Pakt) oder das Auf und Ab der politischen Stabilität Nordirlands zeigen, wie rasch erhebliche gesellschaftliche Veränderungen auch in den als politisch stabil geltenden Ländern Europas stattfinden können. Re-Integration umfasst den gesteuerten aktiven Anpassungsprozess des Mitarbeiters und seiner neuen (oft alten) Umgebung, sowohl beruflich und privat als auch gesellschaftlich-soziokulturell im Heimatland nach einem längeren beruflichen Auslandsaufenthalt. Damit ist nicht automatisch eine erfolgreiche Re-Integration in die Heimat verbunden, sie kann auch negative Erfahrungen beinhalten, z.B. subjektiv empfundene Unzufriedenheit durch den Mitarbeiter, sein privates oder berufliches Umfeld.

Contra-Kulturschock

Die ganz typische Aussage deutscher Rückkehrer „Deutschland ist unfreundlich, kalt und bürokratisch" drückt beispielhaft das Phänomen des sog. „Contra-Kulturschocks" (auch „reverse culture shock" oder „reentry shock") aus. Durch den Verlust der Verantwortung, den Wegfall des Besonderen (Auslands-Image), die Gewöhnung/Integration in die Gastlandkultur und -mentalität oder die nicht erfüllten Karriereerwartungen einer neuen Funktion bei Rückkehr können Gründe sein, dass bei der Rückkehr ein neuer Kulturschock entsteht. Auch haben Entsandte meist im Ausland mehr Verantwortung getragen oder komplexere Aufgaben zu bewältigen gehabt als bei vergleichbaren Inlandstätigkeiten (siehe Abb. 6.2) – „like a big fish in a small lake and now back again a small fish in a big lake."

Re-Integrationsmaßnahmen

Zu den typischen Re-Integrationsmaßnahmen bei Rückkehr nach einer Auslandstätigkeit gehören ebenso wie bei der Vorbereitung auf den Auslandsaufenthalt die notwendigen Informationen, Training und Organisation für den Entsandten sowie im Bedarfsfall für die Partner/Familie, z.b.

- Vorab-Reise in Heimatland/Stammhaus,

- die Betreuung in Fragen des Arbeitsverhältnisses (Arbeitsvertrag, Sozialversicherung, Steuern ...)

- Relocation-Service (Hilfe bei der privaten Wohnungssuche, Umzug und Formalitäten wie z.b. Zoll)

- Hilfe bei der Arbeitssuche für den Partner,

- Mentoring-Konzepte, z.b. betrieblicher Mentor, Erfahrungsaustausch mit anderen aktuellen/früheren Rückkehrern und deren Familien, RE-Club (Re-Expatriate-Club), Rückkehrer-Seminare,

- fachliche Weiterbildung,

- Personalentwicklungs-Planung.

In der Praxis wird die Planung und Betreuung der Re-Integration häufig unzureichend geleistet. 80% der Unternehmen bieten ihren Mitarbeitern Sprachkurse an, jedes zweite Unternehmen organisiert auch Sprachkurse im Gastland, nur jedes dritte Unternehmen bietet zusätzlich kulturvorbereitende Maßnahmen an, und nur 2% bieten Seminare zur Wiedereingliederung an (Befragung von 63 Unternehmen Anfang der 90er Jahre). Oft herrscht die Meinung vor, dass ein „hochbezahlter Manager das allein meistern können sollte". Durch die sinkende Arbeitszufriedenheit bzw. Motivation werden natürlich die Leistungen des Mitarbeiters eingeschränkt. Ebenso werden die Motivation und Mobilitätsbereitschaft anderer Mitarbeiter im Unternehmen auch abhängig von der Wahrnehmung des Schicksals der Rückkehrer - und wie das Unternehmen damit umgeht.

Und nicht zuletzt ist die soziale Verantwortung für den Mitarbeiter und seine Familie ein Grund, auch bei der Re-Integration ebenso planvoll vorzugehen wie bei der Vorbereitung und Betreuung der Entsendung. Maßnahmen zur Re-Integration können die Rückkehr erleichtern und den Anpassungs- und Re-Integrationsprozess beschleunigen. Typische Re-Integrationsmaßnahmen sind z.B.[132]

- *vor der Entsendung*: Benennung eines betrieblichen Mentors im Stammhaus, Wiedereingliederungsgarantie,

- *während des Auslandsaufenthaltes*: Betreuung durch den Mentor, z.B. Laufbahnplanung, regelmäßige formelle und informelle Unternehmensinformationen, Einbeziehung in die Personalentwicklungsplanung, Konsultationsbesuche im Stammhaus, frühzeitige Wiedereingliederungsplanung,

- *bei Rückkehr*: Personalentwicklungsmaßnahmen zur Beseitigung fachlicher Defizite, Seminare/Workshops zum Auslandseinsatz mit Mitarbeitern und ihren Familien, Auswertung der Erkenntnisse der Auslandstätigkeit durch Personalabteilung und Fachabteilungen.

Wird die Wiedereingliederung vom Unternehmen nicht systematisch geplant und durchgeführt, zeigen sich in der Praxis häufig folgende Entwicklungen: vom Bestreben des Mitarbeiters, wieder ins Ausland zu kommen, über Symptome der inneren Kündigung bis zur realen Kündigung aus Unzufriedenheit und der Suche nach einer adäquaten Herausforderung in einer neuen Verantwortung (auch oft wieder im Ausland).

---

132 Horsch (1996), S. 991.

Beispiel: Seminarkonzeption zur Re-Integration[133]

1. Zwischen eigener und fremder Kultur (Diskussion zu Kurzgeschichten/-filme, Ausreise- und Rückkehrerfahrungen anderer ...).

2. Von der Ausreise bis zur Rückkehr (moderierter Erfahrungsaustausch über wichtigste Kulturunterschiede ...).

3. Weibliche Rückkehr – männliche Rückkehr (Gruppenarbeit über geschlechtsspezifische und familienspezifische Rückkehrprobleme ...).

4. Rückkehr nach Deutschland – Rückkehr in ein fremdes Land (Gruppenarbeit und Rollenspiele über erfüllte und unerfüllte Erwartungen ...).

5. Meine Position zwischen Ausland und Deutschland (individuelle Fragebögen und Diskussion über wichtige Arbeits-, Lebens- und Gefühlsbereiche ...).

6. Anstöße aus dem Auslandsaufenthalt (2er-Gespräche und moderierte Kleingruppen zu erworbenen Qualifikationen durch den Auslandsaufenthalt ...).

7. Persönliches Szenario (Einzelarbeit zur Einordnung in die persönliche Lebens- und Berufsplanung ...).

8. Phasen der Re-Integration (Vortrag über Re-Integrationsprozess, Diskussion und individuelle Positionierung).

9. Zurück in der Heimat (Übungen/Diskussion zur Unternehmenskultur und Konfliktpotenzialen).

10. Die andere Seite: Personal- und Bereichsleiter (Präsentation/Diskussion zwischen den Betroffenen).

11. Seminarauswertung (persönliche Aktionspläne und Seminarevaluation).

Merksatz:

Der Entsendungsprozess (i.e.S.) umfasst die Vorbereitung, Betreuung vor Ort im Gastland und die erfolgreiche Re-Integration in das Heimatland sowie (i.w.S.) auch schon die Auswahl der entsprechenden Mitarbeiter.

6.4 Der Entsendungsvertrag

Bei kurzfristigen Auslandseinsätzen, z.B. im Rahmen einer Dienstreise werden in der Regel in den Unternehmen keine eigenen Verträge gemacht – es gibt lediglich zusätzliche Bestimmungen für Auslandsdienstreisen (z.B. über Reisekosten, Versicherungsfragen ...). Bei längeren

---

133 Bergemann/Sourisseaux (1992), S. 295.

Auslandsaufenthalten (meist länger als ein Abrechnungsmonat) werden eigene Entsendungsverträge gestaltet. Entsendungsverträge können individuell ausgehandelt werden oder (wie in Großunternehmen oft üblich) kollektive Standardvereinbarungen sein, die im Bedarfsfall durch individuelle Zusatzvereinbarungen ergänzt werden.

Typische Inhalte in einem Entsendungsvertrag sind die Tätigkeit, Zeitpunkt und Dauer der Entsendung, Kündigungsfristen, Gehalt und Zulagen, Fragen der Versteuerung und Sozialversicherung, Übernahme von anfallenden Kosten (z.B. Umzug, Wohnung/Hotel, Schule der Kinder, Steuerberatung, Heimreisen, Vermögensausgleich bei Verkauf von Haus, KFZ etc.), Fragen der Gehaltsfortzahlung im Krankheitsfall, Sozialleistungen und wie ein vorzeitiger Abbruch geregelt wird (siehe Beispiel: Entsendungsvertrag).

Beispiel: Entsendungsvertrag einer Großbank

Betr. Ihre Entsendung nach London

Sehr geehrte/r Frau/Herr ...,

wir beziehen uns auf die mit Ihnen im Zusammenhang mit Ihrer geplanten Entsendung zu unserer Niederlassung in London geführten Gespräche. Für Ihre Entsendung werden hiermit folgende Vereinbarungen getroffen:

(1) Mit Wirkung vom ... werden Sie zunächst für die Dauer von 3 Jahren zur Mitarbeit in unserer Niederlassung nach London entsandt. Die ...-Bank behält sich vor, Ihre Entsendung jederzeit unter angemessener Berücksichtigung Ihrer persönlichen Verhältnisse rückgängig zu machen.

(2) Von Ihrer Entsendung an erhalten Sie für die Dauer Ihres Aufenthaltes in London eine monatliche Netto-Auslandszulage in Höhe von 45%.

Die Netto-Auslandszulage setzt sich wie folgt zusammen: 15 % Mobilitätszulage, 20 % Lebenshaltungskostenausgleich, 10 % Regionalzulage.

Die Berechnung der Netto-Auslandszulage wird nach einem speziellen, dem Vertrag beigefügten Berechnungsschema durchgeführt.

Die Netto-Gesamtbezüge Deutschland zzgl. der Netto-Auslandszulage auf zulagenberechtigte Nettobezüge werden auf der Basis eines Umrechnungskurses 1 £GB = ... € umgekurst und ergeben zusammen mit den Nettoübernahmen von Zusatzleistungen - siehe (11), (12) - Ihre Netto-Auslandsbezüge.

Diese Netto-Auslandsbezüge ergeben zzgl. der hochgerechneten britischen Steuer Ihre Bruttobezüge Ausland. Die unter Berücksichtigung des Brutto-Auslandszulage-%-satzes ermittelten Bruttobezüge werden Ihnen anteilig monatlich in £GB gutgeschrieben.

Der nicht zulagenberechtigte Betrag der Abschlussvergütung wird Ihrem deutschen Konto als Bruttozahlung in Euro gutgeschrieben. Der zum Kurs von 1 £GB = ... Euro in £GB umgerechnete Betrag ist im Monat der Auszahlung von Ihnen in Großbritannien zu versteuern.

Ab dem Zeitpunkt Ihrer Entsendung nehmen Sie an der Inflationsausgleichsregelung teil (siehe Merkblatt).

Bei extremen Inflationsdifferenzen sowie Wechselkursschwankungen behält sich die ...-Bank eine Überprüfung der Entsendungsbedingungen vor.

Vor Einführung einer Neuregelung werden Gespräche mit der Geschäftsleitung der Niederlassung London geführt.

(3) Ihre Gesamtbezüge werden ab ... nicht mehr in Deutschland versteuert. Den Freistellungsantrag beim Finanzamt wird die ...-Bank stellen. Von diesem Zeitpunkt an unterliegt die Versteuerung Ihrer Bezüge den gesetzlichen Bestimmungen in Großbritannien.

(4) Während Ihrer befristeten Tätigkeit in London unterliegen Sie weiterhin den Bestimmungen der deutschen Sozialversicherung. Einen entsprechenden Antrag auf Weiterführung der deutschen Sozialversicherung und damit Befreiung von der britischen Rentenversicherung wird die ...-Bank stellen.

(5) Sie erhalten weiterhin Dienstunfallfürsorge i.R. der Betriebsvereinbarung v. ... . Sie bleiben während Ihrer Tätigkeit in London i.R. der gesetzlichen Berufsunfallversicherung weiterversichert.

(6) Für die Dauer Ihrer Entsendung werden Sie auf Antrag in den von der ...-Bank als Versicherungsnehmer abgeschlossenen Gruppen-Auslandskrankenversicherungsvertrag bei der ...-Krankenversicherung AG aufgenommen. Ein Anmeldeformular zum Gruppen-Auslandskrankenversicherungsvertrag erhalten Sie als Anlage.

Die Versicherung gilt auch für Ihre Familienangehörigen, sobald diese i.R. Ihrer Entsendung den Wohnsitz nach Großbritannien verlegen. Der Versicherungsbeitrag wird für die Dauer der Entsendung in voller Höhe von der ...-Bank getragen (siehe Merkblatt).

Sofern Sie freiwillig oder privat krankenversichert sind und Krankenversicherung i.R. des Gruppen-Auslandskrankenversicherungsvertrages beantragen, verpflichten

Sie sich, für die Dauer der Entsendungszeit Ihre inländische Krankenversicherung ruhen zu lassen.

Für krankenversicherungspflichtige Mitarbeiter gilt die genannte Gruppenversicherung ergänzend.

(7) Während der Entsendungszeit werden Ihre Bezüge im Krankheitsfall über die gesetzliche Regelung hinaus zusätzlich für die Dauer von weiteren drei Monaten weitergezahlt, sofern nicht aufgrund Ihres Anstellungsvertrages oder der Betriebsvereinbarung weitergehende Regelungen gelten. (Gilt nicht für Mitarbeiter mit Versorgungsvertrag.)

(8) Für die ersten 14 Tage Ihres Aufenthaltes in London erstattet die ...-Bank Ihnen und ggf. Ihrer Familie, sofern während dieser Zeit eine geeignete Wohnung noch nicht zur Verfügung steht, die Hotelzimmerkosten. Darüber hinaus erhalten Sie während dieser Zeit des Hotelaufenthaltes ein Auslandstagegeld i.R. der jeweils geltenden Auslandsreisekostenverordnung.

Im Falle einer Trennung von Ihrer Familie erhalten Sie Trennungsentschädigung i.R. der Auslandsreisekostenverordnung bzw. Auslandsumzugskostenverordnung.

Die Ihnen im Zusammenhang mit der Entsendung entstehenden Umzugskosten werden i.R. der jeweils gültigen Auslandsumzugskostenverordnung erstattet. Dies gilt auch für den Rückzug in die Bundesrepublik Deutschland, sofern Sie i.R. Ihres Angestelltenvertrages mit uns und mit unserem Einverständnis zurückkehren. Die Bank behält sich vor, Ihnen den Spediteur zu benennen. Sie verpflichten sich, uns zwei Alternativangebote vorzulegen. (siehe Merkblatt Punkt. 4).

(9) Die Niederlassung London wird für Sie eine geeignete Wohnung anmieten und die monatlichen Mietkosten übernehmen. Die monatlichen Mietkosten errechnen sich einschließlich evtl. Mietneben- und Garagenkosten.

Der von Ihnen zu tragende Eigenanteil an den Mietkosten beträgt jährlich 15% Ihres zulagenberechtigten Netto-Jahreseinkommens. Die jeweiligen Monatsbeträge werden i.R. der Gehaltsabrechnung einbehalten und der Niederlassung London gutgeschrieben. Die Kosten für Elektrizität, Gas und Heizungsverbrauch sind von Ihnen zu tragen.

Für den Fall, dass der ...-Bank bei Beendigung des Mietverhältnisses kautions- oder Bürgschaftsleistungen vom Vermieter nicht zurückgezahlt werden, weil der Vermieter Schadensersatzansprüche geltend macht, wird die ...-Bank Sie dafür in Anspruch nehmen, wenn Sie den Schaden zu vertreten haben.

(10) Für die Dauer Ihrer Tätigkeit in London erhalten Sie einen monatlichen Essenszuschuss in Höhe von brutto £GB ...

(11) Kosten für den Schulbesuch Ihrer Kinder sowie die hiermit verbundenen Fahrkosten (Schulbus) werden Ihnen zu 100% auf Nettobasis erstattet.

(12) Die Bank erstattet Ihnen gegen Nachweis Steuerberatungskosten bis zu einem Höchstbetrag von £GB ... p.a. auf Nettobasis.

(13) Die entstandenen Kosten zu den Punkten (11), (12) sind jeweils jährlich im Einzelnen nachzuweisen.

Die ...-Bank behält sich zu den in den Punkten (11), (12) getroffenen Regelungen Änderungen vor, sofern unverhältnismäßig hohe Steigerungsraten festgestellt werden.

(14) Ihr Urlaubsanspruch richtet sich weiterhin nach den vertraglichen Vereinbarungen und den jeweils gültigen Urlaubsbestimmungen der ...-Bank.

Sofern Sie und/oder Ihre Familie Ihren Jahresurlaub ganz oder teilweise in Deutschland verbringen, erstattet die ...-Bank Ihnen und/oder Ihrer Familie die Flugreisekosten für Hin- und Rücktransport (Business Class) aus Anlass des Urlaubsantritts einmal pro 12 Monate der Entsendungsdauer. Die Flugtickets werden für Sie nach den bei der ...-Bank gültigen Bestimmungen von der ...-Bank beschafft. Selbstverständlich können Sie auch andere Verkehrsmittel (Bahn/Schiff/eigener PKW) für die jeweilige Reise wählen.

(15) Die ...-Bank ist bereit, Ihnen einen möglichen Verlustausgleich beim Verkauf der zu Ihrem Hausstand gehörenden Elektrogeräte zu gewähren, sofern diese im Entsendungsland bzw. bei Rückkehr nach Deutschland technisch nicht verwendbar sind (siehe Merkblatt).

(16) Die ...-Bank wird Ihnen Sachschäden, die während Ihrer Entsendungszeit durch Bürgerkrieg, Terrorakte oder Erdbeben an Ihrem Eigentum im Ausland entstehen, zum Wiederbeschaffungswert ersetzen.

(17) Tritt während Ihrer Entsendung nach London der Fall der Invalidität oder des Todes ein, so wird die ...-Bank hinsichtlich der Invaliditäts- bzw. der Hinterbliebenenversorgung die für Dienstunfälle geltenden Regelungen anwenden (siehe Allgemeine Personalinformationen).

(18) Das mit Ihnen vereinbarte Wettbewerbsverbot gemäß Ihres Dienstvertrages wird auch auf Großbritannien ausgedehnt. Diese räumliche Erweiterung des Wettbewerbsverbotes endet ein Jahr nach Rückkehr nach Deutschland, ohne dass es einer Kündigung bedarf. (Gilt nur für Vertragsangestellte.)

(19) Die Bestimmungen Ihres Anstellungsvertrages behalten während Ihrer Entsendung auch weiterhin Gültigkeit. Für das Arbeitsverhältnis gelten ausschließlich die

Vorschriften des deutschen Rechts und die für Mitarbeiter der ...-Bank in Deutschland getroffenen Regelungen.

Sollte eine Bestimmung dieses Vertrages ungültig sein oder aufgrund britischen Rechts unmöglich sein, tritt an ihre Stelle eine Regelung, die der ungültigen bzw. unmöglichen wirtschaftlich möglichst nahe kommt. Im Übrigen gelten bei Unwirksamkeit eines Punktes die anderen unverändert fort.

(20) Aufgrund Ihrer allgemeinen arbeitsvertraglichen Treuepflicht gehen wir davon aus, dass Sie die Gesetze des Entsendungslandes, insbesondere die Steuergesetzgebung beachten und die Leistungen der ...-Bank einer Versteuerung unterwerfen, soweit die Steuergesetze des Entsendungslandes dies verlangen.

Wir bitten Sie, auf den als Anlage beigefügten Zweitausfertigungen Ihr Einverständnis zu den Entsendungsvereinbarungen sowie die Kenntnisnahme der Ausführungen des „Merkblattes für den Einsatz in der Niederlassung London" durch Ihre Unterschrift zu bestätigen.

Für Ihre neue Tätigkeit in London wünschen wir Ihnen viel Erfolg.

Mit freundlichen Grüßen

...-Bank

Anlagen

* Merkblatt für den Einsatz in der Niederlassung London
* Zweitausfertigung dieses Entsendungsschreibens
* Anmeldeformular zum Gruppen-Auslandsunfallversicherungsvertrag

---

Merksatz:

Der Entsendungsvertrag regelt individuell/kollektiv die finanziellen Rahmenbedingungen (Gehalt, Zulagen ...) sowie organisatorische Fragen der Auslandsentsendung von Mitarbeitern.

6.5 Internationale Entgeltpolitik

6.5.1 Vergütungskonzepte

Das Ziel einer „relativen Entgeltgerechtigkeit" im Rahmen internationaler Vergütungspolitik ist besonders schwierig aufgrund der national unterschiedlichen Vergütungskulturen (z.B. Tarif- und Leistungsentlohnung), den sehr unterschiedlichen Systemen im Arbeits-, Steuer- und Versicherungsrecht sowie den gemischten Arbeitnehmergruppen (entsandte Stammhausmitarbeiter, angestellte Gastlandmitarbeiter, Mitarbeiter in ähnlichen Funktionen im Heimatland). Durch eine finanzielle Kompensation der Entsendungsbelastungen, den Ausgleich finanzieller Belastungen sowie zusätzliche finanzielle Anreize versuchen die Unternehmen, eine relative Entgeltgerechtigkeit zu schaffen. Dabei treten häufig Probleme auf, wenn z.B. zwischen Heimat- und Gastland sehr hohe Einkommensdifferenzen bestehen, die bei den Entsandten oder Gastlandmitarbeitern entsprechend zu Unzufriedenheit führen können. Zusätzlich entsteht so häufig bei den Mitarbeitern eine Differenzierung in „attraktive und unattraktive" Länder mit entsprechend geringen Rückkehrmotiven aus attraktiven Ländern und Auslandsvermeidung gegenüber unattraktiven Ländern. Dadurch werden z.B. die Auslandspositionen für Nachfolgekandidaten blockiert oder das Risiko der Mitarbeiterfluktuation steigt. Unternehmen versuchen meist, diese Probleme mit länder-unabhängigen und einmaligen Mobilitätszulagen zu kompensieren oder die Zulagen schrittweise zu reduzieren bis zur Anpassung an das Gastlandniveau.

In der Praxis haben sich entsprechend den unterschiedlichen unternehmenspolitischen Ansätzen des internationalen Managements verschiedene Vergütungskonzepte bei Auslandsentsendungen herausgebildet[134]:

Home-Country-Konzept

Das Home-Country-Konzept (entspricht vom Ansatz her einer ethnozentrischen Orientierung) legt zur Bemessung der Grundvergütung und Sozialleistungen die Verhältnisse des Heimatlandes zugrunde - als wenn der Mitarbeiter in einer ähnlichen Funktion im Heimatland arbeiten würde. Dieses Konzept erscheint zunächst einfach, wahrt Kontinuität in der Gehaltsentwicklung (auch nach der Rückkehr) und erleichtert den Vergleich zwischen den Entsandten. Problematisch ist dieses Konzept bei einem hohen Einkommensgefälle zwischen beiden Kulturen und führt z.T. auch aufgrund gesetzlicher Regelungen zu Doppelversorgungen in der Sozialversicherung und damit oft auch zu steuerlichen Problemen für die Mitarbeiter und Unternehmen.

---

134 Fürer/Neubauer (1996), S. 25.

Balance-Sheet-Konzept

Das Balance-Sheet-Konzept (entspricht eher einer geozentrischen Sichtweise): Dieser am weitesten verbreitete Ansatz (siehe Beispiel: Netto-Vergleichsrechnung) garantiert den entsandten Mitarbeitern gleiche Nettogehälter und Sozialleistungen im Gastland, auf die sie bei einer Beschäftigung im Heimatland Anspruch hätten. Das Unternehmen trägt alle zusätzlichen Kosten der Versteuerung und Abwicklung. So werden Doppelversorgungen und unerwünschte Steuereffekte vermieden. Dieser Ansatz ist kostenintensiv und verwaltungsaufwendig.

Host-Country-Konzept

Das Host-Country-Konzept entspricht einem polyzentrischen Ansatz: Wenige Unternehmen vergüten die Entsandten nach den Gegebenheiten des Gastlandes. Daneben werden oft zusätzliche Leistungen als Übergangs- und Belastungsausgleich gewährt. So werden Unterschiede im Vergleich zu lokalen Mitarbeitern minimiert. Dieser Ansatz ist ebenso verwaltungsintensiv, da er jeweils differenziert auf die Gastlandgegebenheiten eingehen muss. Auch werden häufig Sozialversicherung und Altersversorgung wieder gesondert geregelt, da die Mitarbeiter meist die Heimatlandregelungen behalten wollen.

Mischformen

Um Vorteile der verschiedenen Ansätze für Mitarbeiter und Unternehmen zu nutzen, gibt es auch Mischformen hieraus: Z.B. bekommt ein Mitarbeiter zwei Drittel seiner Vergütung auf Heimatland- und ein Drittel auf Gastlandbasis. Zulagen werden ebenso gesplittet, z.B. kurzfristige Wohnkosten am Gastland orientiert und langfristige Sozialversicherungsleistungen (z.B. Altersversorgung) nach Heimatlandgegebenheiten.

In der Praxis wird bei vielen Unternehmen das Konzept der Netto-Vergleichsrechnung für die Entlohnung von Entsandten auf der Basis des „Balance-Sheet Approach" (siehe oben) angewendet mit dem Ziel, dass Entsandte keine finanziellen Verluste haben. Basis der Netto-Vergleichsrechnung (siehe Beispiel) ist ein Kaufkraftvergleich (Abb. 6.3) zwischen Heimat- und Gastland.

Beispiel: Netto-Vergleichsrechnung

Gehaltsbestandteile	USA	Japan
Bruttoinlandsgehalt (€)	75.000	75.000
./. Einkommensteuer Deutschland	20.000	20.000
./. Sozialabgaben Deutschland	3.000	8.000
./. Wohnkosten Deutschland[135]	1.500	11.500
= Nettoeinkommen Deutschland	35.500	35.500
-/+ Kaufkraftausgleich	4.000	35.500
+ Auslandszulage (auf Bruttoinlandsgehalt ./. EStG D)	5.500	16.500
+ Mietanteil (15% von Bruttoinlandsgehalt)	11.500	11.500
= Nettoanspruch in Deutschland	48.500	99.000
+ Sozialabgaben in Deutschland	6.250	6.250
+ Einkommensteuer im Gastland	17.250	22.750
= Bruttovergütung im Ausland	72.000	128.000

---

135 Ca. 15% vom Bruttoinlandsgehalt.

Um das Währungsrisiko auszugleichen (z.b. bei stark schwankenden Währungen in Südamerika), gibt man den Mitarbeitern z.b. Währungs-Wahlfreiheit, splittet die Gehaltsbestandteile nach Währungen oder leistet (befristete) Wechselkursgarantien.

Land	Stadt	Index
Japan	Tokio	159,50
Schweiz	Zürich	134,22
Dänemark	Kopenhagen	120,09
Deutschland	Frankfurt	113,95
Frankreich	Paris	110,11
Italien	Mailand	109,64
Niederlande	Amsterdam	108,87
Österreich	Wien	107,13
Singapur	Singapur	106,69
Belgien	Brüssel	105,67
Spanien	Madrid	105,07
Rußland	Moskau	103,80
USA	New York	102,23
GB	London	**100,00**
Irland	Dublin	97,79
Polen	Warschau	83,61
Australien	Melbourne	80,65
Türkei	Ankara	77,61
...		

Abb. 6.3: Kaufkraftausgleichs-Indices[136]

Bei der konsequenten Anwendung des Kaufkraftausgleiches entsteht natürlich das Problem, dass bei Entsendungen in Länder mit einer relativ günstigeren Kaufkraft im Vergleich zum Heimatland das Gehalt entsprechend relativ gemindert werden müsste. Dies wird in der Unternehmenspraxis aber zumeist nicht angewendet, da sich sonst der o.g. Effekt

136 Auszug, Stand 1997.

einer Differenzierung in attraktive/unattraktive Länder aus Mitarbeiter-
sicht noch verstärken würde und dies nicht den in vielen Unternehmen
geltenden Prinzipien der Vermeidung von Schlechterstellung/Gehalts-
reduzierung widersprechen würde (siehe auch Beispiel Unilever, Kap.
6.1 und 6.5.2).

6.5.2 Auslands-/Entsendungszulagen

Auslands- und Entsendungszulagen sollen die Mobilität und die Belas-
tungen, die mit der Auslandsentsendung für den Mitarbeiter und seine
Familie verbunden sind, kompensieren. Zum einen entstehen für den
Mitarbeiter direkte Kosten (z.b. höhere Einkommensteuer, Mieten oder
Schulgeld im Ausland), zum anderen erhebliche psychische und physische Belastungen (z.b. Familientrennung, Umzug, Reisetätigkeiten,
Klima). Auch werden Auslandszulagen häufig als zusätzliche finanzielle
Anreize genutzt, um überhaupt Mitarbeiter zu motivieren, sich mit einem Auslandsaufenthalt auseinander zu setzen. Dies spielt besonders
dann eine Rolle, wenn es sich aus Sicht der Mitarbeiter um „eher unattraktive Länder" (z.b. aufgrund politischer, sozialer oder klimatischer
Bedingungen) handelt. Typische Auslandszulagen (in der Praxis oft
zwischen 10 – 50% vom Basisgehalt) sind z.b.:

- Generelle Auslandszulage (für Auslandsbereitschaft und die Änderung des Lebensstils),
- Härtezulagen (für politische, klimatische, kulturelle Risiken/Belastungen),
- Kaufkraftausgleich,
- Wohnkostenausgleich (um den Wohnstandard zu halten/kompensieren),
- Einkommensteuerausgleich (bei hoher Steuerbelastung im Ausland),
- Umzugskosten, Einlagerungskosen (Möbel, KFZ ...),
- Mietzuschuss,
- Sprachkurse und Vorbereitungsseminare,
- Ausbildungsbeihilfe (z.b. Schulgeld, Nachhilfe für Kinder),
- Versetzungspauschale (Einrichtung eines neuen Haushaltes),
- Trennungsentschädigung, Heimreisen (wenn die Familie zurückbleibt),
- Clubbeiträge (für soziale und berufliche Kontakte),
- Statuskosten (kulturspezifisch, z.B. in Asien/Afrika für Hausgestellte),
- Steuerberatungskosten,
- Versicherungsschutz,
- Sozialversicherungsausgleich (z.b. Beibehaltung oder Kompensation der Ren-
tenversicherung im Heimatland).

Die Auslands- oder Entsendungszulagen werden häufig in zwei Dimensionen geteilt, zum einen eine generell für alle Mitarbeiter gleich geltende Mobilitätszulage und zum anderen eine Erschwerniszulage (hardship-Prämie), die die relativen Belastungen des Entsendungslandes ausgleichen soll und entsprechend unterschiedlich ist. Hierzu bedienen sich die Unternehmen häufig einer relativen Gewichtung der Länder untereinander, z.b. nach Kriterien wie Entfernung (z.b. Flugstunden), politischer Stabilität, Klima, sonstigen Belastungen etc. (entsprechende relative Vergleiche siehe Abb. 6.4). Diese Ländereinteilungen und -werte stellen die praktizierten Zulagen größerer Unternehmen dar. Da sich die politischen und wirtschaftlichen Rahmenbedingungen in den Ländern laufend verändern oder sich regionale Unterschiede innerhalb eines Gastlandes (z.B. China) ergeben, können sich auch die Relationen untereinander und die absoluten Werte verändern. Entsprechend müssen solche Übersichten laufend aktualisiert werden und können nur Anhaltspunkte für eine relative Entgeltgerechtigkeit sein, da zusätzlich regionale und individuelle Gegebenheiten innerhalb der Länder und des Unternehmens zu beachten sind.

Beispiel: Grundprinzipien der Entsendungskonditionen bei Unilever

• Entsandte werden nicht schlechter gestellt als vergleichbare Fach- und Führungskräfte im Inland und als sie vorher gestellt waren. Gegebenenfalls erfolgt eine Kompensation.

• Für „Overseas" gelten Sonderregelungen.

• Rentenzahlungen richten sich nach dem Heimatland.

• Typische Ausgleichszahlungen sind

  - Bonuszahlungen

  - Ausgleich für versetzungsbedingte Kosten: „Belastungszuschuss" (disturbance allowance), Antrittsspesen (initial expenses allowance), unmittelbare Versetzungskosten (travel allowances ...),

  - Ausgleich für dauernde Nachteile: Entsendungszuschuss (expatriation allowance), Schulgeldzuschuss (education allowance), Wohnzuschuss (home-housing allowance)

  - Ausgleich für Besonderheiten im Einzelfall (individual allowances)

• Grundsätzlich gelten gleiche Verträge für alle Entsandten.

Länder		Zuschlag % vom Nettogehalt
Mobilitätsprämie	alle Länder	5 – 10
„Hardship"-Prämie	nach Ländergruppen:	
A	Keine Erschwernis	z.B. EU-Länder, USA, Kanada	0
B	Geringste Erschwernis	z.B. Australien, Neuseeland, Singapur, Südafrika	5
C	Sehr geringe Erschwernis	z.B. Chile, Türkei, Tunesien, Ungarn	10
D	Geringe Erschwernis	z.B. Argentinien, Malaysia, Marokko, Slowenien	15
E	Mittlere Erschwernis	z.B. Ägypten, Brasilien, Polen, Thailand	20
F	Mittelgroße Erschwernis	z.B. GUS, Indien (Städte), Japan, Zaire	25
G	Große Erschwernis	z.B. VR China (Städte), Kasachstan, Libyen, Saudi-Arabien	30
H	Sehr große Erschwernis	z.B. Iran, Kolumbien, Nigeria, Usbekistan	35
I	Höchste Erschwernis	z.B. VR China (Provinz), Indien (Provinz), Bangladesch, Mozambique	40

Abb. 6.4: Auslandszulagen[137]

Merksatz:

Vergütungskonzepte bei Auslandsentsendungen zielen in der Praxis meist auf eine relative Entgeltgerechtigkeit im internationalen Vergleich, den finanziellen Ausgleich von entsendungsbedingten Belastungen sowie die Vermeidung finanzieller Verluste für den entsandten Mitarbeiter im Vergleich zum Heimatland.

---

137 Deutsche Gesellschaft für Personalführung (1995), S. 76 ff.

7. Interkulturelles Training und Managemententwicklung

7.1 Interkulturelle Anforderungen

Jeder Mensch wächst unter spezifischen kulturellen Bedingungen auf und erwirbt damit die für sein Leben in der Gesellschaft und seinen Bezugsgruppen und -personen sozial relevanten Erfahrungen und Verhaltensweisen.

Allgemein verkürzt wird Kultur häufig als „kollektive mentale Programmierung" verstanden, d.h. die Mitmenschen innerhalb einer Kultur haben durch ihre Sozialisation ein entsprechend ähnliches Wahrnehmungs- und Verhaltenssystem, wodurch das Zusammenleben vom Grundsatz her relativ einfach und reibungslos funktioniert. So wertvoll diese „programmierte" kulturspezifische Orientierung für das Zusammenleben und -arbeiten einer Kultur ist, umso schwieriger ist es in interkulturellen Überschneidungssituationen, wo gewohnte Normen und Werte, Emotionen und Verhaltensweisen im Bewusstsein und Unterbewusstsein der Menschen aufeinandertreffen, um z.B. eine gemeinsame Arbeitsaufgabe zu lösen oder einen Vertrag auszuhandeln. Oft sind dann solche Situationen auf einer oder beiden Seiten von Verunsicherung über Missverständnisse bis zur teilweisen Ablehnung oder völligem Sich-Zurückziehen geprägt (siehe auch Kap. 2).

Ausgangsbasis für interkulturelles Lernen (Intercultural Training) ist die kulturabhängige Orientierung von Wahrnehmung, Denken, Werten und Handeln der Menschen. Ziel ist die Qualifizierung der Mitarbeiter und ihrer Familie/Partner zur konstruktiven Bewältigung der Anforderungen im interkulturellen Aktionsfeld. Die Sensibilisierung und das Lernen anderer Kulturen soll zu interkultureller Kompetenz beim Mitarbeiter führen, z.B. durch die Reflexion eigener kultureller Verhaltensmuster, Kennenlernen der Gastlandskultur und die Entwicklung von Bewältigungsstrategien, z.B. lernen Unsicherheit zu vermeiden, Toleranz zu entwickeln und Gemeinsamkeiten zu erkennen.

Beispiel: Short Story „Cultural spectacles"

Once upon a time, there was a girl named Mari, who lived in a small country called Marila. The special thing about Marila was, that every citizen was born with an implanted set of spectacles with yellow glasses. These spectacles made everything Mari could see appear in a friendly yellow, but she couldn`t take off her spectacles. One day she decided to live for a while in the neighbour country called Azuro. The Azurans as well were born with implanted spectacles, but with blue glasses! Because of the different colour of their spectacles, Mari saw things differently than the Azurans – yellow instead of blue. But Mari was well prepared before she left to Azuro, she has learned a lot about different colours for spectacles. After some time she managed to put on some blue spectacles, not exactly the same tone of blue the Azurans had, but very close. By and by, she was able to see things like the Azurans, but only partly: Because she couldn`t take off her yellow, she had to wear her new blue spectacles on top of her own yellow ones – and everything appeared to her in green! Even the blue spectacles could not be taken off again, not even after she returned to Marila, and by understanding more about the perspective of the Azurans, she developed a new perspective on her own culture as well[138].

Typisch sensible Bereiche interkultureller Kommunikation im Ausland sind häufig die Aussprache von Namen, nationale Politik, Witze, die Art und Weise von Kritik und die Vorgehensweisen bei der Bearbeitung von Arbeitsaufgaben oder die Art, Verhandlungen zu führen (siehe Beispiele unten). Dabei ist allerdings zu beachten, dass Kulturgrenzen nicht gleich Ländergrenzen sind. Viele Länder haben zusätzlich teilweise sehr unterschiedliche Kulturen (Multikultur-Länder: USA, Russland, Schweiz ...) oder grenzüberschreitende Kulturen (Kurden, Palästinenser ...) über mehrere Ländergrenzen hinweg.

Beispiel: Checkliste: Verhandlungskulturen[139]

So verhandeln Sie mit Chinesen:

- Bereiten Sie sich sehr genau vor. Sie sollten u.a. bestens mit der Unternehmensstruktur und dem Finanzierungskonzept des Partners vertraut sein.

- Seien Sie pünktlich. Fahren Sie mit dem Auto zum Termin und nicht wie die Chinesen mit öffentlichen Verkehrsmitteln.

---

138 Verfasser unbekannt.
139 Siemens AG (2000), Auszug.

- Verhandeln Sie nie allein. Chinesen kommen immer mit einer ganzen Delegation.

- Gehen Sie gemeinsam essen. Das ist Chinesen wichtig. Vorsicht: Sie dürfen am Tisch zwar über Geschäfte sprechen, aber unter keinen Umständen verhandeln.

- Wundern Sie sich nicht, wenn die ranghöchste Person den Gesprächen nicht immer beiwohnt. Sie hält sich bewusst zurück, um neutral eingreifen zu können, wenn die Verhandlungen zu misslingen drohen.

- Lassen Sie sich nicht von der Herzlichkeit der Asiaten täuschen. Chinesen sind harte, aber faire Verhandlungspartner.

- Halten Sie nicht den ersten Beschluss für endgültig. Ihre Gegenüber wollen mit Ihnen handeln. Das letzte und für Sie beste Angebot müssen Sie aber selbst ins Spiel bringen.

- Führen Sie nicht nur ein Ergebnis-, sondern auch ein Verlaufsprotokoll. Sonst konfrontieren Ihre Partner Sie mit Versprechen, die Sie nicht mehr nachprüfen können.

- Führen Sie Ihre Gespräche nicht in Schulenglisch. Engagieren Sie einen Dolmetscher. Vorteil: Sie wissen auch, was die andere Seite untereinander bespricht.

So verhandeln Sie mit Deutschen:

- Kommen Sie bei Geschäftsbesprechungen ruhig gleich zur Sache. Vermeiden Sie langatmige Einführungen und Smalltalk.

- Bedenken Sie, dass Deutsche Berufliches und Privates gerne strikt trennen.

- Lockern Sie die Atmosphäre bei ernsthaften Themen lieber nicht mit Witzen auf. Deutsche sind zwar nicht humorlos, aber Ihre Gesprächspartner könnten das als Ablenkungsmanöver auffassen.

- Prägen Sie sich den Namen Ihres Gegenübers schnell ein, und sprechen Sie ihn korrekt aus. Vergessen Sie den Titel nicht.

- Bereiten Sie sich auf Ihre Unterredung vor, denn Deutsche schätzen solides Hintergrundwissen. Halten Sie also immer ihre Zahlen und Fakten parat.

- Hören Sie sich geduldig die Firmengeschichte an. Deutsche lieben den Blick auf die Vergangenheit.

- Berücksichtigen Sie Hierarchie, Alter und Firmenzugehörigkeit, wenn Sie mit mehreren Personen reden.

- Fallen Sie Ihrem Gegenüber auf gar keinen Fall ins Wort. Hören Sie sich seinen Standpunkt zu Ende an, ehe Sie Ihren Kommentar abgeben.

Merksatz:

Interkulturelles Training will auf der Basis eigener kulturabhängiger Wahrnehmungsorientierungen die Teilnehmer über Sensibilisierung und Lernen anderer Kulturen zur interkulturellen Kompetenz führen.

Das Konzept der Kulturstandards

Ein verbreitetes Grundkonzept des interkulturellen Trainings ist das Konzept der „Kulturstandards", das zentrale eigene und Gastland-Kulturstandards aufzeigt, Unterschiede wahrnehmen lässt, schwierige Führungs- und Verhandlungssituationen simuliert und übertragbare Rollen (contrast culture-method) ableitet. Hierdurch wird den Teilnehmern – auch bei aller Vielfalt der individuellen Verhaltensweisen – eine Orientierung für Ihr eigenes Verhalten geliefert und ermöglicht, zu entscheiden, welches Verhalten als normal oder typisch zu akzeptieren oder abzulehnen ist. Entsprechend verläuft eine Anpassung an die Gastkultur schneller oder langsamer je nachdem, wie man mit diesen Kulturstandards umgeht. Typische Kulturstandards sind[140]:

- Bereitschaft zur interkulturellen Zusammenarbeit,
- Fähigkeit zur länderübergreifenden Teamarbeit,
- umfassende Kommunikationsfähigkeiten (inkl. Fremdsprachen),
- geringe psychische Distanz zu Fremden,
- Offenheit gegenüber Andersartigen,
- Kulturelle und politische Empathie,
- Bereitschaft zur Relativierung des eigenen Wertesystems,
- Toleranz,
- Innere Stabilität zur Krisenbewältigung,
- Anpassungsfähigkeit,
- Flexibilität,
- gereifte Persönlichkeit (maturity),
- gute Allgemeinbildung.

---

140 Thomas (1996), S. 30.

Fallstudie: Intercultural Critical Incidents

1. Suchen Sie (z.b. aus Stellenanzeigen) unterschiedliche (explizite oder von Ihnen vermutete) kulturbedingte Besonderheiten/Anforderungen im Vergleich zu Ihrem Heimatland heraus.

2. Stellen Sie diese im Plenum dar und diskutieren Sie diese (Zustimmung, Ablehnung ...).

3. Formulieren Sie allein oder in Kleingruppen jeweils „Critical Incidents" (Beispiele für positives oder negatives Verhalten) für Ihre o.g. Kulturstandards.

7.2 Interkulturelle Trainingskonzepte

Trainingsmaßnahmen zur Förderung solcher Qualifikationsmerkmale lassen sich in die Phasen Orientierungs-, Verlaufs- und Re-Integrations-Training unterteilen (siehe auch Kap. 6.3). Während Orientierungstraining meist zur Vorbereitung oder zu Beginn eines Auslandsaufenthaltes durch die Vermittlung landeskundlicher Kenntnisse oder Kulturkontrast-Übungen (Übungen zum Aufeinandertreffen eigener und fremder Verhaltensgewohnheiten) dient, will das Verlaufstraining während des Auslandsaufenthaltes kritisch Interaktionssituationen in der Gastlandkultur z.B. durch Erfahrungsaustausch und Coaching begleitend reflektieren. Das Re-Integrations-Training erleichtert die Vorbereitung zur Rückreise und Wiedereingewöhnung nach Rückkehr ins Heimatland in die oft veränderten Arbeits- und Lebensverhältnisse nach einem längeren Auslandsaufenthalt. In der Praxis gibt es eine Vielzahl von Trainingskonzepten, von Informations- über Simulations- bis hin zu Interaktionskonzepten:

- Im Informationstraining stehen die Information über das Gastland, die künftigen persönlichen Arbeits- und Lebensumstände im Vordergrund.

- Im Simulationskonzept werden möglichst realitätsnah eigene und fremde Kulturstandards in Arbeits- und Lebenssituationen in Form von Fallstudien, Rollenspielen etc. simuliert und individuell und gemeinsam in der Gruppe reflektiert.

- Interaktionskonzepte beinhalten reale Kontakte mit Gastlandvertretern oder in Interaktionssituationen vor Ort, die anschließend individuell oder gemeinsam reflektiert werden, z.B. im sog. Assimilator-Ansatz (Culture Assimilator-Training, siehe unten).

Merksatz:

Interkulturelle Trainingskonzepte reichen von reinen Informations-
trainings über typische Situationsreflexionen durch Fallstudien/Rol-
lenspiele bis zur Reflektion realer Situationen.

Culture Assimilator-Training

Der Culture Assimilator-Ansatz basiert auf dem Interaktionskonzept der
Kulturstandards (siehe Kap. 7.1) und simuliert interkulturelle Situationen, die mit ihren unterschiedlichen kulturellen Sichtweisen reflektiert
werden (siehe Übung unten).

Fallstudie: China Business and Culture Assimilator (Auszug)[141]

Im „China-Business and Culture Assimilator" werden 45 kritische
Interaktionssituationen mit chinesischen Verhandlungspartnern, die
zentralen chinesischen Kulturstandards zugeordnet werden können,
erlebt. U. a. gehören dazu: Gesicht wahren, Gastfreundschaft, Hie-
rarchisches Denken, Nationalstolz, Trennung von Arbeits- und Pri-
vatbereich, Bürokratisches Denken und Handeln, Bildhaftigkeit,
Angst vor Sanktionen, Freundschaft und Höflichkeit, Erklärungsbe-
dürfnis, Vertragstreue.

Ausgangssituation[142]*:*

Eine Delegation deutscher Ingenieure, deren Firma in der VR China
seit zwei Jahren ein Kooperationsprojekt mit einer Maschinenfabrik
betreibt, reist auf Einladung der chinesischen Partner in eine kürzlich
errichtete Filiale des Betriebes, um den Fortgang der Arbeiten im
neuen Werk zu begutachten. Nach einem herzlichen Empfang wird
die deutsche Gruppe stolz durch die drei Hallen des Werkes geführt.
In lockerer, freundschaftlicher Atmosphäre besichtigt man die Leis-
tungsergebnisse der chinesischen Arbeiter. Herr B., der die harten
Verhandlungen über den Kooperationsvertrag noch sehr gut in Erin-
nerung hat, fühlt sich sehr wohl bei seinem zweiten Aufenthalt in
China. Während des Rundgangs erwähnt Herr B. gegenüber dem

---

141 Thomas (1989), S. 281 ff.
142 Erläuterungen zu Lösungen finden sich im Anhang.

Werkleiter diese Tatsache: „Na, wenn Ihr es uns doch damals auch so leicht gemacht hättet. Ihr habt uns da ganz schön in die Enge getrieben." Der Werkleiter reagiert nicht darauf, führt die Besichtigung sehr schnell zu Ende und verschwindet daraufhin sofort.

Auftrag an die Seminarteilnehmer:

Herr B. fragt Sie, warum die Stimmung des Chinesen so schnell gesunken ist. Lesen Sie die Situation genau durch, betrachten Sie folgende Antwortmöglichkeiten, und suchen Sie die nach Ihrer Ansicht richtige Erklärung heraus und begründen Sie Ihre Antwort.

(A) Für den Chinesen war es peinlich, ein Problem anzusprechen, das in seinen Augen bereits vorbei ist.

(B) Der Chinese hat die Verhandlungen und den Besuch als zwei völlig verschiedene Dinge betrachtet, die man nicht vermischen darf.

(C) Der Chinese ist abgestoßen von der unhöflichen und unfreundlichen Art des Deutschen.

(D) Der Chinese identifiziert sich sehr stark mit seiner Firma und möchte nicht über sie diskutieren.

7.3 Personalentwicklungs-Methoden

Aus den Aufgabenanforderungen der Stelle lassen sich verschiedene Qualifikationsdimensionen (Lernzielbereiche), die unterschiedliche Teilnehmeraktivitäten und Behaltensquoten je nach Lernmethode haben, als Ziel und Inhalt von Lernkonzepten ableiten, z.B.

- *kognitive Lernziele* mit dem Ziel, sich interkulturelles Wissen und intellektuelle Fähigkeiten anzueignen (z.B. Erlernen fremdkultureller Daten, Verkehrsregeln, Bilanzierungsarten, Fremdsprachen ...),

- *affektive Lernziele* mit dem Ziel, seine Werteinstellungen und Verhalten auf fremde Kulturen einzustellen (z.B. Toleranz lernen, sich in interkulturelle Teams einzufügen ...),

- *psychomotorische Lernziele* mit dem Ziel, körperliche Bewegungsabläufe zu koordinieren (z.B. fremdländische EDV-Tastatur erlernen, Rechtssteuerung im Linksverkehr ...).

Personalentwicklungsmaßnahmen lassen sich in verschiedene Dimensionen strukturieren, je nachdem ob sie als Zielgruppe den einzelnen Mitarbeiter oder eine Gruppe haben, direkten Bezug zur Arbeit haben oder abstrakten Charakter oder aktives oder passives Lernen im Vordergrund steht:

- *Aktive und passive Trainingsmethoden* unterscheiden sich nach dem Grad der Beteiligung der Lernenden (Teilnehmer) an der Erarbeitung von Lernzielen und -inhalten. Typische aktive Lernmethoden sind z.b. Gruppenarbeit, Rollenspiel oder Praktikum und typische passive Methoden z.b. Vorträge, Videofilm ansehen oder sich Wissen anhand von Fachliteratur aneignen.

- *Einzel- und Gruppentraining* unterscheidet sich an der Größe der Lerngruppe (einzeln oder in Gruppen) sowie der Einbeziehung der Gruppe. Typisches Einzellernen sind z.b. Programmierte Unterweisungen, eine individuelle Einarbeitung oder Fachliteratur lesen, typisches Gruppenlernen, z.b. Workshops, Rollenspiele oder Seminare.

- *Training on-the-job und Training off-the-job* unterscheidet sich nach dem Grad der inhaltlichen-räumlichen Nähe des Lernstoffes/-ortes zum Arbeitsplatz/Lernproblem des Teilnehmers. Typisch für Training on the job sind alle Lernmaßnahmen am Arbeitsplatz unter Einbeziehung der realen Arbeit (z.b. Einarbeitung, Praktikum, Job rotation) und für Training off-the-job ohne direkte Einbeziehung des realen Arbeitsplatzes (z.b. Seminar, Lehrgänge oder Fernunterricht). Daneben gibt es Mischformen (Training near the job), die nicht direkt am Arbeitsplatz stattfinden, aber mit der Arbeit in direktem Zusammenhang stehen, z.b. problembezogene Workshops, Methoden der Teamentwicklung oder Qualitätszirkel.

Interkulturelles Training

Typische Personalentwicklungs-Methoden, die im Training on- oder off-the-job mit einer internationalen Dimension angeboten werden, sind z.b. Internationale Arbeits- oder Projektgruppen, Internationale Projekt- oder Sonderaufgaben, Assistentenstelle eines Internationalen Managers, internationale Job Rotation, Internationale Cross Exchange-Programme, internationales Job-enlargement/Job enrichment, internationale Task-Forces, Einarbeitung, Erfahrungsaufenthalt/Praktikum in internationalen Tätigkeiten, interkultureller Erfahrungsaustausch (ERFA-Kreise), Methoden der interkulturellen Team- und Organisationsentwicklung, Internationale Qualitätszirkel, Internationale Ausbildungs- oder Traineeprogramm, Junior-Board/Multiple Management-Systeme, interkulturelles Verhaltenstraining, Fremdsprachentraining, internationales Mentoring/Coaching bis zum Systemcoaching, interkulturelle Rollenspiele oder Fallstudien, Multitraining, Expertenbefragung, internationale/ interkulturelle Workshops, Internationale Messen und Tagungen, Executive Development-Training und Auslandsentsendungen als Entwicklungsschritte in Management-Entwicklungsprogrammen[143].

Beispiel: Siemens Qualifying and Training (Auszug)[144]

- *International Business Skills – Preparation Skills for the U.S.*

  Contents: Create the right message for american partners, how to write a frame statement, negotiation tactics, persuasive reasoning, handle resistance effectively (seminar-language: english, fee: 950 Euro + Vat + Hotel, 1,5 days)

- *Working with German Business Partners*

  Seminars for Japan, India, Arabic nations and other countries on request (3,5 days, fee: 1890 Euro + Vat + Hotel)

- *Bi-national Teambuilding Workshops*

  Goals: Participants learn to be team players in intercultural settings througt firsthand experiance interacting with members of the other culture in the workshop. They learn to cope with different conflict styles and develop successful strategies for positive synergy effects. Contents: interactive exercises for team-player key comptencies, Group activities in mono- and bi-cultural groups, Analysis of culture-specific behaviours, Conflict management. (Seminar-language, seminar-time, fee, hotel ... on request)

Der Kern der Vermittlung interkultureller Kompetenzen liegt in der Vermittlung von Schlüsselqualifikationen sowie in dem Kennenlernen von Fremdsprachen und -kulturen. Es ist davon auszugehen, dass ein Teil der Schlüsselqualifikationen beim Mitarbeiter schon ausgebildet ist, da er als potenzieller Kandidat für eine Entsendung schon entsprechende Potenziale oder Qualifikationen hat erkennen lassen. Beim interkulturellen Training geht es deshalb in der Praxis hauptsächlich um die weitere

---

143 Meier (1995), S. 17 ff; Meier (2000), S. 379 ff.
144 Siemens Qualifying and Training 2000.

Entwicklung der interkulturellen Kommunikation und Zusammenarbeit, das Wissen über die Gastlandkultur sowie Arbeitstechniken wie z.b. interkulturelles Projektmanagement und Fremdsprachen. Da alle diese Qualifikationen in der Zusammenarbeit mit Menschen anderer Kulturen zum Einsatz kommen, liegt der Schwerpunkt des Interkulturellen Lernens hauptsächlich auf affektiven Lernzielen mit dem Erfordernis von teilnehmeraktivierenden und gruppenorientierten Lernmethoden.

Fallstudie: Cultural particularities

Diese Art von Übung dient in interkulturellen Trainings häufig als Auftakt-Übung zur interkulturellen Sensibilisierung. Ziel ist das Herausarbeiten nationaler/kultureller Identität (auch in gemischt kulturellen Gruppen).

Regeln:

- Maximal 20 Teilnehmer (ideal aus verschiedenen Kulturen/Ländern).

- Dauer ca. 60–120 Minuten je nach Kulturanteilen.

- Trainer moderiert.

- Materialvorbereitung: Flip-Chart/Pinwand, farbige Markerstifte, Moderationskarten.

Auftrag:

1. Die Gruppe teilt sich in kulturell homogene Kleingruppen (oder einzelne Teilnehmer). Die Gruppen/Teilnehmer sollen auf Flipchart/Pinwand typische positive und negative Eigenschaften für ihre Kultur/Volk/Nation auflisten (z.B. Moderationskarten: positiv = grün, negativ = rot, neutrale Typisierungen = weiß). Anschließend stellen die Gruppen/Teilnehmer im Plenum ihre Einschätzungen vor.

2. Auswertung/Diskussion (Leitfragen):

- Suchen Sie mögliche Auswertungs- und Diskussionserkenntnisse.

- Treffen die Charakteristika aus Sicht der anderen Teilnehmer zu?

- Sind die positiven/negativen/neutralen Zuordnungen auch zutreffend?
- Können sich die Teilnehmer mit ihren Auflistungen selbst identifizieren?
- Was erstaunt die Teilnehmer anderer Kulturen jeweils an den Auflistungen?
- Gibt es Typisierungen, die sich verändern/verändert haben?

Variation:

Um Selbst- und Fremdbild von Anfang an einfließen zu lassen, werden die Gruppen von Anfang an kulturell gemischt oder man lässt jeweils gegenseitige Typisierungen vornehmen.

7.4 Internationale Managemententwicklung

Für alle Industriestaaten gelten ähnliche Veränderungen in ihren gesamtgesellschaftlichen Rahmenbedingungen, von den negativen demographischen Entwicklungen (z.b. Geburtenrückgänge, höhere Lebenserwartung und Überalterung der Gesellschaft), über schnelle technologische Entwicklungen (von „face-to-face-" über „face-to-screen-" zu „screen-to-screen-"Kommunikation oder integrierte DV- und IT-gestützte Fertigungs- und Vertriebssysteme), einem ausgeprägten Wertewandel (ausgeprägter Individualismus, Abbau sozialer Sicherungssysteme oder verändertes Arbeits- und Freizeitverhalten) bis hin zur weiter fortschreitenden Globalisierung (EU-Erweiterung, Internationale Qualitätsnormen ...)

Viele Untersuchungen haben ergeben, dass dem Human Resources Management immer mehr Bedeutung zukommt. Dabei ist insbesondere die Personalentwicklung und speziell die Fach- und Führungskräfteentwicklung (Entwicklung von Mitarbeitern für Vorgesetzten-, Spezialisten- und Kundenbetreuungs-Funktionen) in vielen Ländern eine vorrangige Personalstrategie, wie z.B. aus einer Untersuchung 1990 hervorgeht (befragt wurden Personalleiter in ganz Europa, welcher Personalmanagement-Aufgabe sie die meiste Bedeutung zukünftig zumessen)[145]:

---

145 Personal-Europa-Report 1990.

- Großbritannien:
  1. Personalentwicklung
  2. Personalbeschaffung/-erhaltung
  3. Produktivitäts- und Effizienzsteigerung
- Frankreich:
  1. Personalentwicklung
  2. Arbeitgeber-Arbeitnehmer-Beziehungen
  3. Personaleinsatzplanung
- Deutschland:
  1. Personalentwicklung
  2. Personalbeschaffung/-erhaltung
  3. Arbeitgeber-Arbeitnehmer-Beziehungen
- Schweden:
  1. Personalentwicklung
  2. Personalbeschaffung/-erhaltung
  3. Personalfunktion/-politik
- Spanien:
  1. Personalentwicklung
  2. Arbeitgeber-Arbeitnehmer-Beziehungen
  3. Änderung der Personalstruktur

Internationale Management Development-Systeme

Die Entwicklung von internationalen Fach- und Führungskräften (International management development) ist in verschiedenen Kulturen sehr unterschiedlich, u. a. aufgrund der Verschiedenartigkeit der Schul- und Hochschulsysteme, der Organisation und Akzeptanz von Unternehmenshierarchien sowie der eigenen Sichtweise der Manager in Bezug auf die Notwendigkeit, in ihrem Aufgabenbereich Generalist oder Spezialist zu sein. So sagt man z.B. Managern in den USA oder Großbritannien ein weitaus generalistischeres Verständnis als in Deutschland nach, wo die meisten Vorgesetzten in ihrem Funktionsbereich sehr qualifiziert sind, aber zumeist wenig überfachliches und unternehmensübergreifendes Selbstverständnis haben. Und während man sich z.B. in Deutschland erst wieder sehr langsam dem Begriff einer „Elite" in einer positiven Auslegung nähert, haben andere Kulturen traditionell ein sehr positives Verhältnis und Verständnis von Eliten. Dies führt u.a. dazu, dass es in vielen Kulturen ausgewählte Hochschulen gibt, die eine gesellschaftlich akzeptierte und geförderte Elitenbildung haben (z.B. in Frankreich die „Grand Ecoles").

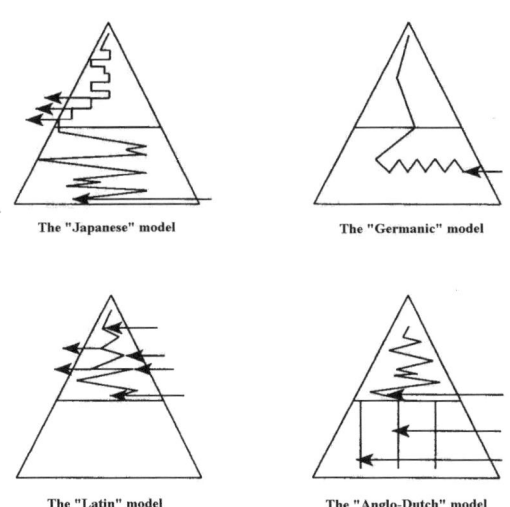

Abb. 7.1: Managemententwicklung in unterschiedlichen Kulturen[146]

Die international als „Germanic model" bezeichnete Kultur der Managemententwicklung bezieht sich auf eine Potenzialidentifikation, die idealtypisch in den ersten Berufsjahren nach dem Studium erfolgt (z.B. durch Auswahl über Assessment-Center für Traineeprogramme, Assistentenfunktionen) oder beim Wechsel einer Funktion im Unternehmen (z.B. über Potenzialentwicklungsmaßnamen im Management). Tradition ist immer noch der Einstieg und Aufstieg in einem Funktionsbereich. Im Gegensatz dazu ist das „Anglo-Dutch Model" durch eine eher generalistische Perspektive bei der Auswahl von Führungsnachwuchskräften für spezifische Funktionen geprägt, die aber in Assessments für funktions-

---

146 Evans/Doz/Laurent (1989); entn. aus Schneider/Barsoux (1999), S. 148 f.

übergreifende Tätigkeiten beurteilt werden. Nach durchschnittlich 6-jähriger systematischer Test- und Entwicklungsphase kommt dann oft ein häufiger Positionswechsel im Rahmen der systematischen Managemententwicklung. Im „Latin model" erfolgt eine Potenzialidentifikation oft direkt nach der Hochschule direkt beim Einstieg in das Unternehmen (in Frankreich z.b. beim Abschluss einer „Grande Ecole"). Die weitere Managemententwicklung erfolgt durch Bewährung in unterschiedlichen Funktionen und unter Nutzung der persönlichen Beziehungen (Selbstmarketing). Ähnlich werden im „Japanese model" potenzielle Nachwuchsmanager meist aus den besten Hochschulabsolventen eines Jahrganges rekrutiert und während einer bis zu 8-jährigen intensiven Trainings- und Betreuungsphase regelmäßig in verschiedenen Funktionen beurteilt. Davon hängt ab, ob ein weiterer Aufstieg erfolgt oder sie das Unternehmen verlassen (siehe Abb. 7.1).

Germanic Model (functional approach to management development)

• Potential development (functional ladders): Functional careers, relationships and communications, expertise-based competition, multifunctional mobility limited to few elitist recruits, or non-existant, little multifunctional contact below level of division heads and „Vorstand" (executive committee).

• Potential identification: Apprenticeship: Annual recruitment from universities and technical schools, 2-year „apprenticeship" trial (job rotation, through most functions, intensive training, identification of person`s) functional potential and talents, some elitist recruitment, mostly of PhDs.

Japanese Model (elite cohort approach to management development)

• Potential development (time-scheduled tournament): Unequal opportunity, good jobs to the best, 4-5 years in a job, 7-8 year up-or-out, comparison with cohort peers, multifunctional mobility, technical-functional track for minority.

• Potential identification (managed elite trial): Elite pool or cohort recruitment, recruitment for long-term careers, job rotation, intensive training, mentoring, regular performance monitoring, equal opportunity.

Latin Model (elite political approach to management development)

• Potential development (political tournament): High fliers, competition and collaboration with peers, typically multifunctional, political process (visible achievements, get sponsors, coalitions, read signals), if stuck, move out and on, the „gamesman".

- Potential identification (elite entry, no trial): At entry, elite pool recruitment (non-cohort), predictive qualities, from schools specialized in selecting and preparing future top managers („Grandes Ecoles", MBAs, Scientific PhDs).

Anglo-Dutch Model (managed development approach to management development)

- Potential development (managed potential development): Careful monitoring of high potentials by management review committees, review to match up performance and potential with short- and long-term job and development requirements, importance of management development staff.

- Potential identification (unmanaged functional trial): Little elite recruitment, decentralized recruitment for technical or functional jobs, 5-7 years´ trial, no corporate monitoring, problem of internal „potential identification" via assessments, assessment centers, indicators, possible complementary recruitment of high potentials.

In den letzten Jahren ist weltweit eine Angleichung der Managemententwicklung zu beobachten, was in Europa sicher auch am Einfluss der EU-Harmonisierung liegt sowie an der zunehmenden Entwicklung einer geozentrischen Unternehmenspolitik weltweit agierender Konzerne. So bilden sich z.B. in Deutschland neben den staatlichen Hochschulen viele private Hochschulen mit speziell auf den Managementnachwuchs ausgerichteten Programmen und Internationalen Abschlüssen (z.B. MBA) bis hin zu unternehmenseigenen „Corporate Universities" (siehe Kap. 5.3), wie sie z.B. in den USA oder anderen europäischen Ländern schon lange Tradition haben. Ebenso wächst auch in Deutschland die Erkenntnis, dass der klassische an einem Funktionsbereich orientierte „Kaminaufstieg" mehr funktions- und bereichsübergreifenden Erfahrungen in der Managemententwicklung weichen muss. Dies geschieht in der Praxis immer mehr durch die Abkehr von der klassischen stellenbezogenen Nachfolgeplanung oder individuellen Entwicklungsplanung hin zu bereichs- und funktionsübergreifenden Modellentwicklungsprogrammen, mit dem Ziel, einen Pool von Mitarbeitern auf verschiedenen Ebenen des Unternehmens für anspruchsvolle Aufgaben auch im Ausland zur Verfügung zu haben, z.B. durch ein Internationales Traineeprogramm oder Internationale Junior-Boards (siehe auch Kap. 5.3).

In der Unternehmenspraxis fehlt allerdings oft die praktische Umsetzung solcher Personalentwicklungskonzepte. Zahlreiche Untersuchungen ergeben, dass Auslands-Assignments letztlich bei vielen Mitarbei-

tern nicht karrierefördernd sind[147]. So entspricht die angebotene Rück-
kehrfunktion meist nicht den Erwartungen des Mitarbeiters oder den
beim Beginn der Entsendung in Aussicht gestellten Entwicklungsmöglichkeiten. Da die Expatriates zumeist in ihrer Auslandsfunktion mehr
Kompetenzen hatten als in einer Folgefunktion im Stammhaus, ist die
Enttäuschung oft sehr ausgeprägt nach der Rückkehr und entsprechend
ist ihre Integration besonders schwierig und sensibel zu planen.

**Konzeption eines Internationalen Management-Development-
Systems**

Zu einem Personal- oder Führungskräfteentwicklungs-Konzept gehören
oft als Prozessschritte zunächst eine aus der Unternehmenspolitik abge-
leitete Personalstrategie, eine darauf bezogene Personalentwicklungs-
Planung, daraus resultierende Personalentwicklungs-Maßnahmen und
ein begleitendes Personalentwicklungs-Controlling. Ein Internationales
Personalentwicklungskonzept beinhaltet idealtypisch folgende Baustei-
ne:

- *Unternehmensstrategie*: Z.B. „Internationales Wachstum" führt zur Personalstrategie „International Recruitment and Development"

- *Personalentwicklungs-Planung*: Z.B. über Auswahl/Schaffung Internationaler
  Schlüsselfunktionen im Unternehmen und daraus abgeleitet die entsprechenden
  interkulturellen Anforderungen (intercultural skills). Verglichen im Rahmen ei-
  ner Leistungs- und Potenzialbeurteilung der Mitarbeiter (assessments) führt die
  Planung zu vorhandenen und nutzbaren Mitarbeiterpotenzialen oder zu einem
  Trainingsbedarf.

- *Personalentwicklungs-Maßnahmen*: Lernen interkultureller Kompetenzen durch
  Training on-the-job (z.B. Internationale Einarbeitung, Projekte, Job Rotation,
  Assignments) oder Training off-the-job (z.B. Seminare, Lehrgänge, Informati-
  onsaufenthalte ...).

- *Personalentwicklungs-Controlling*: Z.B. durch eine entsprechende Organisation
  und Budgetierung, systematische Personalentwicklungsplanung, lerntransfersi-
  chernde Maßnahmen (z.B. interaktives Lernen im Seminar) und Möglichkeiten
  des Lerntransfers nach den Lernmaßnahmen und Mitarbeiterbeurteilung (Aus-
  gangspunkt für neue Lernmaßnahmen).

---

147 Stahl/Miller/Einfolt/Tung (2000), S. 334 ff.

Aus einem solchen internen Personalentwicklungs-Konzept werden häufig einzelne Konzeptschritte für einzelne Zielgruppen operationalisiert (siehe Beispiel unten). Ziel ist es, die Personalentwicklung im Unternehmen zu systematisieren und einen „Pool" geeigneter international einsetzbarer Nachwuchskräfte zur Verfügung zu haben.

Beispiel: Internationale Managemententwicklung im RÜTGERS-Konzern[148]

Die RÜTGERS AG hat sich vom Ursprung in der Teeverarbeitung in Deutschland zu einem international tätigen Konzern (Basis- und Spezialchemie, Automobilzulieferung, Kunststoffe für die Elektroindustrie, Fensterprofile ...) an 13 Standorten weltweit und rd. 50% Auslandsumsatz (davon rd. 80% in der EU) entwickelt.

Obere und oberste Management-Ebene	Group Executive Forum (Round Table) • Vision and Leadership • Inernational Competitive Strategy • Strategic R&D Management Performance-Kreis • Kernthemen international tätiger Unternehmen • Managing innovation • Achieving Outstanding Performance
Führungsnachwuchskräfte und junge Führungskräfte	Projektmanagement und Coaching Programm • Projektarbeit in Vorstandsauftrag • Lernende Organisation • „Jeder Gute kann noch besser werden" International Training Program • Lernen von und in fremden Kulturen • Contrast Culture approach • Managerial Skills for international business

---

148 Zeckra (1998), S. 32 ff.

Projekt- und Veränderungsmanagement Programm

- Entwicklungs-Assessement-Center
- Projektleitung und Moderation
- Miteinander und Voneinander lernen

Hochschulabsolventen Internationale Traineeprogramme

- Auswahl-Assessment-Center
- Mobilität und Mehrfachverwendbarkeit
- On-the-job-Fokussierung

Beispiel: Rütgers International Training Program (Auszug)

Objectives: The RÜTGERS International Training program is designed for dyamic young managers and junior workers. The program emphasizes the interdisciplinary nature of business and exposes young managers to problems outside their own specialised fields. Specificilly, it will help participants to broaden their perception of the scope of a company`s activities and the develop communication skills across functional areas, cultures and nationalities and offer an opportunity to challenge current expertise.

Modul 1   • An action learning workshop defined the needs of the partici-
Europe   pants and development management skills further by a process
              of group project presentation.

            • The learning organization: Basics of learning organization,
              Team building, Cross cultural Communication.

            • Organization Management: Individual and group behaviour.

Modul 2   • The cultural environment
China   • Developing management skills in Asia.

            • Joint venture management in Asia.

            • Business ethics in Asia.

Modul 3 USA	• Organization Management: Negotiations and conflict resolution, Managing organizational change.

Modul 4 Europe	• Contemporary managerial tools: Financial reporting, Cost accounting, Decisions under uncertainly controlling.
	• The learning of the organization: „Levers" of the Learning organization.

Merksatz:

Internationale Managemententwicklung steht vor dem Problem, dass die unterschiedlichen Kulturen oft sehr unterschiedliche Auffassungen von den Anforderungen und den Qualifikationen sowie der Entwicklung von Managern haben.

---

8. Interkulturelle Mitarbeiterführung

8.1 Grundlagen der Mitarbeiterführung

Erfolgreiche Unternehmen zeigen, dass sich die systematische Beschäftigung mit der Motivation der Mitarbeiter nicht nur sozial, sondern auch wirtschaftlich lohnt. Diese Unternehmen haben in der Regel niedrigere Fehlzeiten- und Fluktuationsraten als der Durchschnitt ihrer Branche und eine höhere Leistungs- und Innovationsbereitschaft ihrer Mitarbeiter. Der Begriff „Führung" ist nicht eindeutig definiert und findet sich in der Fachliteratur in unzähligen Variationen. Es ist deshalb sinnvoll, eine möglichst einfache und weitfassende Definition zu verwenden im Sinne, dass Führung grundsätzlich jede unternehmensbezogene verantwortliche Tätigkeit im Rahmen ihrer Aufgaben ist. Dabei ist zu sehen, dass Führungsfunktionen neben den herkömmlichen Bereichsleitungsfunktionen heute und zukünftig noch mehr in den Unternehmen auch hochqualifizierte Fach- und Spezialistenfunktionen, Projektleitungen, Funktionen im Key-Account-Management etc. befristet oder dauerhaft beinhalten. Dies gilt in besonderem Maße auch im Ausland, wo in vielen Kulturen traditionell Managementfunktionen weitaus differenzierter als nur auf Bereichsleitung und Mitarbeiterführung konzentriert gesehen werden. Typische Dimensionen der Führung sind entsprechend:

• Unternehmensführung, z.B. innovationsorientiertes Handeln, produktives Handeln, marktorientiertes Handeln, kosten- und/oder ertragsorientiertes Handeln, strategisches und gesamtunternehmerisches Handeln, Mitarbeiterführung, Unternehmen repräsentieren, verantwortliche Kundenfeldbetreuung, Behördenmanagement.

• Mitarbeiterführung (als Teil der Unternehmensführung), z.B. Mitarbeitern Ziele setzen, Arbeit und Kompetenzen delegieren, Mitarbeiter instruieren, sie kontrollieren, motivieren, betreuen, fördern.

• Unternehmensentwicklung, z.B. verantwortliche Produktentwicklung, Prozessgestaltung, Training und Organisationsentwicklung.

Führungskräfte

Auch der Begriff „Führungskraft" ist gleichermaßen vielfältig wie Führung. In der internationalen Unternehmenspraxis werden in der Regel unternehmensspezifisch wichtige Eigenschaften bzw. Kriterien gewählt, z.B. die Zahl und Qualifikation der unterstellten Mitarbeiter, außertarif-

licher Arbeitsvertrag, Titel, Entscheidungskompetenzen, Hierarchiestu-
fe usw. Hierbei ist festzustellen, dass die klassischen Auffassungen von
Führungskraft oder Vorgesetzten i.S. von Gruppen-, Abteilungs- oder
Bereichsleiter usw. nicht in allen Kulturen die gleiche Bedeutung haben.
Während z.b. der Begriff „Manager" in Deutschland eher auf eine relativ hohe Entscheidungskompetenz im Unternehmen hinweist, ist es in
den USA eine generelle Bezeichnung für eine fachlich-eigenver-
antwortliche Tätigkeit – Manager ist auch der Sachbearbeiter oder Park-
platzwächter, der seinen Aufgabenbereich selbständig verantwortlich
organisiert. So hat z.b. auch die Bezeichnung „Direktor" im deutschen,
im US-amerikanischen oder im asiatischen Raum eine völlig unterschiedliche Bedeutung. Entsprechend haben z.b. Produkt- oder Firmen-
kundenbetreuer einer Bank, die weltweit tätig sind, jeweils unterschiedliche Visitenkarten mit unterschiedlichen Bezeichnungen, abgestimmt
auf das Titel- und Funktionsverständnis in diesem Kulturraum. Führungskräfte können so z.b. klassische Abteilungsleiter, die direkt für
Mitarbeiter verantwortlich sind, verantwortliche Kundenbetreuer für
wichtige Key-Kunden oder hochqualifizierte Fachkräfte und Spezialis-
ten, z.b. der Rechtsanwalt als Justitiar, selbständig arbeitende Entwick-
lungsingenieure in der Produktentwicklung oder Projektmanager sein.

Merksatz:

Führungskräfte führen Mitarbeiter und/oder treffen und verantworten
unternehmensrelevante Entscheidungen und/oder vertreten das Unternehmen nach außen.

Führungstheorien

Wissenschaftliche Theorien über Mitarbeiterführung versuchen Ursa-
che-Wirkungs-Zusammenhänge der Führung (= Führungserfolg) zu
erklären und daraus Regeln für künftiges erfolgreiches Führen abzulei-
ten. Beispiele für Führungstheorien sind die

- *Eigenschaftstheorie der Führung*: Das Resultat von Führung, das heißt der
  Erfolg einer Führungssituation wird ausschließlich durch die Eigenschafts-
  merkmale der Persönlichkeit der Vorgesetzten bestimmt.

- *Führungsstiltheorie der Führung*: Ein bestimmtes Führungsverhalten bewirkt –
  immer und überall – den gewünschten Führungserfolg.

- *Situationstheorie der Führung*: Führung wird in erster Linie durch die vorhandene Situation geprägt; sie bestimmt, wer führt, wie geführt werden soll und wie sich Führungserfolg gestaltet.

- *Interaktionstheorie der Führung*: Führungserfolg ist abhängig von der Situation und der individuellen Interaktionserfahrung der Wechselbeziehung zwischen Mitarbeiter und Vorgesetzten.

Abhängig von der Entwicklung und „Mode" der Führungstheorien lässt sich im Rückblick die Entwicklung von Führungsstilen und die Art und Weise, wie Führungskräfte ausgewählt bzw. geschult werden, nachvollziehen. Herrschte z.B. bis weit in die Mitte des letzten Jahrhunderts das Bild vom Mitarbeiter als Produktionsfaktor (homo oeconomicus) in vielen Kulturen vor, so wurden entsprechend Führungskräfte mit „angeborenen" bzw. anerzogenen Charaktereigenschaften ausgewählt. Mit der Entwicklung des Menschenbildes vom „social man" setzte sich immer mehr die Führungsstiltheorie durch und Führungskräfte wurden in kooperativen Führungsverhalten geschult, ungeachtet ihrer Charaktereigenschaften. Die moderne Organisationstheorie vom „complex man" führt immer mehr dazu, Führung situativ und als komplexen Interaktionsprozess zu betrachten, indem Führungsstil und -instrumente sich flexibel an die individuelle Situation und Persönlichkeit des Mitarbeiters anpassen sollen.

8.2 Führungssituationen und Führungsinstrumente

Typische regelmäßige Situationen in der Mitarbeiterführung sind z.B. die Auswahlgespräche mit Bewerbern, die Einführung neuer Mitarbeiter in das Unternehmen/die Abteilung, die Einarbeitung in die neue Arbeitsaufgabe, die Erteilung von Arbeitsanweisungen oder Delegation von Aufgaben und Verantwortung, das Behandeln von Konflikten zwischen Mitarbeitern oder zwischen Abteilungen, die Beurteilung der Leistung von Mitarbeitern, die Motivation von Mitarbeitern, die Förderung und Planung von Weiterbildungsmaßnahmen oder die Beratung von Mitarbeitern. Im internationalen Kontext kommen in diesen typischen Aufgaben zusätzlich die interkulturellen Besonderheiten hinzu: So ist es z.B. in typisch „maskulin" geprägten Kulturen üblich, dass Führungskräfte Entscheidungen allein treffen und verantworten, in femininen Kulturen werden Führungsentscheidungen und -verantwortungen eher von den Mitarbeitern mit getragen (siehe Kap. 2). Typische interkulturelle Führungssituationen sind z.B. die interkulturelle Personalpla-

nung für die Abteilung, die Personalauswahl/-beurteilung für interkulturelle Aufgaben, die Integration von Mitarbeitern in gemischt-kulturelle
Arbeitsorganisationen (Team, Abteilung, Niederlassung ...), die Analyse
und Steuerung der interkulturellen Kommunikation im Aufgabenbereich
der Führungskraft (innerhalb der Arbeitsgruppe sowie zu Schnittstellen),
die Vermittlung bzw. Moderation in kulturbedingten Konfliktsituationen, die Betreuung entsandter Mitarbeiter vor Ort, die Förderung der
interkulturellen und internationalen Flexibilität in der Arbeitssituation
vor Ort, aber auch die Förderung der Mitarbeiter für internationale/-
interkulturelle bereichs- und ortsübergreifende Aufgaben.

Führungsinstrumente

Bei den o. g. vielfältigen Aufgaben der täglichen Mitarbeiterführung, die
neben den sachlichen Aufgaben im Rahmen der Unternehmensführung
(Kosten- und Ertragshandeln, Kundenkontakte, Entwicklungsaufgaben
...) anfallen, sollen Führungssysteme und -instrumente helfen, dass Führungssituationen relativ gleichartig und gerecht in allen Abteilungen und
Funktionen geleistet werden. Typische Instrumente der Mitarbeiterführung sind z.B. Auswahlinterview-Leitfaden, Arbeitsrecht/-vertrag, Stellenbeschreibung, Einführungs- oder Einarbeitungsplan, Führungsleitlinien, Mitarbeiterbeurteilungssystem (siehe Beispiel), Mitarbeitergesprächs-Leitfaden, Gehaltssystem, materielle Anreizsysteme (z.B. Prämiensystem) oder Personalentwicklungs-Systeme. Hierbei ist zu beachten, dass die angewendeten üblichen Instrumente des Personalmanagements und der Mitarbeiterführung in den unterschiedlichen Kulturen
nicht selbstverständlich bzw. anders ausgeprägt verstanden werden.

Beispiel: Mitarbeiterbeurteilungssystem der ... -Shipping GmbH

Die systematische Beurteilung der Mitarbeiter nach unternehmenseinheitlichen
Regeln ist für die Personalplanung und Mitarbeiterführung sehr wichtig. Auch kann
z. B. in Deutschland jeder Mitarbeiter verlangen, dass mit ihm die Beurteilung seiner Leistung und seine Entwicklungsmöglichkeiten im Unternehmen erörtert werden
(§ 82 BetrVG). Inzwischen ist die regelmäßige Mitarbeiterbeurteilung in größeren
Unternehmen ein Standard. Ziele der Beurteilung sind u. a. die Erfassung individueller Mitarbeiterleistungen/-potenziale, die Einschätzung des Leistungsstands einer
Organisationseinheit oder Funktionsgruppe und des gesamten Unternehmens sowie
die Erfassung der Mitarbeiterwünsche im Hinblick auf die Personalentwicklungs-
Bedürfnisse des Unternehmens und des Mitarbeiters.

assess reference	1	2	3	4	5
ability	has shown a very high ability in all aspects	has shown acceptable ability in all aspects of his work	has shown satisfactory ability in most aspects of his work	lacks ability but willing to learn and has improved	has little or no ability and has not improved
conduct	conduct has been exemplary, has been uninfluence for good	has given no cause for complaint	occasionally guilty of minor offenses	repeatedly guilty of minor offences, a bad influence	has been guilty of serious misconduct and logged
compability	has never been known to quarrel with anyone	has occasionally had minor quarrels with others	does not mix with others but causes no trouble	frequently quarrels with others	quarrelsome and a disruptive influence
diligance	has been extremely willing and a hard worker at all times	has always been a good worker	works well at times but slacks off at other times	has had to be watched and pushed much of the time	lay and required constant pushing
discipline	has adapted well to discipline and given no trouble	rarely gives trouble and accepts discipline in a good spirit	often been in troule but accepts discipline in good spirit	resents discipline and carries a ship on his shoulder	resents discipline and incites others to do likewise
integrity	has been entirely trustworthy and dependable	has been generally trustworthy and dependable	generally truthful with occasional lapses	proved untrustworthy under stress	cannot be trusted, has frequently been found to be disloyal
responsibility	has always shown a high sense of responsibility	can be depended on to do his job, has rarely failed	has had to be checked periodically, generally reliable	often failed to show a sense of responsibility	cannot be trusted to do his job unless supervised

sobriety	has never been seen drunk or suffering from a hangover	has never allowed drink to affect his work	his work has on occasion been adversely affected by drink	his work and conduct has often been adversely affected by drink	repeatedly been drunk, efficiency and conduct seriously affected
time-keeping	always punctual and works considerable time in excess of call of duty	has always been punctual and will work willingly if required to do so	has never been late but is inclined to be a clock-watcher	has occasionally been late for duty	has been frequently late for duty and is generally unreliable
health	always very healthy, has physical strenght for all kinds of duties	healthy, but limited physical strenght for work	generally in good condition, very seldom requests medical exam. in port	poor health, very often requests medical exam. in port	bad health, unsuitable for seagoing work
leadership (officers and petty officers only)	very good control over crew and cooperative with officers/ engineers	good control but often has wrong idea of leadership	his control over crew is neither good or bad	poor control, which sometimes caused crew problems	completely lacking control over crew
overall assessment	an asset to the company, suitable for promotion everytime	a good man, could be considered for promotion when obtained certificate/licence	satisfactory worker, recommended for continued employment	doubtful case, recommended given a further chance	cannot recommend that he be continued in employment
remarks:					
signed department head: ...			signed master: ...		

Abb. 8.1: Internationales Mitarbeiterbeurteilungssystem

Die ...-Shipping GmbH betreut als Tochtergesellschaft einer größeren internationalen Reederei mit Stammhaus in Deutschland das Crew Management von rd. 1.000 Seeleuten auf 65 Schiffen unter deutscher und ausländischer Flagge. Die typische Organisation (Hierarchiestruktur) auf einem Handelsschiff besteht aus dem Kapitän (i.d.r. ein Deutscher oder EU-Bürger), dem ein Nautischer und ein Technischer Offizier unterstellt sind (meist Deutsche, EU-Bürger oder Asiaten). Dem Nautischen Offizier unterstehen z.b. der Funkoffizier, die Bootsmänner und Matrosen sowie Steward und Koch; dem Technischen Offizier unterstehen z.b. der Elektriker und Schiffsmechaniker (i.d.R. Asiaten).

Confidential performance report (Auszug):

The confidential performance report has to be done every three month. This report to be completed when Officer/Rating signs off and when Master of Dept. Head signs off and the report must be forwarded to the Fleet Personal Department.

Es handelt sich um ein merkmalsorientiertes Einstufungsverfahren, dass für alle Mitarbeiter gleiche Beurteilungsmerkmale zugrunde legen. Das hier gezeigte Beurteilungssystem ist sehr verhaltensorientiert, da Seeleute verschiedener Nationalitäten Tag und Nacht, in Stress- und Krisensituationen monatelang auf engstem Raum zusammenleben. Die Mitarbeiter werden regelmäßig beurteilt (eingestuft) und bekommen bei überdurchschnittlicher Leistung Förder- und Aufstiegschancen und bei regelmäßig unterdurchschnittlicher Leistung Fördermaßnahmen oder Versetzung in eine für sie geeignetere Aufgabe bis hin zur Kündigung bei schwerwiegenden Verhaltensfehlern. Der Vorteil eines solchen strukturierten Systems liegt in der Vergleichbarkeit und systematischen Handhabung und Auswertung. Da die Arbeit auf einem Schiff relativ wenig Freiräume für individuelle Zielvereinbarungen lässt und die Personalabteilung keinen Kontakt zur Crew hat, die weltweit auf den Schiffen unterwegs sind, ist es ein einfach handhabbares und untereinander relativ gerecht wirkendes System (bei der grundsätzlichen Subjektivität von Beurteilungssystemen).

8.3 Führungsstile im internationalen Kontext

Ein einheitlicher Führungsstil der Vorgesetzten gegenüber Mitarbeitern macht zum einen das Verhalten von Vorgesetzten und das Ergebnis von Führungssituationen einschätzbar. Zum anderen führt es zu einer relativen innerbetrieblichen Gerechtigkeit, das heißt in den verschiedenen Abteilungen oder Funktionen wird in ähnlichen Situationen ähnlich geführt. Dadurch wird die Kommunikation und Zusammenarbeit untereinander wesentlich erleichtert und es entsteht nicht das demotivierende Gefühl ungerechter Behandlung.

Das grundsätzliche Spektrum der Führungsstile reicht von autoritärer Führung als einseitige Anweisung durch Vorgesetzte ohne Erläuterung über kooperative Führung als wechselseitige Abstimmung zwischen Vorgesetzte und Mitarbeitern bis zur laissez-fairen oder autonomen Führung, wo die Entscheidung und Verantwortung weitgehend oder ganz allein bei den Mitarbeitern liegt. Führung ist aber immer abhängig von den Rahmenbedingungen und der Situation, in der Führung stattfindet, z.b. die Unternehmensorganisation, die festgelegte oder unausgesprochene Unternehmens- und Organisationskultur, die Persönlichkeit des Mitarbeiters und die Persönlichkeit des Vorgesetzten sowie die täglichen Rahmenbedingungen und Einflüsse, in denen sich die Beteiligten privat und beruflich bewegen. Und im internationalen Kontext kommen die kulturellen Rahmenbedingungen im Gastland hinzu sowie die oft gemischt-kulturellen Mitarbeitergruppen. Entsprechend gibt es in der Unternehmenspraxis in der Regel kein eindeutiges, klares und abgegrenztes Führungsverhalten, sondern eher wird eine Tendenz angestrebt (Führungskorridor), in der sich Führungsverhalten bewegt.

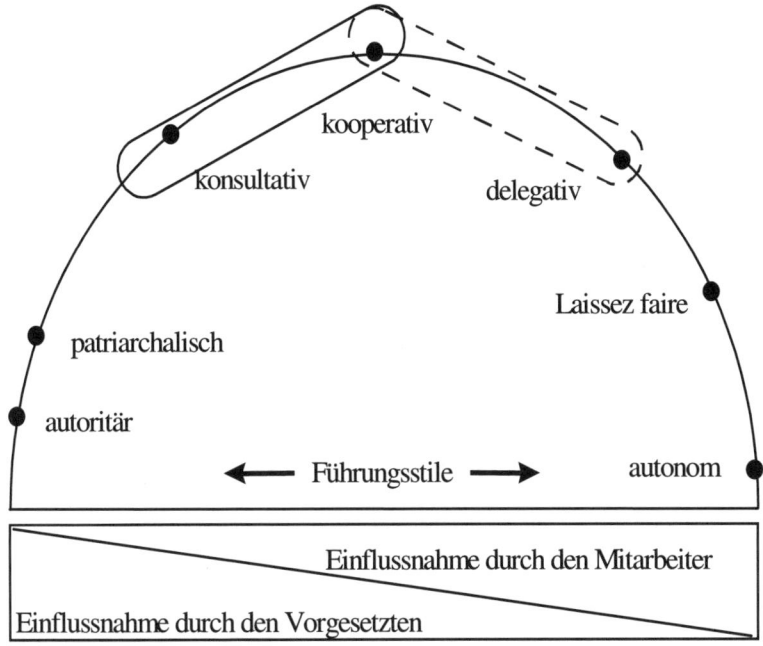

Abb. 8.2: Führungsstile und Führungskorridor[149]

Merksätze:

Führungsstil bezeichnet ein zeitlich und sachlich konsistentes Führungsverhalten.

Interkulturelle Führung will die Einstellung und das Verhalten zusammenarbeitender Mitarbeiter und auch Vorgesetzter verschiedener Kulturen erfolgsorientiert steuern.

---

149 Meier/Schindler (1995), S. 175.

Dabei ist im internationalen Kontext zu beachten, dass die bewährten Vorgehensweisen, Einstellungen und Verhaltensweisen in der Kommunikation und Mitarbeiterführung im Ausland oft erfolglos sind (siehe auch Kap. 2).

Beispiele: Interkulturelle Führungsprobleme[150]

Ein deutscher Gruppenleiter in Spanien, der seine spanischen Mitarbeiter um Vorschläge und Kritik bittet, bekommt kaum Resonanz und erntet eher Erstaunen. Sein Ansatz eines kooperativen Führungsverhaltens widerspricht dem in Spanien noch verbreiteten Vorgesetztenbild des „omnipotenten Steuermanns", der allein Entscheidungen trifft. Die Aufforderung zur Mitbeteiligung wird eher als Führungsschwäche interpretiert.

Die Aufforderung des amerikanischen Vorgesetzten an seine deutschen Mitarbeiter zu Beginn einer Besprechung, ihn mit Vornamen anzureden, irritiert Deutsche oft. Das „Du" in Verbindung mit dem Vornamen gilt hier eher für persönliche Freundschaften, die wachsen müssen. Oft wissen Deutsche nicht, dass sich in der formlosen Anrede der Amerikaner die Grundüberzeugung menschlicher Gleichheit und Wertschätzung informeller Beziehungen ausdrückt; das bedeutet aber nicht, dass Hierarchien, Kompetenzen etc. infrage gestellt werden.

---

150 Kühlmann/Stahl (1998), S. 44 ff.

Fallstudie: Intercultural Management[151]

Suchen Sie je Abschnitt eine typische Verhaltensanforderung, die Hr. Meinert fehlt:

Hr. Meinert ist seit einigen Monaten Leiter der Kreditabteilung in der Filiale einer deutschen Bank in New York. Seinem Mitarbeiter John Spencer hat er vor kurzem schriftlich den Auftrag gegeben, Daten für eine Bilanzanalyse zusammenzustellen. Bislang war noch keine Gelegenheit, Mr. Spencer persönlich kennen zu lernen.

Es fehlt Hr. Meinert an: ...

Beim Durchblättern der Akte mit den angeforderten Analysedaten, von Mr. Spencer soeben reingereicht, stellt Hr. Meinert fest, dass der Kunde nicht kreditwürdig ist. Er wundert sich, dass Mr. Spencer dies nicht erwähnte, denn das kann ihm eigentlich nicht entgangen sein. *Es fehlt:* ...

Überhaupt hat Hr. Meinert die Beobachtung gemacht, dass Mr. Spencer wie auch die anderen Mitarbeiter der Abteilung wenig Eigeninitiative zeigen und sich vor Verantwortung drücken. *Es fehlt:* ...

Er beschließt, sofort mit Mr. Spencer über die Angelegenheit zu reden und lässt ihn aus einer Projektsitzung in sein Büro rufen. *Es fehlt:* ...

Im Gespräch bringt Hr. Meinert ohne Umschweife zum Ausdruck, dass er sich von den Mitarbeitern allgemein und Mr. Spencer im Besonderen mehr eigenverantwortliches Handeln wünscht. Wenn Bilanzdaten eines potenziellen Kreditnehmers Anlass zur Sorge gäben, solle er künftig sofort darauf hinweisen und beim Kunden weitere Daten zur Klärung erbitten. Dies sei auch die in Deutschland übliche Vorgehensweise. *Es fehlt:* ...

Auf Mr. Spencers Einwand, dass man über eine Erweiterung seines Aufgabenbereiches gerne nachdenken könne, damit aber eine Gehaltserhöhung verbunden sein müsse, geht Hr. Meinert gar nicht ein, sondern er wiederholt seine Anweisung. *Es fehlt:* ...

---

151 Ebenda (1998), S. 53 (mit Musterlösung).

> Er beendet das Gespräch mit dem vagen Hinweis, man müsse über die Aufgabenbeschreibung später noch einmal reden. *Es fehlt:* ...
>
> Konsterniert stellt er gegenüber deutschen Kollegen fest, dass man amerikanische Mitarbeiter wohl nur mit Geld motivieren könne. Hr. Meinert hat Mr. Spencer vorerst als Kandidaten für eine Beförderung ausgeschlossen. *Es fehlt:* ...

Kulturspezifische Motivation und Führung

Die in Kap. 2. aufgezeigten Kulturdimensionsmodelle führen zu einer differenzierten Anwendung von Führungsstilen in anderen Kulturen bzw. in der Zusammenarbeit mit Mitarbeitern aus unterschiedlichen Kulturen. Die wissenschaftliche Literatur ist sich auch international meist einig, dass die Motivation der Mitarbeiter in hohem Maße kulturabhängig ist. Aber es sind auch viele Übereinstimmungen festzustellen, dass z.B. die bekannten Motivationsmodelle (wie z.B. die Bedürfnispyramide nach Maslow) interkulturell nicht einfach übertragbar sind.

Die in Kap. 2 aufgezeigten Zusammenhänge zwischen Kultur und Kommunikation und Arbeitsmotivation kommen vereinfacht zu Aussagen (siehe auch Kap. 2, Abb. 2.4) wie z.B.

*   In kollektivistisch-orientierten Ländern haben soziale Wertschätzungsbedürfnisse oft eine höhere Bedeutung als individuelle Selbstverwirklichung (hohe Wertigkeit der Mitarbeit in Arbeitsgruppen); in individualistisch-orientierten Ländern zählen individuelle Karrieren mehr.

*   In Kulturen mit einem hohen Unsicherheitsvermeidungs-Bedarf sind z.B. Arbeitsplatzgarantie/Gruppenarbeit hohe Anreize; in Kulturen mit schwach geprägter Unsicherheitsvermeidung motivieren individuelle Gestaltungsmöglichkeiten stark.

*   Länder mit hoher Machtdistanz haben relativ hohe Einkommensunterschiede in der Unternehmenshierarchie im Vergleich zu Ländern mit geringer Machtdistanz.

*   In maskulin geprägten Kulturen haben Leistungslöhne und Statussymbole eine höhere Wertigkeit gegenüber feminin geprägten Kulturen, wo Sozialleistungen, flexible Arbeitszeit, Arbeitsinhalte eine hohe Motivationsbedeutung haben.

Die verschiedenen Untersuchungen kulturspezifischer Kommunikation lassen vermuten, dass es eine kulturabhängige Effizienz von Führungsstilen gibt. Empirische Analysen von rd. 200 kulturvergleichenden Untersuchungen zeigen, dass die Effizienz des Führungsstils stark von den kulturell geprägten Partizipationserwartungen der Mitarbeiter abhängig ist. Steigt z.b. die subjektiv empfundene Diskrepanz zwischen den Partizipationserwartungen der Mitarbeiter und dem Führungsstil des Vorgesetzten, nimmt die Mitarbeiterzufriedenheit ab. Entsprechend kommt es bei der Unternehmens- bzw. Mitarbeiterführung von Vorgesetzten und Mitarbeitern aus stark unterschiedlichen Partizipationserwartungs-Kulturen signifikant häufiger zu Konflikten. Auch meint man, dass Mitarbeiter in westlichen Industrieländern (aus der protestantisch geprägten Tradition der Betonung der menschlichen Individualität und individuellen Selbstverwirklichung) höhere Partizipationserwartungen haben als in traditionell katholischen Kulturen („persönliches Dasein als Schicksal"), wo eher noch autoritäre Führungsstilpräferenzen existieren und akzeptiert werden. Neuere Untersuchungen ergeben, dass die Autoritätserwartung auch sehr stark durch Gewöhnung, mangelnde Qualifikation und durch das vom Vorgesetzten betrachtete Menschenbild geprägt wird, was wiederum eng von seiner individuellen Persönlichkeit abhängt.

Häufig werden Merkmale von Führungssystemen nach Ländergruppen definiert, z.B. für

- *englischsprachige Länder*: Risiko- und Belohnungs-orientiertes Führungsverhalten, Delegationsprinzip und Empowerment-Ansätze; Mitarbeiter werden nur geführt, wenn es unbedingt nötig ist.

- *deutschsprachige/skandinavische Länder*: Führungsverhalten ist Belohnungsorientiert mit Hang zu Regeln; Mitarbeiter werden zur Eigeninitiative ermutigt.

- *Latein-europäische Länder/Lateinamerika*: Autokratisches Führungsverhalten, Belohnung hängt von Positionsmacht ab; Mitarbeiter erwarten formelle „rules & regulations".

- *Nahost*: Weniger Belohnungs-orientiertes Führungsverhalten; Mitarbeiter erwarten bürokratische Strukturen zur Unterstützung der Führung.

- *Fernost*: Führungsverhalten ist Gruppen-Belohnungs-orientiert, Meinungen der Untergebenen sind wichtig.

- *Arabische Kulturen*: Führungspositionen zu erfüllen, ist ein Wert an sich; Mitarbeiter erwarten detaillierte Anweisungen und hochbürokratische Strukturen.

Aus solchen Ergebnissen bzw. Ansätzen werden in interkulturellen Trainings oft sog. Führungsstilpräferenzen nach Ländern abgeleitet (siehe Beispiele und Abb. 8.3).

Beispiele: Führungsstile im Kulturvergleich

Ein Beispiel gibt Rodrigues im Vergleich zwischen US-amerikanischen und japanischen Führungskräften (Auszug)[152]:

* US-Führungskräfte treffen Entscheidungen und leiten eine Abteilung, japanische fühlen sich als Teil der Gruppe und schaffen ein soziales Klima, in dem Entscheidungen getroffen werden.

* Amerikanische Führungskräfte sind für die Zielerreichung der Abteilung allein verantwortlich, japanische verantworten die Ergebnisse gemeinsam mit der Gruppe.

* In den USA sind die Vorgesetzten eher an kurzfristigen Erfolgen und Planungen interessiert, in Japan eher langfristig orientiert.

* Vorgesetzte in den USA sind Konflikte gewohnt und scheuen sie nicht, Japaner hingegen scheuen die offene Konfrontation.

Eine andere Untersuchung kommt im Vergleich zwischen US-amerikanischen und deutschen Führungskräften bezüglich „Patterns of Interaction" teilweise zu anderen Aussagen[153]:

* German leaders: stress goals, become somewhat impatient, demonstrate urgency, focus on tasks only, may even attack or discount problem solving competency of workflow.

* US-leaders: motivate and coach, demonstrate concern for moral of team, show patience and persistence, openly show dependence on problem solving competency of workforce.

---

152 Rodrigues (1996), S. 389 f.
153 Hofielen/Broome (2001), S. 60 ff.

Führungsstil	Länder	Führungsstilmerkmale
partizipativ	USA	Führung durch gemeinsame Entscheidungsvorbereitung.
↑	Niederlande, Belgien/Flamen, Schweden	Entscheidungs-/Führungsinstanzen durch formelle Normen am Machtmissbrauch weitgehend gehindert.
	Großbritannien	Geringe Sicherheitsbedürfnisse bei den Unterstellten.
partizipative Ansätze	Belgien/Wallonen, Frankreich	Führung überwiegend am Rat und der Meinung der Mitarbeiter interessiert/orientiert.
↑	Dänemark, Norwegen, Japan, Australien	Mittlerer Delegationsgrad.
↓	Spanien, Italien, Deutschland	Unterstellte erwarten keinen hohen Grad an Entscheidungsautonomie.
Autoritäre Ansätze	Griechenland, Türkei, Südamerika	Sehr geringer Delegationsgrad, zentralistische Entscheidungen.
↓	Malaysia, Indonesien, Thailand usw.	Statussymbole und Privilegien für Führungskräfte sichtbar und legitim.
	Arabische Länder	Autorität wird nicht hinterfragt, sondern akzeptiert.
autoritär	Indien, Pakistan	Kaum Informationen zwischen den Ebenen.

Abb. 8.3: Führungsstilpräferenzen nach Ländergruppen[154]

Sicherlich gibt es einen Zusammenhang zwischen der vorherrschenden Kultur in einem Land und der Ausprägung der Arbeitsmotivation dort. Es ist aber aufgrund der beschränkten Führungssituation (ein Vorgesetzter, wenig Mitarbeiter) nicht möglich, die o. g. Modelle und Theorien

---

154 Nach Keller (1987), Sp. 1287.

auf den Einzelfall anzuwenden. Auch berücksichtigen solche Modelle nicht die besondere Situation der gemischtkulturellen Kommunikation sowie die situativen Bedingungen wie z.b. die unterschiedlichen menschlichen Charaktere oder spezifischen Arbeitssituationen (siehe Kap. 8.1). Da man sich schon innerhalb einer Kultur nicht einig ist über Führungsstile (z.b. die Diskussion in Deutschland in den Dimensionen von autoritären über kooperative, situative bis zu autonomen Führungsstilen), ist die Komplexität und Vielfalt in den aufeinander treffenden Kulturen, Charakteren, Situationsbedingungen usw. in einer interkulturellen Führungssituation noch weitaus größer (zur Kritik siehe auch Hofstedes Untersuchungen und Modell in Kap. 2.3.2).

8.4 Interkulturelles Projektmanagement und Teamentwicklung

Die typischen Problemfelder im Projektmanagement bezogen auf

- Aufgabe (Projektziel ungenau/unklar, Aufgabe zu groß/zu komplex)

- Methoden/Organisation (Methodendefizite, Priorität mechanistischer Instrumente/DV, unzureichende Ressourcen und Kompetenzen, unklare Koordination und Information),

- Verhalten (z.b. zu wenig Kommunikation, Einzelkämpfertum oder Bereichsegoismen, fehlende Sozialkompetenzen, unkontrollierte Gruppendynamik und Führungsdefizite),

bestehen auch im internationalen Projektmanagement. Hier werden die o. g. Problemdimensionen noch um die

- spezifisch interkulturelle Situation und das Umfeld erweitert, z.B. durch verbale und non-verbale Sprachprobleme (siehe Kap. 3) und typische interkulturelle Verhaltensdefizite wie z.b. das Überstülpen der eigenen Kultur, fehlende interkulturelle Akzeptanz oder kulturbezogene Vorurteile untereinander.

Beispiel: Deutsch-französische Unternehmensfusion[155]

Bei einer deutsch-französischen Unternehmensfusion wurden zahlreiche gemeinsame Projektgruppen gebildet. Als sich eine Gruppe erstmals traf, bereiteten sich die deutschen Mitarbeiter sehr engagiert vor: Vorschläge wurden erarbeitet, Fragenkataloge formuliert, detaillierte Präsentationen erstellt. Sie wollten schnell möglichst viele gemeinsame Entscheidungen treffen. Den französischen Mitarbeitern war das erste Treffen genauso wichtig. Sie waren gespannt darauf, sich mit ihren künftigen deutschen Kollegen auszutauschen, gemeinsam Ideen zu entwickeln und diese abzustimmen. Entsprechend hatten die Franzosen ihre Vorstellungen zunächst nicht konkretisiert, sie wollten in erster Linie die deutschen Teamkollegen näher kennen lernen. Die Überraschung und Verwunderung über das Verhalten in der ersten gemeinsamen Sitzung war auf beiden Seiten entsprechend groß.

Kommentar: Solche Missverständnisse ergeben sich schnell bei der Zusammenarbeit unterschiedlicher kultureller Gruppen ohne Kenntnis kultureller Besonderheiten. Daraus folgt einerseits, dass sich der Integrationsprozess verlangsamt und zum anderen zumeist Frustration bei den Beteiligten. Gerade bei Fusionen mit Unernehmen aus unterschiedlichen Ländern können durch kulturelle Unterschiede entstandene Doppeldeutigkeiten das gesamte Integrationsvorhaben nachhaltig negativ beeinflussen. Das ist auch hier deutlich: Sowohl die deutschen als auch französischen Mitarbeiter wissen nicht mit der Situation umzugehen und bewerten die Unklarheiten dann negativ. Die Deutschen fragen sich, ob ihre künftigen Partner wirklich zuverlässig sind, die Franzosen interpretieren das deutsche Vorgehen als provokant und haben den Eindruck, dass ihre künftigen Kollegen sich eine Vormachtstellung sichern wollen.

Während Methoden noch am schnellsten und einfachsten geändert werden können, ist die Einstellungs- und Verhaltensüberprüfung und -modifikation bei erwachsenen Menschen sehr langwierig, da es sich um mentale Entwicklungsprozesse handelt. Gerade im Projektmanagement ist man inzwischen der Überzeugung, dass die meisten Probleme für ein unzureichendes Projektergebnis oder Störungen im Projekt nicht auf Methodendefizite oder falsche Instrumentenwahl, sondern überwiegend durch Verhaltensprobleme bedingt sind.

---

155 Dauger-Neutzner/Tjitra (2001), S. 18.

Fallstudie: Interkulturelle Projektarbeit

16 europäische Hochschulen haben den EU-Auftrag, eine Internet-Plattform zur Vorbereitung von Studierenden für Studium, Praktika und Berufseinstieg in Europa zu schaffen. Als Technischer Projektleiter wird von der EU ein deutscher Hochschulprofessor eingesetzt, als Pädagogischer Leiter ein Fremdsprachenlehrer aus Italien. Andere Projektmitarbeiter sind Fremdsprachendozenten, Referent Öffentlichkeitsarbeit, Leiterin Auslandsamt, Professoren für Steuerlehre, Materialwirtschaft, Management, ein Hochschulpräsident und nach Bedarf einbezogene Studentische Hilfskräfte an den einzelnen Hochschulen - eine kulturell und beruflich „bunt gemischte" Gruppe. Geplant sind vier Jahre Projektzeit, mit einer Woche Projektmeeting je Semester an eine der Hochschulen, je Teilnehmer 2.400 ECU Reisebudget. Die Arbeit beginnt kooperativ-konstruktiv und mit viel persönlichem Engagement aller. Schnell findet man ein Produktdesign. Die ersten Meetings sind von Freundlichkeit, Witz und Kreativität geprägt, und die Gastgeber laden in gute Restaurants und organisieren interessante Exkursionen. Nach zwei Jahren sind 6 Projektmitarbeiter berufsbedingt ausgeschieden und durch neue von den Hochschulen ersetzt. Nach der Phase des Kennenlernens und der Ideensammlung beginnt die operative Arbeit (umfangreiche Datenrecherche und Dokumentation, Detailabstimmungen, Web-Design usw.). Es treten erste Probleme auf, z.B. Nichteinhaltung von Terminen, Grüppchenbildung bei Meetings, Witze und Gerede über faule Teilnehmer oder Anspielungen auf kulturelle Vorurteile. Die Offenheit früherer Sitzungen nimmt ab, und Entscheidungen werden informell zuvor abgesprochen, z.B. in der alten Gruppe. Nach außen betonen alle die kooperativ-internationale Zusammenarbeit und interessante Aufgabe, doch niemand spricht die Probleme offen an.

Aufgaben:

1. Wie erklären Sie sich die Entwicklung der Projektgruppe?

2. Warum wird die Unzufriedenheit nach außen verborgen?

3. Warum schlägt niemand eine offene Aussprache vor?

4. Was schlagen Sie vor, um den Projekterfolg noch zu sichern?

Teamentwicklung

Mit Teamentwicklung bezeichnet man eine Vielzahl von Strategien und Methoden zur Weiterentwicklung von Organisationen (z.b. Abteilungen, Hierarchieebenen, Unternehmen ...) oder Arbeitsgruppen/Teams. Teamentwicklung dient der systematischen Bearbeitung von Effizienzverlusten und Unzufriedenheit in oder zwischen ganzen Organisationseinheiten (Organisationsentwicklung), um Kommunikation und Zusammenarbeit, Identifikation, Engagement und Zufriedenheit in der Gruppe oder Abteilung zu verbessern. Im interkulturellen Kontext ist hierfür ein typisches Beispiel die Beziehung zwischen der einheimischen Muttergesellschaft und einer ausländischen Tochtergesellschaft oder die Formierung/Leitung einer international besetzten Projektgruppe zu einem konfliktfrei zusammenarbeitenden Team. Damit ist Teamentwicklung eine originäre Führungsaufgabe, die in der Praxis aber oft vernachlässigt oder als solche nicht erkannt wird oder für eine Führungskraft allein zu komplex ist.

Merksätze:

Interkulturelles Projektmanagement erweitert die typischen Problemfelder des Projektmanagements (Aufgaben, Methoden, Verhalten) um die spezifischen Probleme der interkulturellen Kommunikation und Zusammenarbeit.

Teamentwicklung ist eine Veränderungsstrategie mit Einbeziehung aller Beteiligten und deren Interessen, um Zusammenarbeit und Kommunikation in oder zwischen Teams zu verbessern.

Anlässe können Probleme in Prozessabläufen oder der Arbeitsorganisation sein, z.B. unklare Kompetenzen, in der Zusammenarbeit oder in der Kommunikation. Teamentwicklung ist auch für neu zu bildende Teams sinnvoll, um potenzielle Probleme zu verhindern, oder bei einem neuen Vorgesetzten, um z.B. gemeinsame Erwartungen, Ängste etc. zu klären und zu bearbeiten. Dabei können die Maßnahmen von einmaligen Workshops bis hin zu mehrjährigen Prozessbegleitungen reichen. Typischerweise wird der Teamentwicklungsprozess in mehrere Phasen unterteilt, in dem alle Beteiligten gemeinsam den Prozess gestalten:

- Kontaktaufnahme/Vorklärung: In einem Vorgespräch wird z.B. geklärt, warum Teamentwicklung stattfinden soll, wer das Team ist, welche Probleme und Erwartungen vorhanden sind, ob ein externer Berater oder Moderator den Prozess steuern soll.

- Problembewusstsein, Motivation und „Kontrakt": Im Vorgespräch mit dem Team sollen Widerstände/Ängste abgebaut und Vertrauen aufgebaut werden, mögliche Themen und die Vorgehensweise vereinbart werden.

- Workshop/Seminar: Inhalte sind z.B. die Erfassung der Einzelprobleme und Bewertung ihrer Wichtigkeit (z.B. was ist gut in der Abteilung, was sind Probleme, was ist zu verbessern) und die gemeinsame Bearbeitung (z.B. mit Moderationstechnik und gruppendynamischen Übungen).

- Nachbetreuung: Ergebnisbewertung, z.B. durch Aktionsplan und Feedbacktreffen.

Beispiel: Checkliste: Optimierung mehrkultureller Teamarbeit bei VW[156]

1. Vor dem Einstieg in die gemeinsame Arbeitsaufgabe Zeit nehmen für ein ausführliches Kennenlernen – möglichst in einem anderen Rahmen als der Arbeitsumgebung.

2. Interesse für den Hintergrund der anderen Teammitglieder und für Ihre Besonderheiten zeigen, Gemeinsamkeiten herausfinden und betonen.

3. Die Arbeitssprache sehr flexibel halten, damit sich alle Teammitglieder beteiligen können.

4. Methodisch-arbeitsorganisatorisches und fachlich-inhaltliches Expertenwissen zusammentragen, es gezielt, aber nicht unüberprüft übernehmen und bald zwischenbilanzieren.

5. Sachlogische Arbeitsteilung und -schrittfolgen einführen, ohne dabei den Überblick zu verlieren. Hilfreich ist ein „Libero" ohne operativen Verantwortungsbereich, der als Beobachter/Koordinator fungiert. Alternativ bieten sich regelmäßige Gruppengespräche an.

---

156 VW-Stiftung: Forschungsprojekt „Interkulturelle Synergie", entn. aus Manager-Seminare (1998), S. 53.

6. Die Eignung der Teammitglieder bezüglich Kompetenz und Motivation für die übernommenen Aufgabenbereiche regelmäßig bilanzieren. Und dies, bevor Überforderung und Frust einsetzen!

7. Wichtige, bereichsübergreifende Daten für alle sichtbar aufschreiben. Sie dienen nicht nur als Hintergrundinformation, sondern auch als Fokuspunkt für die gemeinsame Abstimmung.

8. Positive Ergebnisse bewusst zur Kenntnis nehmen und gemeinsam feiern.

9. Diversity Management im Unternehmen

Die folgenden Ausführungen sprechen vor dem Hintergrund der zuvor behandelten Kapitel hauptsächlich interkulturelle Unterschiede und Potenziale auf der Basis unterschiedlicher nationaler und ethnischer Kulturen an. Sie stehen damit aber auch stellvertretend für alle anderen typischen Minderheiten bzw. unterschiedlichen Kulturen im Sinne des Diversity-Management, wie z.B. Behinderte oder Kranke, Frauen oder Familienväter, Homosexuelle, Gering-Qualifizierte, religiöse Minderheiten, Teilzeitbeschäftigte, Ältere und andere Gruppen, die oft eine gesellschaftliche oder betriebliche Diskriminierung erfahren.

9.1 Vom Internationalen Personalmanagement zum Diversity Management

9.1.1 Die Entwicklung des Interkulturellen Personalmanagements

Das Interkulturelle Personalmanagement wurde bis in die neunziger Jahre des letzten Jahrhunderts in der Regel in den Unternehmen nur „nebenbei" behandelt. Es war zumeist ein Bestandteil der betrieblichen Sozialpolitik oder ein Themenfeld der Emanzipationspolitik, wozu sich Unternehmen aufgrund tarifvertraglicher Ausführungen verpflichtet sahen, oder dass durch kulturelle und politische Gepflogenheiten im jeweiligen Ausland erforderlich war. Unternehmen fühlten sich hierbei von Gewerkschaften, Mitarbeitervertretungen und der Öffentlichkeit kritisch beobachtet und wurden quasi von außen gezwungen, sich mit der Integration von Mitarbeitern unterschiedlicher Nationalitäten zu befassen. Erst im Laufe der 90er Jahre haben viele Unternehmen ein aktives und bewusst positives Interesse zur Bewältigung interkultureller Unterschiede am Arbeitsplatz gewonnen. Es wuchs die Einsicht, dass eine „multikulturelle" Belegschaft ein positives Produktions- und Imagepotenzial und keine Quelle lästiger Probleme für ein Unternehmen darstellt. In den Vereinigten Staaten, als einem klassischen Einwanderungsland, wurde schon länger auf gesellschaftliche Vielfalt im Unternehmen gesetzt; die Unternehmen in den westeuropäischen Ländern folgen jetzt.

Unter „Interkulturellem Personalmanagement" wird zumeist verstanden:

- *Klassische Definition*: Das Bemühen eines Unternehmens, die Zusammenstellung seiner Belegschaft an die interkulturelle Pluralität der Gesellschaft anzupassen.

- *Moderne Definition*: Das Bemühen, eine interkulturelle Belegschaft so zu führen, dass sie durch ihre Vielfältigkeit und das damit verbundene Potenzial zur Wertschöpfung eines Unternehmens beiträgt.

Dieses Konzept wird heute auch in Europa unter dem ursprünglich amerikanischen Begriff „Diversity Management" verstanden. Meist werden damit heute die Begriffe „Interkulturelles Personalmanagement" und „Diversity Management" synonym verwendet. Damit ist nicht „Internationales Personalmanagement" gemeint, was die länderübergreifende Anwendung oder kulturspezifische Anpassung von Personalmanagement-Konzepten meint – Diversity Management zielt auf die gesamte kulturelle Vielfalt im Unternehmen, z.B. das Potenzial dass sich aus der Zusammenarbeit unterschiedlicher Altersgruppen, Geschlechter, Nationalitäten, Religionen, Hautfarben, Bildungsgruppen etc. ergibt.

Die Entwicklung des Begriffs Interkulturelles Management verläuft doppelgleisig: Zum einen ergibt sich aufgrund von Erfahrungen in Unternehmen mit Minderheitengruppen und ihren einzelnen Mitgliedern und der Arbeitsmarktsituation allgemein die Überlegung und auch die Notwendigkeit, sich das bisher ungenutzte Potenzial dieser Gruppen zu Nutzen zu machen. Zum anderen existiert eine wissenschaftlich-theoretische Debatte über die beste Weise der Integration unterschiedlicher Minderheitengruppen und ihrer einzelnen Mitglieder in die Gesellschaft. Selbstverständlich beziehen die praktischen Erfahrungen und die theoretische Debatte sich aufeinander. Vor dem Hintergrund, dass die amerikanische Gesellschaft die gravierendsten Erfahrungen mit der Aufnahme und Integration von Menschen aus allen Teilen und Kulturen der Welt gemacht hat, ist verständlich, dass die Debatte um Interkulturelles Management und Diversity Management zuerst und vor allem in den Vereinigten Staaten geführt wurde. Mittlerweile gibt es aber auch in Europa viele Gründe, hier neue Ansätze zu entwickeln und auszuprobieren.

Der Unterschied zwischen den Vereinigten Staaten und Europa bezieht sich hauptsächlich darauf, dass in den USA die unterschiedlichen kulturellen Minderheitengruppen fast alle amerikanische Staatsbürger sind und eine Sprache (englisch) sprechen innerhalb eines Landes. In Europa spielt sich das Thema Diversity Management zwischen In- und Ausländern ab, die nicht dieselbe Muttersprache sprechen, zumeist unterschiedlicher Nationalität sind und oft auch einen unterschiedlichen Status in Bezug auf ihre Aufenthaltsrechte haben.

> **Merksatz:**
>
> Eine multikulturelle Belegschaft ist keine Quelle von Problemen, sondern ist ein Produktions- und Imagepotenzial für ein Unternehmen.

9.1.2 Positive Diskriminierung in den USA

Das Bestreben nach gesellschaftlicher Vielfalt im Unternehmen hat seine längste und überzeugendste Geschichte in den Vereinigten Staaten. Aus dem gesellschaftspolitischen Ansatz der „Anti-Diskriminierung" entstand die Absicht einer zahlenmäßigen Bereicherung der amerikanischen Unternehmen mit Mitarbeitern, die nicht weiß, männlich und englischer Abstammung waren. Die amerikanische Gesetzgebung hat seit den „Civil Rights Acts" von 1964, erzwungen durch die schwarze Bürgerbewegung unter der Leitung von Menschen wie z.B. Martin Luther King, mehrere Gesetze zur Vermeidung von Diskriminierung aufgrund von Rasse, Farbe, Religion, Geschlecht, Alter, Behinderungen, sexueller Orientierung und Familienstand (marital status) durchgeführt. Die „Equal Employment Opportunity"-Gesetzgebung (EEO) beabsichtigte, Bewerbern und Mitarbeitern eine gleiche Behandlung im Rahmen des Human Resource Managements zu verschaffen. Aber es ist leider auch gesellschaftliche Wirklichkeit, dass trotz aller EEO-Gesetzgebungen viele Minderheitengruppen und ihre einzelnen Mitglieder teilweise nur in geringfügigem Maße den Zugang zu den amerikanischen Unternehmen und somit zu den Aufstiegsmöglichkeiten gefunden haben. Die sog. „Affirmative Action Programs" (AAPs) als positive Diskriminierungsmaßnahmen haben seit den 70er Jahren den Durchbruch für das Interkulturelle Personalmanagement in amerikanischen Unternehmen begründet. Durch positive Diskriminierung wurde die proportionale Vertretung von qualifizierten Mitgliedern unterschiedlicher Minderheitsgruppen sichergestellt. Allerdings wurde der Wirkungskreis der AAPs auf den öffentlichen Bereich und seine Zulieferer beschränkt, der sonstige private Bereich hat sich in einzelnen Fällen auf freiwilliger Basis an positiver Diskriminierung beteiligt.

EEO und AAP haben die Integration von Mitgliedern unterschiedlicher Minderheitengruppen nur quantitativ berühren können. Innerhalb der Unternehmen und der öffentlichen Verwaltung wurde bei den Mitarbeitern, die auf Basis der Gesetzgebung eine Stelle erworben haben, oft auch Demotivation oder „Frust" verursacht. Ähnliche Erfahrungen mit der positiven Diskriminierung, z.b. von Frauen und Behinderten, machte man auch schon in Europa: Frauen, die vermeintlich über den Ansatz „positive Diskriminierung" (z.b. Frauenquote) eingestellt wurden, haben gemerkt, dass die Einstellung oder der Aufstieg von den Kollegen eben dieser Quote statt den eigenen Begabungen und Leistungen zugeschrieben wurde. Im Allgemeinen zeigten sich die Aufstiegsmöglichkeiten für die positiv Diskriminierten als so gering, dass im Individualfall eher das umgekehrte Ergebnis dieses im Grunde positiven gesellschaftlichen Ansatzes erzeugt wurde. Ein weiteres wichtiges Argument gegen die positive Diskriminierung liegt in der geringen Verträglichkeit der Maßnahme mit dem Gedanken, dass Individuen aufgrund ihrer Leistungen statt Eigenschaften gefördert werden. Die Leistungsideologie frustrierte diejenigen, die aufgrund positiver Diskriminierung ignoriert wurden und behaftet die angeblichen Gewinner mit eher negativem Stigma[157].

EEO und AAP haben in den Vereinigten Staaten trotzdem viele gute Ansätze und Ergebnisse bewirkt. Die Beteiligung am Arbeitsmarkt von Mitgliedern vieler Minderheitsgruppen ist seit den 70er Jahren sprunghaft angestiegen. Die Schattenseite besteht wie dem o. g. Frustpotenzial bei den neuen Mitarbeitern. Obwohl Anti-Diskriminierungs- und Positive-Diskriminierungs-Gesetzgebung beabsichtigten, dem Rassismus entgegenzuwirken, haben sie eher das Phänomen „racism with a smile" bewirkt[158]. Das in den Vereinigten Staaten mit Überzeugung gelebte Prinzip der „political correctness" hat Äußerungen von Vorurteilen, Stereotypen und Diskriminierungen strengstens tabuisiert[159], vor allem

---

157 Roosevelt (1994), S. 75.
158 Walck (1995), S. 122.
159 In den USA ist es z.b. unüblich, Bewerbungen mit einem Foto einzureichen oder im Lebenslauf das Geschlecht oder Familienstand anzugeben, um mögliche Diskriminierungen vorzubeugen. Dies führt teilweise zur Abkürzung der Vornamen bzw. Vermeidung der Vornamen in den Zeugnissen.

aber weniger sichtbar und Manager und Personalmanager vielleicht sogar „farbenblind" gemacht[160].

9.1.3 Unternehmensnutzen durch multikulturelle Belegschaft

Nachdem das Bewusstsein um die Unzulänglichkeit von EEO und AAP wuchs (siehe Kap. 9.1.2), wurde in den theoretischen Diskussionen der Akzent auf die Qualitätssteigerung im Unternehmen durch gezielte Berücksichtigung interkultureller Unterschiede gesetzt. Dieser theoretische Ansatz, den wir heute als „Diversity Management" kennen, hob die Vorteile der Integration hervor und knüpfte dabei an die ersten Erfahrungen der Unternehmen im privaten und öffentlichen Bereich an. Ein Auslöser für die Aufmerksamkeit synergetischer Möglichkeiten einer multikulturellen Belegschaft war die Feststellung, dass die Aufnahme von Mitgliedern unterschiedlicher Minderheitengruppen mehr als ein notwendiges Übel ist. Gerade Unterschiede am Arbeitsplatz können so genutzt werden, dass hieraus Vorteile für das Unternehmen entstehen. Interkulturelles Personalmanagement wurde somit in die Tradition des Human Resource Management (HRM) aufgenommen. Das HRM setzt voraus, dass der Mensch mit seiner Persönlichkeit und seinem Leistungspotenzial in Organisationen sehr wichtig ist. Mangelnde Aufmerksamkeit für HRM behindert eine erfolgreiche Unternehmensführung. Das HRM-Management begleitet die Mitarbeiter in den unterschiedlichen Phasen ihrer betrieblichen Laufbahn – von der Stellensuche und Personalauswahl, über die Einarbeitung, Aus- und Weiterbildung, Leistungs- und Potenzialbeurteilung, Entlohnung und Karriereplanung bis zum Ausscheiden aus dem Berufsleben. Das Interkulturelle Personalmanagement kann in allen diesen Phasen das HRM-Management befähigen, auf die kulturellen Eigenheiten der Mitarbeiter so einzugehen, dass für beide, Mitarbeiter und Organisation bzw. Unternehmen, eine vorteilhafte Zusammenarbeit entsteht. Diese gelebte Chancengleichheit lässt sich aber auch als wirtschaftliches Kalkül betrachten: Wenn z.B. Asiaten, Schwarze, Weiße und Hispanics die Produkte und Dienstleistungen erwerben sollen, müssen auch die Mitarbeiter, die diese Leistungen erwirtschaften, diese Vielfalt des Marktes widerspiegeln. Somit ist verständlich, dass bei der Auseinandersetzung mit Diversity das Gewinnen strategischer Vorteile gegenüber der Konkurrenz ein

---

160 Fitzsimmons/Eyring (1993), S. 2405.

grundsätzliches unternehmenspolitisches und auch volkswirtschaftliches
Ziel des Diversity Management ist.

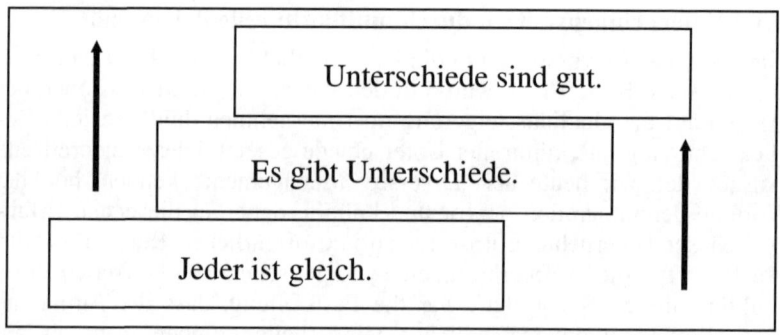

Abb. 9.1: Diversity-Sicht der Organisation auf die Arbeitnehmer[161]

Beispiele: Der Begriff „Ausländer"

Der Bedarf an Arbeitskräften für einfache und schmutzige Aufgaben führte Unternehmen und Behörden dazu, sich in den 60er und 70er Jahren zu bemühen, Männer aus Südeuropa, Nordafrika und der Türkei für Arbeit in Deutschland, den Niederlanden, Belgien und Frankreich zu gewinnen. Die Anwerbung von Arbeitsemigranten (Gastarbeitern) war konjunkturell bedingt und wurde 1973 mit dem Anwerbe-Stop beendet. Obwohl die Männer als sog. Gastarbeiter kamen, kehrten nur wenige zurück. Viele holten ihre Frauen und Kinder nach oder gründeten Familien und wurden sesshaft im Land, wo sie Arbeit gefunden hatten. Diese ehemaligen Gastarbeiter, ihre Kinder und Enkelkinder können sich mittlerweile nicht mehr vorstellen, ihr Heimatland anders als Ferienland zu besuchen. Die zweite und dritte Generation, über deren Beherrschung der z.B. deutschen oder niederländischen Sprache viel geklagt wird, beherrschen sehr oft ihre eigentliche „Muttersprache" nicht mehr oder nur mangelhaft. Die ehemaligen Gastarbeiter haben eine neue Heimat gefunden. Das Problem ist nur, dass sie in der neuen Heimat immer noch als Fremde gesehen werden.

In Deutschland werden z.B. die türkisch- oder russischstämmigen Jugendlichen als „Ausländer" bezeichnet, obwohl der Begriff Ausländer falsch ist, weil er die Wurzeln, die diese Gruppen in der deutschen Wirtschaft und Gesellschaft geschlagen

161 Robbins (1996), S. 63.

haben, ignoriert. Die sog. Ausländer werden beleidigt, weil sie nicht als Teil der deutschen Gesellschaft wahrgenommen werden. Der Begriff Ausländer ist mit negativen Gefühlen besetzt und damit oft ein Auslöser für Spannungen zwischen den Einheimischen und den Neuzugezogenen geworden. Faktisch ist der Begriff auch nicht korrekt. Wer kommt nicht aus einer Familie, die irgendwann mal Ausländer war? Der Werbeslogan vom deutschen Innenministerium heißt nicht ohne Grund: „Ausländer sind wir alle". Die Türken, Afrikaner, Russen und viele andere Kulturen mehr waren nicht die erste Emigrationswelle, die nach Deutschland oder in andere westeuropäische Staaten kam. Beispielsweise kamen Anfang des 20. Jahrhunderts zu Tausenden Menschen aus Polen in die damaligen Industriezentren an Rhein und Ruhr. Der Soldatenkönig Friedrich I. betrieb schon im 18. Jahrhundert eine Emigrationspolitik, als er Hugenotten nach Preußen lockte. Deutschland hat schon immer eine Einwanderungstradition – faktisch ist Deutschland spätestens seit den 60er Jahren ein echtes Einwanderungsland geworden (siehe auch Kap. 1.5). Die Sprache reflektiert die Nicht-Akzeptanz dieser Realität, sie hinkt der Entwicklung hinterher und bezeichnet türkisch-stämmige Menschen und andere als Ausländer oder mit diskriminierenden und menschenverachtenden Bezeichnungen.

Typische Diversity-Gruppen

Mitglieder unterschiedlicher Minderheitengruppen sind z.B.:

- Behinderte oder Kranke,
- Frauen oder Familienväter,
- Homo- oder Transsexuelle,
- Nicht- oder Gering-Qualifizierte,
- Religiöse Minderheiten (z.B. Juden, Mohammedaner ... in überwiegend christlichen Kulturen),
- Teilzeitbeschäftigte (z.B. Halbtags- oder befristet Beschäftigte),
- Ältere oder Jugendliche,
- Ausländer (z.B. Afrikaner, Asiaten oder Osteuropäer als Minderheiten in westeuropäischen Industriestaaten),
- und viele anderen Gruppen, die oft eine gesellschaftliche oder betriebliche Diskriminierung erfahren oder lange erfahren haben.

In den Vereinigten Staaten wurden im Zuge der „political correctness" viele Andeutungen für die nicht-weiße westeuropäisch-stämmige Bevölkerung verpönt. An Stelle von z.B. „Neger" oder „Schwarze" wurde jetzt über Afro- oder Asia-Amerikaner geredet oder Behinderte werden

„differently abled" genannt. Der Sammelbegriff für ethnische Minderheiten in den USA ist „racioethnic minorities". In den Niederlanden gibt es für die ehemaligen Gastarbeiter viele neutrale Bezeichnungen – der Begriff „Ausländer" wird von Seiten der Politik, Behörden und Unternehmen nicht mehr benutzt. Verwendet wird vor allem der Begriff „Allochtoon" („der nicht von hier ist", „der von außen kommt") im Gegensatz zum heimischen „Autochtoon" („der von hier ist").

Fallstudie: Eingliederungspolitik

Die Beauftragte der Bundesregierung für Ausländerfragen rügt die mangelnde Bereitschaft, Migration als eine gesellschaftliche Realität anzuerkennen. Statt eine umfassende Zuwanderungs- und Integrationspolitik zu führen, hat die Bundesrepublik Deutschland nach dem Anwerbestop 1973 weiterhin „Ausländerpolitik", die anfangs überwiegend arbeitsmarktpolitisch, später zunehmend ordnungspolitisch orientiert war, betrieben. Die Beauftragte der Bundesregierung für Ausländerfragen analysiert, dass die Illusion, die sich in den 60er und 70er Jahren verfestigt hat, dass man Zuwanderer einfach wieder heimschicken könne, bis heute einer klaren Orientierung auf Integration von Zuwanderern entgegensteht. Demgegenüber steht, dass die Bundesrepublik auf eine Tradition erfolgreicher Integrationspolitik verweisen kann. Nach Ende des 2. Weltkrieges wurden 12 Millionen Vertriebene und Flüchtlinge aufgenommen und eingegliedert. In den folgenden Jahren wurde durch die Aufnahme von etwa 4 Millionen Aussiedlern eine erfolgreiche Integrationspolitik betrieben. Die Zuwanderung war als Zurückführung der deutschen Aussiedler politisch und gesellschaftlich gewollt. Vor dem Hintergrund der positiven deutschen Erfahrungen mit Pluralismus wird die Unsicherheit und Abwehrhaltung, die die Zuwanderung von Menschen ohne deutschen Pass oft auslöst, in einer neuen positiven Perspektive gesehen (siehe auch Kap. 1.5).

Die Beauftragte der Bundesregierung für Ausländerfragen hebt als positives Beispiel für eine Integrationspolitik das 1998 in den Niederlanden in Kraft getretene „Gesetz über die Eingliederung von Neuankömmlingen" hervor. Mit diesem Gesetz macht der niederländische Staat den Neuzuwanderern ein umfassendes Angebot an Eingliederungs- und Orientierungshilfen, verpflichtet sie andererseits aber auch, dieses Angebot wahrzunehmen. Das flächendeckende Eingliederungsprogramm umfasst neben Sprachunterricht und Staatsbürgerkunde auch berufliche Orientierungs- und Vermittlungsangebote sowie soziale Betreuung.

Die Beauftrage der Bundesregierung für Ausländerfragen problematisiert zwei Themen bei der Gestaltung einer neuen Integrationspolitik:

Der wichtigste Schritt zu einer neuen Integrationspolitik wäre die Reform des Staatsangehörigkeitsrechts.

Ein zweiter Schritt liege in einer Neudefinition des Begriffs Integration. Statt als Assimilation an eine (fiktive) deutsche Einheitskultur und an einen (fiktiven) Einheitsdeutschen sollte der Begriff an der Realität einer pluralistischen Gesellschaft, in der eine Vielzahl von Lebensstilen und Lebensentwürfen nebeneinander existiert, angepasst werden. Integration als Verständigungsprozess der Bevölkerungsgruppen ist somit keine „Einbahnstraße"[162].

Auftrag:

1. Machen Sie sich ein Bild vom heutigen Stand der Eingliederungspolitik von Ausländern in Deutschland im Allgemeinen und in Ihrem Bundesland insbesondere.

2. Machen Sie sich ein Bild vom Stand der Eingliederungspolitik von ausgewählten Minderheiten (im Sinne des Diversity-Ansatzes, siehe oben) in Deutschland und in Ihrem Bundesland.

3. Machen Sie sich ein entsprechendes Bild für ausgewählte Staaten der EU.

9.2 Diversity Management

Anstelle von „Interkulturellem Management" setzt sich immer mehr der Begriff „Diversity Management" durch, weil damit der Umgang mit interkultureller Vielfalt deutlicher und umfassender definiert wird. Roosevelt sieht als Aufgaben für „Managing Diversity" die Befähigung der Manager, eine kulturell vielfältige Belegschaft effektiv zu führen. Män-

---

162 Beauftragte der Bundesregierung für Ausländerfragen (2000).

ner, Frauen, Weiße, Schwarze, Jung und Alt, höhere Funktionen und Sacharbeiter sind so zu führen, dass ihr gesamtes verfügbares Arbeitspotenzial genutzt werden kann. Ansonsten sieht er die Schaffung einer neuen Organisationskultur als Aufgabe des Diversity Management. Das alte „Wir-Sie-Gefälle" zwischen den Teilgruppen innerhalb der Belegschaft sollte von einem neuen, positiven Wir-Gefühl ersetzt werden. In Zeiten der positiven Diskriminierung (AAP) (siehe Kap. 9.1.2) standen Fragen wie: „Was leisten wir im Bereich der ethnischen Verhältnisse?" oder „Gibt es bei uns genügend Frauen oder Mitglieder anderer Minderheitsgruppen, die eine Promotion gemacht haben?" auf der Tagesordnung. Stattdessen sollten Manager sich laut Roosevelt jetzt fragen: „Erreiche ich mit meiner vielfältigen Belegschaft dieselbe Produktivität, verläuft die Zusammenarbeit so gut, ist die Moral so hoch, als wenn jeder Mitarbeiter vom selben Geschlecht, der gleichen ethnischen Gruppierung oder Nationalität wäre?"[163] Für Roosevelt hat die AAP zu sehr den Anschein, dass Mitgliedern von Minderheitsgruppen quasi „etwas gegönnt" wird. Der traditionelle Ansatz des Interkulturellen Managements setzt somit einen negativen Regelkreis von Aktionen, Frust, Enttäuschungen und Gegenaktionen in Gang. Dem Management aber obliegt heute die Aufgabe, Initiative zu entfalten und Veränderungsprozesse anzubahnen. Diversity Management bezieht sich auf die Managementfrage: Das Potenzial der Mitarbeiter aus Minderheitsgruppen vollständig zu nutzen. Die erfolgreiche Führung und Anerkennung von Unterschieden zwischen Mitarbeitern durch Diversity Management kann man als eine Ergänzung des Human Resource Management bezeichnen. Roosevelt definiert: „Managing Diversity is a comprehensive managerial process for developing an environment that works for all employees."[164]

Merksatz:

Voraussetzung für „managing diversity" ist die Befähigung der Manager, eine kulturell vielfältige Belegschaft effektiv zu führen.

---

163 Roosevelt (1994), S. 51 ff.
164 Roosevelt (1991), S. 16.

Der Begriff Diversity-Management ist hier ziemlich weit gefasst. Er verweist auf eine breite Palette von Führungsfragen und Führungsfunktionen (siehe Abb. 9.2).

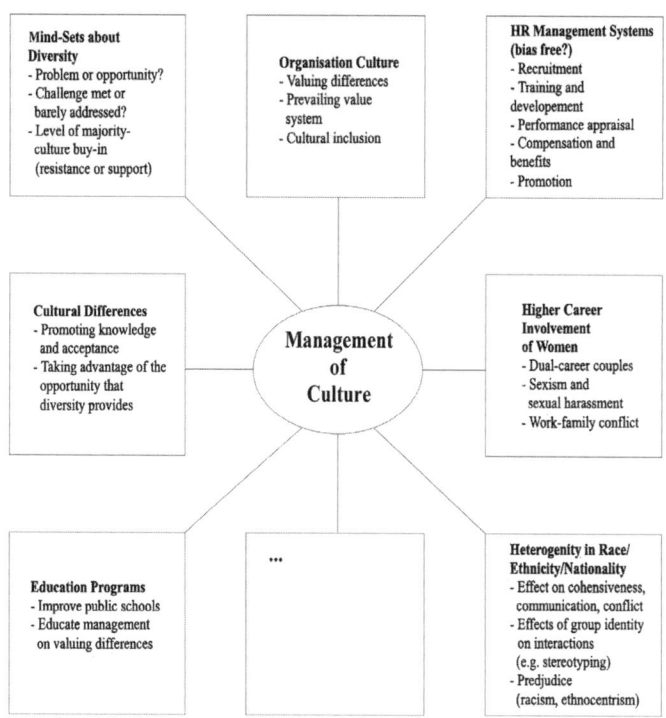

Abb. 9.2: Spheres of activity in the Management of Cultural Diversity[165]

Wichtige Punkte des Diversity Management als Management-Ansatz sind u. a.:

• Die Führung von Diversität wird als eine Managementaufgabe gesehen und darf aus diesem Grund nicht zu einer Stabstelle oder in

---

165 In Anlehnung an Ivancevich/Matteson (1996), S. 141.

die Personalabteilung „abgeschoben" werden. Diversity Management befindet sich somit nicht in einem Teilbereich, sondern beeinträchtigt alle Unternehmensentscheidungen, nicht nur die Personalentscheidungen.

- Manager sollten mit „Diversity" umgehen, als ob es normal wäre. Dazu gehört auch, dass bei der Suche, Auswahl und Förderung der Mitarbeiter auf Qualitäten und nicht auf irrelevante Faktoren wie Geschlecht, Hautfarbe und Herkunft zu achten.
- „Managing Diversity" muss einer Zweiwege-Kommunikation zugrunde liegen. Sowohl die Organisation als auch die „Minderheiten" sollten sich bemühen: Die Organisation sollte Vielfalt zulassen und stimulieren, die Betroffenen sollten sich nicht von der dominanten Mehrheitskultur „unterbuttern" lassen.
- „Managing Diversity" ist als kontinuierlicher Verhaltensänderungsprozess zu betrachten. Der Prozess verläuft nur dann erfolgreich, wenn alle sich aktiv beteiligen und man sich dafür die Zeit nimmt. Das Ziel ist die Schaffung einer Unternehmenskultur, worin die Unterschiede zwischen Männern und Frauen, Weißen und Schwarzen, Homo- und Heterosexuellen, Behinderten und Gesunden, Jung und Alt berücksichtigt werden, ohne diese Unterschiede gleichzuschalten.

9.3 Diversity Management als Wettbewerbsvorteil

Die Argumente für Diversity Management lassen sich den in Wechselbeziehung stehenden in- und externen Funktionen bzw. Beziehungen eines Unternehmens zuordnen. Ivancevich/Matteson sortieren die Vorteile auf alternative Weise, und zwar nach dem Bedürfnis, das damit abgedeckt wird[166]. Argumente, die sich auf Kosten und Vorhandensein von Ressourcen beziehen, sind „inevitability-of-diversity"-Themen, die Diversity schlichtweg als Notwendigkeit darstellen. Daneben gibt es Argumente in Bezug zu Marketing, Kreativität, Problemlösungspotenzial und Systemflexibilität, die „value-in-diversity hypothesis" genannt werden. Dies meint: Diversity Management ist mehr als ein notwendiges Übel, es bringt einen großen Mehrwert für das Unternehmen. In Abb. 9.3 werden Argumente für Diversity Management in ihren teilweise wechselwirkenden Beziehungen zueinander aufgeführt.

---

166 Ebenda, S. 140.

Interne Organisation	Wechsel-wirkung	Externe Umgebung
• Kosten		• Zusammensetzung der Bevölkerung ändert sich
• Marketing	• Minderheits-gruppen als Marketing-Zielgruppe	• Kaufkraft der Minderheitsgruppen nimmt zu
• Problemlösung • Größere Kreativität • Höhere Leistungen • Synergien	• Flexibilität des Unternehmens wird verbessert	• Bessere Eingliederung der Minderheiten in die Gesellschaft • Gesetzgebung (positive Diskriminierung)
• Verbessertes Arbeitsklima • Offene Organisationskultur	• Public Relations Effekt	• Normative Auffassungen (öffentliche Moral)
• Ressourcen akquirieren	• Employment Branding	• Arbeitsmarkt-probleme

Abb. 9.3: Vorteile des Diversity Management für Unternehmen

Kosten

Wenn ein Unternehmen Frauen, ältere Mitarbeiter und Mitglieder von ethnischen Minderheiten nicht so gruppenspezifisch behandelt, wie es mit weißen, männlichen, heimischen oder (in den Vereinigten Staaten) aus Westeuropa stammenden Mitarbeitern geschieht, dann entstehen im Unternehmen durch diese ungleiche Behandlung indirekt höhere Kosten. Frustrationen über scheiternde Laufbahnperspektiven, kulturelle Konflikte oder eine auf Männer orientierte Organisationskultur wird die Arbeitszufriedenheit von Frauen und Schwarzen in den Vereinigten Staaten bzw. Türken in Deutschland erheblich senken. Forschungsergebnisse in den Vereinigten Staaten weisen nach, dass die Fluktuationsraten bei Frauen in allen Altersgruppen, nicht nur wenn sie schwanger sind oder Kinder großziehen, größer sind als bei Männern. Die Forschungen sagen im Allgemeinen aus, dass sowohl Frauen als auch Mitglieder ethnischer Minderheiten (die Gruppen, die nicht zur weißen/westeuropäisch-stämmigen Mehrheit zählen) Fluktuations- und Fehlzeitenraten zeigen, die in einigen Untersuchungen zweimal so groß sind, wie dies für weiße Männer der Fall ist. Bei einem großen niederländischen Konzern stellte man vor einigen Jahren fest, dass Frauen in Führungspositionen nur durchschnittlich vier Jahre im Unternehmen blieben. Der Grund: Die Arbeitszeiten ließen sich nicht mit den veränderten Lebensbedingungen vereinbaren. Wenn ein Unternehmen z.b. mehrere Tausend € in die Suche und Auswahl für jeden neuen Mitarbeiter investiert, und jedes Jahr zehn Mitarbeiter das Unternehmen verlassen, erscheint eine entsprechende Investition in die Arbeitsorganisation, -zeiten oder Laufbahnpolitik sinnvoller. Teilgruppengerechte Unternehmensführungs-Maßnahmen wie „Flextime", Job-Sharing und Telearbeit oder Teilzeitarbeit bringen Investitionskosten mit sich, die durch die positiven Folgen für die Produktivität, die Fluktuation, die Mitarbeiterzufriedenheit und die Fehlzeitenquote aller Wahrscheinlichkeit nach amortisiert werden. Wenn Unternehmen eine kulturell vielfältige Belegschaft bekommen, werden die Kosten einer mangelnden Berücksichtigung diese Belegschaftsinteressen steigen. Die Unternehmen, die ein teilgruppengerechtes Human Resource Management anstreben, werden sich somit Wettbewerbsvorteile verschaffen.

Ressourcen akquirieren

Noch wird in den Vereinigten Staaten das Angebot auf dem Arbeitsmarkt von weißen, männlichen, Westeuropa-abstämmigen Arbeitnehmern bestimmt. In Deutschland und in den Niederlanden dominieren noch die „im Land Geborenen" den Arbeitsmarkt. Die westlichen Industrieländer stehen auf der Schwelle immenser demographischer Änderungen, die die Arbeitsmärkte schon jetzt stark beeinflussen (siehe Kap. 1.4). Wichtige strukturelle Arbeitsmarkteinflüsse sind z.b. die Überalterung der Gesellschaft, der Zustrom von Frauen zurück zum Arbeitsmarkt und die sich ändernde Zusammensetzung der Bevölkerungsstrukturen. Die heimische Bevölkerung wird im Durchschnitt erheblich älter, der Bevölkerungsaufbau nimmt die Form eines Pilzes an. Die Frage in den westeuropäischen Industriestaaten ist: Wer wird künftig die Altersvorsorge finanzieren und für die Alten und Kranken sorgen? In den genannten Ländern gilt aber, dass mittlerweile der durchschnittlich höchste Anteil an Geburten innerhalb anderer, neuzugezogener Bevölkerungsgruppen stattfindet. Langfristig gesehen bietet sich hier schon eine Lösung für die Probleme der geburtenschwachen einheimischen Bevölkerung an. Der Arbeitsmarkt in Westeuropa wird in einigen Jahren von dem Nachwuchs der Minderheitengruppen dominiert werden. Ein womöglich schwierigeres Problem liegt in der mangelhaften Abstimmung zwischen Angebot und Nachfrage auf dem Arbeitsmarkt. Die Lücke betrifft einerseits Funktionen mit einem niedrigen gesellschaftlichen Status und relativ schlechter Entlohnung, wie z.b. im Gesundheitswesen, Pflegebereich, Einzelhandel, Hotel- und Gaststättengewerbe, Baugewerbe, Unterrichtsbereich und in der Agrarwirtschaft. Andererseits klafft eine immer größer werdende Schere zwischen den Anforderungen der globalen Wirtschaft und den Fähigkeiten und Interessen der Schul- und Hochschulabsolventen in den westlichen Industrieländern. In vielen Bereichen z.b. in Deutschland und den Niederlanden wird das Wachstum auf der Angebotsseite gebremst, weil für die entsprechenden Unternehmen das Nachwuchs- und Fachkräftepotenzial fehlt. Beide Mangelsituationen werden als Antrieb wirken, die „diversity" in den Unternehmen zu vergrößern. Viele Konzerne sind schon lange auf weltweiter „Einkaufstour", um Ausländer für eine Karriere in Deutschland oder den Niederlanden zu gewinnen. Deutschland ist aktuell mit der beschränkten Vergabe von „green cards" an Informatiker und Techniker aus dem nicht-europäischen Ausland dem amerikanischen Beispiel gefolgt. Unternehmen, die einen schlechten Ruf haben als Arbeitsplatz für Mitglieder der Minderheitsgruppen, werden bei der Suche nach diesen Arbeitskräften auf der Strecke bleiben. Vor dem Hintergrund eines knapper werdenden Arbeitsmarkts, der sich außerdem in seiner Zusammenstellung ändert, werden Unternehmen mit einem mangelhaften Diversity Management künftig Probleme haben, überhaupt produzieren zu können. Es ist deshalb nicht verwunderlich, dass einige Unternehmen schon jetzt die Weichen neu stellen: In den Vereinigten Staaten wurden schon Rankings von „best companies" für Frauen und Schwarze veröffentlicht.

Employment Branding

Arbeitgeber sehen sich mit dem Problem konfrontiert, Mitarbeiterressourcen zu akquirieren. Wenn ein Unternehmen von Mitarbeitern als ein attraktiver Arbeitgeber erlebt wird, wird es seine Mitarbeiter länger halten können und die Fluktuation wird sich verringern. Das Unternehmen wird sich notgedrungen künftig mehr und mehr auf dem Arbeitsmarkt als „Marke" für Jobsucher positionieren, wie sie dies z.B. bereits seit vielen Jahren für Hochschulabsolventen für viele Branchen bzw. Fachfunktionen durch Personalmarketing-Maßnahmen (Career-Services, Hochschulkontaktmessen etc.) tun.

Beispiel: Frauenförderung - Anti-Diskriminierungsmaßnahme oder Eigeninitiative?[167]

Das Spektrum an Frauenfördermaßnahmen ist groß. Von personalpolitischen Maßnahmen, die dem Schutz und der Förderung von arbeitenden Frauen dienen, bis hin zu Aktionen, die im Wesentlichen auf Eigeninitiative und die aktive Beteiligung der Frauen zurückgehen, wird alles angeboten. Die Palette reicht vom Kindergartenplatz über flexible Arbeitszeitmodelle bis zu Mentoring-Programmen für den weiblichen Führungsnachwuchs. Sehr unterschiedlich sind auch die Ziele: Bessere Vereinbarkeit von Beruf und Familie, Steigerung der Arbeitszufriedenheit, mehr Frauen in Führungspositionen, mehr Frauen in traditionellen Männerberufen, junge Frauen in technischen Berufen. Sowohl männliche als auch weibliche Führungskräfte reagieren oft skeptisch auf solche Fördermaßnahmen. Förderprogramme wie Teilzeit- und Kinderbetreuungsprojekte werden nach einer Studie der Hamburger Hochschule für Wirtschaft und Politik von vielen Frauen nicht als Karrierehemmnis gesehen. Dagegen machte ein Drittel der Frauen schlicht „Vorurteile gegen Frauen" als Hemmschuh aus. Die Forschungsergebnisse über den Nutzen von Fördermaßnahmen, um Frauen in höhere, besser bezahlte Positionen zu bringen, sind nicht eindeutig. Das Problem für aufstrebende Frauen liegt oft vielmehr in einer frauenfeindlichen Unternehmenskultur. Ein weiteres Phänomen ist, dass jüngere Frauen, bis Anfang dreißig, mit Frauenförderung wenig anzufangen wissen. Gut ausgebildet und selbstbewusst haben viele noch nicht die frustrierende Erfahrung erlebt, dass sie als Mutter auf der Arbeit die „gläserne Decke" über sich finden. Außerdem wird der Gedanke, ausschließlich wegen ihres Geschlechts gefördert zu werden, gerade den jungen Frauen wenig behagen.

Das Spektrum an Frauenfördermaßnahmen ist groß, z.B.:

- *Mentoring*: Eine angehende Führungskraft wird von einer erfahrenen Führungskraft (Mentor) betreut. Das Team trifft sich regelmäßig über einen bestimmten Zeitraum hinweg (Monate, Jahre) und tauscht sich über berufliche Themen, Karriereplanung oder selbst entworfene Projekte aus. Ziel kann sein, auf Führungsaufgaben vorzubereiten oder einfach den persönlichen (Karriere-)Horizont zu erweitern und neue berufliche Perspektiven zu entwickeln. Im Idealfall profitie-

---

167 Handelsblatt vom 18.8.2000.

ren Mitarbeiter und Mentor vom Gedankenaustausch. Mentoring kann in Eigeninitiative durchgeführt werden oder (wie in vielen Großunternehmen) als offizielles Programm angelegt sein.

- *Internship*: Das Internship ist eine Kombination aus Praktikum und Mentoring. Hochschulabsolventinnen begleiten z.b. drei Monate lang Managerinnen oder Politikerinnen durch ihren beruflichen Alltag. Junge Frauen bekommen auf diese Weise Start- und Orientierungshilfe für den erfolgreichen Schritt ins Berufsleben.

- *Zertifizierung*: Beim Audit „Beruf & Familie" können Unternehmen seit zwei Jahren ihre Familienfreundlichkeit begutachten und zertifizieren lassen. Angelehnt ist das Projekt der gemeinnützigen Hertie-Stiftung (heute: Beruf & Familie GmbH) an die in Amerika etablierte Idee des „family-friendly-index". Auf dem Prüfstand stehen zehn Bereiche wie z.b. die Flexibilität der Arbeitszeiten, Kinderbetreuungsmaßnahmen oder Führungsverhalten in Bezug auf Familienfragen. Rund 30 große und kleine Unternehmen haben sich mittlerweile zertifizieren lassen, darunter Unternehmen wie Siemens, Hypo-Vereinsbank oder die BfA.

- *Networking*: Es beschreibt den regelmäßigen Austausch mit Gleichgesinnten und „alten Hasen". Die organisierte Form dieser einst informellen Treffen kommt in Mode. Zahlreiche Interessenverbände schießen aus dem Boden: Frauen-Netzwerke für die IT-Branche, für Ingenieurinnen, Chemikerinnen, Studentinnen, Unternehmerinnen oder Existenzgründerinnen.

- *Kinderbetreuung und Teilzeitarbeit*: Sie rangieren in Unternehmen wohl an oberster Stelle, wenn es um das Thema Frauenförderung geht. Obgleich sie eher Familie als Frauen fördern, eignen sie sich dazu, Frauen die Vereinbarkeit von Beruf, Familie und Haushalt zu erleichtern. Die Bandbreite der Maßnahmen reicht dabei vom subventionierten Kindergartenplatz und Betriebskindergarten über die Einführung familienorientierter flexibler Arbeitszeiten und Weiterbildungsmaßnahmen während des Erziehungsurlaubes bis zur Einstellungsgarantie nach der „Erziehungsphase.

Marketing

Mit Diversity Management wird Kundeninteressen – vor allem in Dienstleistungsbereichen – gedient. Einzelhandelsunternehmen, Krankenhäuser, Schulen, Wohnungsbaustiftungen, Polizei, Versicherungsgesellschaften oder Banken stehen vor der Aufgabe, stets differenzierter werdende Wünsche ihrer Kunden zu berücksichtigen. Z.B. sind Krankenhäuser nicht in der Lage, ihre Patienten bedarfsgerecht zu pflegen, wenn spezifische Essensvorschriften von z.b. Hindus und Moslems oder

Diätvorschriften für Ältere nicht berücksichtigt werden. Oder die Polizei hat im Umgang mit kulturellen und ethnischen Minderheiten, deren eigene Kommunikationsgewohnheiten und „Verschlüsselung von Botschaften" zu berücksichtigen. Viele Probleme von z.b. niederländischen Polizisten mit marokkanischen Jugendlichen haben ihren Ursprung in den unterschiedlichen Auffassungen, die beide von der Rolle eines Polizisten haben.

Beispiel:

Die niederländische Polizei „tut sich schwer" in Begegnungen mit jüngeren Antillianern (von der karibischen Inselgruppe, die dem Königreich der Niederlande angehört). In deren Kultur wird Blickkontakt mit Respektlosigkeit gleichgestellt. Der Polizist, der über Blickkontakt Kontakt zum Antillianer sucht, sendet damit nonverbale Signale aus, die meist Aggressivität auslösen (s.a. Beispiel unter „Körperdistanz" in Kap. 3.3.3).

Um kulturell vorprogrammierten Problemen vorzubeugen, arbeitet die niederländische Polizei mit multikulturellen Teams. Gerade von Organisationen, die eine öffentlich-rechtliche Funktion erfüllen, erwartet die niederländische Politik, dass die Belegschaft eine Widerspiegelung der kulturell vielfältigen niederländischen Gesellschaft bietet. Die niederländische Polizei strebt deshalb, solange die Proportionalität nicht erreicht ist, eine positive Diskriminierung von ethnischen Minderheiten und Frauen an. Ebenso können Einzelhandelsgeschäfte mit einer multikulturellen Belegschaft besser auf die Kaufwünsche und Angewohnheiten ihrer multikulturellen Kundengruppen eingehen. Gleiches gilt für die anderen Merkmale des Diversity (Alter, Geschlecht usw.). In den 90er Jahren sind viele Deutschstämmige aus dem Gebiet der ehemaligen Sowjetunion nach Deutschland ausgewandert. Diese Erst-Generationen Deutscher haben noch starke kulturelle Bindungen zur Kultur des Heimatlandes. Unternehmen, die das kulturelle Verständnis ihrer Mitarbeiter nutzen, um die kulturellen Einflüsse auf das Konsumentenverhalten zu berücksichtigen, werden sich einen Wettbewerbsvorteil sichern. Zu gleicher Zeit entstehen aus dem Blickwinkel des Personalmarketing heraus Vorteile für das Unternehmen. Ein multikulturell geprägtes Unternehmen wird auch als Arbeitgeber für Frauen und ethnische Minderheiten attraktiver. Aus der Sozialpsychologie stammt die Einsicht, dass kleinere Teilgruppen es gegenüber einer „Übermacht" aus Personen mit einheitlichen Eigenschaften, beispielsweise nur deutsche, männliche Kollegen, schwer haben und häufig den Job wechseln. Die inländischen Märkte befinden sich in allen westlichen Ländern in einem kulturellen Diversifizierungsprozess. Unternehmen werden gezwungen, sich der Kundenvielfalt auf ihren heimischen Märkten zu stellen. Für das globale Unternehmen ist die Notwendigkeit gegeben, sich auf dem heimischen Markt für eine heterogene Kundenpopulation einzurichten, was wiederum im Wettbewerb auf ausländischen Märkten ein Standortvorteil ist. Wenn das Unternehmen auf dem Heimatmarkt Erfahrungen mit kultureller Vielfalt gemacht hat, wird Führungskräften, wenn sie als Expatriate (entsandte Mitarbeiter) für ihr Unternehmen ins Ausland gehen, auch geholfen, Sensibilität für interkulturelle Unterschiede zu zeigen.

Kreativität, Problemlösung, Synergien, höhere Leistung

Moss-Kanter stellte in einer Studie zu „Innovation in Unternehmen" fest, dass die am meisten innovativen Unternehmen versuchen, durch die Zusammenstellung heterogener Arbeitsteams Kreativität herbeizuführen[168]. Wenn Marktplätze für Ideen entstehen, wird anerkannt, dass viele Blickwinkel zusammengebracht werden müssen, um ein Problem zu lösen. Moss-Kanter hat festgestellt, dass sich innovative Unternehmen mehr als andere Unternehmen durch eine multikulturelle Belegschaft auszeichnen. Wenn Männer und Frauen, in unterschiedlichen Altersgruppen, aus mehreren kulturellen und ethnischen Minderheitengruppen in Arbeitsgruppen zusammenfinden, kommen unterschiedliche Attitüden und Sichtweisen zusammen. Diversity am Arbeitsplatz hat zum Vorteil, dass die Kreativität die Problemlösung und Entscheidungsfindung erleichtert. Eine Bedingung für erfolgreiches Diversity ist aber, dass man sich der kulturellen Unterschiede bewusst ist. Kulturelle Unterschiede, die unterschwellig aktiv sind, frustrieren eher den Ablauf eines Gruppenprozesses. Das Training der Sensibilität für kulturelle Unterschiede gehört deshalb zur erfolgreichen Durchführung von Diversity Management.

Eine kulturell gemischte Belegschaft bringt Wettbewerbsvorteile, weil sie bessere Entscheidungen trifft. Mehrere Blickwinkel treffen zusammen und vergrößern die Vielfalt der Lösungsalternativen. Kulturelle

---

168 Moss-Kanter (1993).

Vielfalt ist außerdem ein Mittel gegen das gefährliche „Gruppendenken". Gruppendenken beinhaltet das Fehlen von kritischen Gedanken in
einer Gruppe, weil die Gruppe versucht, zusammenzuhalten und abwei-
chendes Verhalten einzelner bestraft. Entscheidungen, die unter den
Bedingungen des Gruppendenkens stattfinden, sind oft einseitig und
ignorieren alternative Auffassungen. Nach Ivancevitch/Matteson kommt
es darauf an, ob die Balance zwischen einerseits Diversity als Grundlage
für Problemlösung und Innovation und anderseits Gemeinsamkeit zur
Bewährung der allgemein geteilten Werte und Normen gefunden werden
kann[169]. Durch die Zusammenarbeit unterschiedlicher Gruppen entstehen Vorteile, die die Möglichkeiten der einzelnen Beteiligten überstei-
gen - nach dem Motto der Gestaltpsychologie: „Das Ganze ist mehr als
die Summe der Teile." Wenn das Diversity-Management gut verläuft,
werden die Leistungen der Mitarbeiter zunehmen, weil die Unterschiede
gut genutzt werden und das gemeinsame Arbeiten die Mitarbeiterzufriedenheit erhöht. Synergie-Effekte machen sich in den Leistungen bemerkbar.

Merksatz:

Der Nutzen von Diversity Management entsteht im Unternehmen
durch interne und externe Effekte und im Besonderen durch ihre
Wechselwirkungen (z.B. Marketing und Zielgruppendifferenzie-
rung).

---

169 Ivancevich/Matteson (1996), S. 145.

Verbessertes Arbeitsklima, offene Organisationskultur

Wenn auf ständige Kommunikation zwischen allen Mitarbeitern zuge-
steuert wird, verbessert sich das Arbeitsklima. Dies beinhaltet, interkulturelle Unterschiede offen anzusprechen und dabei zu versuchen, Spannungen zwischen den Kulturen zu besprechen. Solange die unterschiedlichen Normen und Werte benannt und anerkannt werden, geraten die
Probleme zwischen den Kulturen nicht ins Hintertreffen. Die Offenheit
zwischen den Menschen wird eine größere Toleranz für andere Perspektiven und Vorstellungen auslösen.

Flexibilität

Forschungsergebnisse stellen klar, dass Frauen im Vergleich zu Männern eine höhere Toleranz für Ambiguitäten bei der Durchführung von
Aufgaben aufweisen. Auf vergleichbare Weise bringen bi-linguale Menschen im Vergleich zu mono-lingualen Menschen eine höhere Leistung,
wenn es um kognitive Flexibilität und divergierendes Denken geht.
Gerade in ethnischen Minderheitengruppen kommt im Regelfall häufiger Mehrsprachigkeit vor. Mit der Einstellung von z.B. Asiaten und
Lateinamerikanern wird das Unternehmen somit mehr kognitive Flexibilität ins Haus holen. Die Toleranz für unterschiedliche Sichtweisen wird
überhaupt zu einer größeren Offenheit gegenüber neuen und abweichen-
den Auffassungen führen. Wenn Unternehmen den Umgang mit Diversity erfolgreich meistern, haben sie somit ihre Fähigkeit, Änderungspro-
zesse zu bewältigen, unter Beweis gestellt.

Fallstudie: Nutzen des Diversity Management

Die Position der Senioren in den Unternehmen hat sich in den letzten
Jahrzehnten wie eine Konjunkturwelle entwickelt – nach dem Tief
kommt jetzt das Hoch: Seit den 80er Jahren gibt es in Unternehmen
den Trend, älteren Kollegen die Möglichkeit des verfrühten Aus-
stiegs zu geben. Ältere Mitarbeiter haben die Möglichkeit, das Unternehmen vor der eigentlichen Pensionsaltersgrenze zu verlassen,
ohne finanziell große Verluste zu haben. Der Hintergrund der früh-
zeitigen Pensionierung besteht aus dem Wunsch, jüngeren Mitarbeitern den Einstieg oder den Zugang zu Führungspositionen zu ermöglichen. Zur Legitimation dieser Ausgrenzung von älteren Mitarbeitern wurde oft auf deren mangelnde Fähigkeiten in Hinsicht auf neue

Technologien und Arbeitsmethoden verwiesen. Mittlerweile werden die Arbeitsmärkte in Westeuropa und in den Vereinigten Staaten mit einer Trendwende zugunsten älterer Mitarbeiter konfrontiert. Einerseits gibt der Arbeitsmarkt zu wenig jüngere Nachwuchskräfte her, anderseits wächst die Einsicht, dass die künftigen Generationen der Senioren gesünder, im Durchschnitt höher ausgebildet und erfahrungsreicher sind als je zuvor, wenn sie im Rahmen der Frühpensionierung das Unternehmen verlassen. Gerade vor dem Hintergrund des mangelhaften Angebots an Nachwuchs- und Fachkräften am Arbeitsmarkt gibt es Überlegungen, die Senioren sogar noch nach ihrem 65. Geburtstag weiter an das Unternehmen zu binden.

Auftrag:

1. Welche besonderen Stärken, Erfahrungen und Potenziale stellen ältere Mitarbeiter für ein Unternehmen dar?

2. Welche Einsatzmöglichkeiten, Fördermaßnahmen für ältere Mitarbeiter im Allgemeinen und für Pensionierte insbesondere könnten Sie sich vorstellen?

3. Entwerfen Sie ähnliche Konzepte für andere Zielgruppen des Diversity-Management.

9.4 Interkulturelle Organisationstypen

Cox hat eine Typologie von Organisationen entwickelt, die es ermöglicht, nach kulturellen und demographischen Unterschieden in Organisationen zu differenzieren. Es werden monolithische, pluralistische und multikulturelle Organisationen unterschieden. Die monolithische Organisation hat eine demographisch und kulturell homogene Belegschaft. Die pluralistische Organisation ergreift die Initiative, Mitarbeiter aus Minderheitsgruppen zu suchen und einzustellen. Zu einer kulturellen Integration und proportionalen Beteiligung an Führungspositionen kommt es aber nicht, es gibt Konflikte. Die multikulturelle Organisation hat „Diversity" nicht nur akzeptiert, sondern es stellt sich auch als wichtiger Wert für das Unternehmen dar (siehe Abb. 9.4).

	monolithisch	pluralistisch	multikulturell
Kultur	Diversity wird geleugnet oder entmutigt	Diversity wird geleugnet oder toleriert	Diversity wird als positiver Wert gesehen
Eingewöhnungs-prozess	Assimilierung	Assimilierung	Pluralismus
Strukturelle Integration	minimal	teilweise	völlig
Informelle Integration	minimal	beschränkt	völlig
Kulturelle Verzerrung des HRM-Systems	völlig	üblich	minimal
Intergruppen-konflikt	minimal	öfter	minimal

Abb. 9.4: Interkulturelle Organisationstypen[170]

Typische Anzeichen für **multikulturelle Kriterien** in einer Organisation sind unter anderem:

- *Kultur*: Es wird angenommen, dass eine multikulturelle Zusammenarbeit zu einem besseren Produkt oder besseren Dienstleistungen führt.

- *Eingewöhnungsprozess*: Findet eine gegenseitige Anpassung statt? Indizien: Ferienregelung, getrennte Räumlichkeiten für Muslime, Anti-Diskriminierungs-Initiativen, Trainings für die Alteingesessenen.

- *Strukturelle Integration*: Werden Mitglieder von Minderheitsgruppen gefördert und in höheren Positionen eingestellt? Sie sollten eine Vorbildrolle erfüllen und die Identifikation von allen Mitarbeitern mit der Organisation vergrößern.

- *Informelle Integration*: Die Beteiligung an informellen Netzwerken ist für den Berufserfolg sehr wichtig. Beispielsweise kann durch den Einsatz von Mentoren die Isolation von Mitarbeitern eingeschränkt werden.

---

170 Cox (1993), S. 45-56.

- *Kulturelle Verzerrung des HRM-Systems*: Der „kulturelle Bias" (kulturelle Verzerrung) macht sich schon bei der Briefauswahl, die der Einladung für die Bewerbungsgespräche vorangeht, bemerkbar. Auch während des Gespräches und bei der Durchführung von Tests sind entsprechende Maßnahmen unbedingt erforderlich, um kultureller Verzerrung entgegenzustreben.
- *Intergruppenkonflikt*: Konflikte sind nicht schlimm. Wie werden sie behandelt, um als Quelle neuer Lerneffekte zu fungieren?

9.5 Diversity Management als Organisationsentwicklung

Unternehmen, die Diversity Management als leitendes Prinzip ihrer Unternehmensführung leben, haben oft einen Entwicklungsprozess durchlaufen. Das Modell von Hoogsteder (Abb. 9.5) wurde anhand von Forschungsergebnissen aus dem Sozialbereich in den Niederlanden entwickelt, dürfte aber einen größeren Gültigkeitsbereich haben[171]. Das Modell bezieht sich vorrangig auf Organisationen im Nonprofit-Sektor wie Verwaltung, Polizei, Krankenhäuser und andere Pflegeeinrichtungen.

Stufe 1: Die monokulturelle Organisation

Das Unternehmen hat noch keine oder nur sehr wenige Kunden oder Mitarbeiter aus ethnischen Minoritätsgruppen. Mit Ausnahme von Gästen aus „sozialistischen Bruderstaaten" in Afrika und Asien war dies die Situation im Gebiet der ehemaligen DDR bis zur Wende. Die Belegschaften sind homogen zusammengestellt. In Deutschland und den Niederlanden dominieren einheimische Männer das Bild am Arbeitsplatz. Frauen und Mitglieder ethnischer Minoritäten stellen eine kleine Minderheit dar, die sich den Normen der herrschenden Mehrheit zu fügen hat. Minderheitsvertreter auf leitenden Positionen gibt es in der Regel kaum. Das Human Resource Management wird von der Mehrheit dominiert. Demzufolge werden kulturelle Vorurteile bei der Suche, Auswahl und Förderung der Mitarbeiter beibehalten. Glücklicherweise fehlen Konflikte zwischen Minderheitsgruppen, weil deren Stand innerhalb des Unternehmens zu schwach ist. Beispielsweise wird sich „der einzige Türke" in einem niederländischen Unternehmen Witze und diskriminierende Bemerkungen gefallen lassen. Sobald aber die Gruppe der türkisch-stämmigen Mitarbeiter größer wird, entsteht aus Diskriminierung

---

171 Hoogsteder, entn. aus Besamusca-Janssen (1998), S. 27 ff.

„Zündstoff" für offene Konflikte zwischen den Gruppen. Cox nennt diesen Organisationstyp die monolithische Organisation[172].

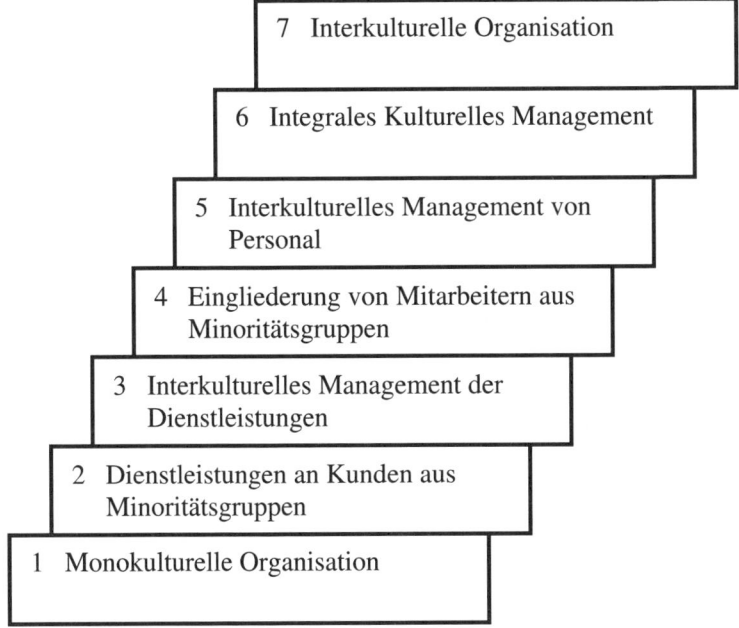

7 Interkulturelle Organisation

6 Integrales Kulturelles Management

5 Interkulturelles Management von Personal

4 Eingliederung von Mitarbeitern aus Minoritätsgruppen

3 Interkulturelles Management der Dienstleistungen

2 Dienstleistungen an Kunden aus Minoritätsgruppen

1 Monokulturelle Organisation

Abb. 9.5: 7-Stufen-Modell Interkulturelles Personalmanagement

Stufe 2: Dienstleistung an Kunden aus Minoritätsgruppierungen

Sie nutzen die Dienste von Krankenhäusern oder Einzelhandelsketten. Grundschulen z.B. werden mit der Aufnahme von „ausländischen" Kindern konfrontiert. Vor dem Hintergrund wird verständlich, warum gerade der Schulbereich in Westeuropa in der Integration von Minoritätsgruppierungen eine Vorreiterrolle gespielt hat.

---

172 Cox (1993), S. 45-56.

Stufe 3: Interkulturelles Management der Dienstleistungen

Das Unternehmen entdeckt das neue Kundensegment und versucht, es in der Produktwahl und dem Umgang mit Kunden aus Minoritätsgruppierungen zu berücksichtigen. Die Mitarbeiter werden für den Umgang mit Kulturunterschieden sensibilisiert. Beispiel hierfür sind z.b. die Produkt-Markt-Strategien hochwertiger Konsumgüter für die Zielgruppe der Homosexuellen – in der Regel eine sehr gut ausgebildete, gutverdienende und anspruchsvolle Konsumentengruppe.

Stufe 4: Eingliederung der Mitarbeiter aus Minoritätsgruppierungen

Das Bewusstsein wächst, dass zur besseren Bedienung neuer Kundensegmente die Einstellung von Mitarbeitern aus diesen Bevölkerungsgruppen nützlich ist. Wenn die Zusammenstellung der Belegschaft proportional die gesellschaftliche Vielfältigkeit widerspiegelt, werden Rahmenbedingungen für eine effektive Dienstleistung geschaffen. Positive Diskriminierung und spezielle Rekrutierungsprojekte sind geeignete Mittel. Eine angepasste Personalpolitik existiert aber noch nicht.

Stufe 5: Interkulturelles Management von Personal

Wenn mehr Frauen, Türken, Afrikaner, Behinderte oder Homosexuelle eingestellt werden, wird deutlich, dass die Anerkennung von Unterschieden noch nicht die Bewältigung der entstandenen Probleme mit sich bringt. Die Bekämpfung von Diskriminierung, Mobbing und anderen Ungleichheitsproblemen wird als eine getrennte personalpolitische Aufgabe gesehen. Cox spricht hier von der „pluralistischen Organisation". Die Belegschaft ist mittlerweile sehr heterogen. Es werden gezielt Mitarbeiter aus Minoritätsgruppierungen eingestellt, u. a. durch positive Diskriminierung. Die Kultur wird von Toleranzstreben geprägt. Die Beteiligung der Minderheitsgruppierungen an Führungspositionen bleibt aber noch unterproportional, so wie auch deren Beteiligung an informellen Netzwerken zu wünschen übrig lässt. Die Mitglieder der Mehrheitsgruppierungen fühlen sich, u. a. als Folge der positiven Diskriminierung, oft bedroht. Zwischen den Gruppen bestehen unterschwellig viele Konflikte. Die Integration der Minoritätsgruppierungen ist noch nicht perfekt.

Stufe 6: Integrales Kulturelles Management oder Diversity Management

Unterschiede zwischen Mitarbeitern werden anerkannt und genutzt. Unterschiede in Lebensstil, Bedürfnissen, kulturgebundenen Charakteren oder Lebensphasen beeinflussen das Management der Qualitäten der Mitarbeiter. Die im Unternehmen vorhandene Vielfalt wird aktiv genutzt.

Stufe 7: Interkulturelle Organisation

Jetzt ist kulturelle Vielfalt ein Mehrwert geworden. Produktentwicklung und Dienstleistung orientieren sich an den Bedürfnissen einer multikulturellen Kundschaft. Die Begabungen der Mitarbeiter werden so genutzt, dass die Produktivität und das Wachstum des Unternehmens oder die Effektivität und Effizienz einer Organisation deutlich gesteigert werden. Die Minderheiten passen sich den Mehrheiten nicht an, ihre Normen und Werte sind gleichberechtigt. Die Minoritätsgruppierungen sind auf allen Funktionsebenen vertreten. Formelle und informelle Machtquellen, wie Führungspositionen, Betriebsrat, die Organisation von Personalausflügen sind über die Gruppen verteilt. In vielen Fällen sind klare Mehrheiten nicht mehr vorhanden, stattdessen besteht die Organisation aus mehreren Minderheiten, die sich ergänzen und einander brauchen. Cox spricht hier von der „multikulturellen Organisation".

Beispiel: Migranten bei der britischen Polizei[173]

„Auch in Großbritannien wird alles dafür getan, den Anteil Polizisten ausländischer Herkunft zu erhöhen, und damit den Polizeiapparat gesellschaftliche Vielfältigkeit widerspiegeln zu lassen. Die Notwendigkeit dieser Maßnahme wird schon seit Beginn der 80er Jahre erkannt, aber erst in den letzten Jahren wird tatsächlich an einer Veränderung gearbeitet.

Im Jahr 2000 stammten nur 2,2% der britischen Polizisten von ethnischen Minderheiten ab. Bis 2010 wird ein Anteil von 8% angestrebt. Inzwischen hat „Her Majesty's Inspection Constabulary" (HMIC) eine Reihe von Berichten publiziert, die sich mit dem Fortschritt beschäftigen, die Polizei in eine multi-ethnische Organisation zu formen. Bei 43 Einheiten haben Inspekteure geprüft, inwieweit Personalrekrutierung und Bindung der Arbeitnehmer strukturell angegangen werden können.

---

173 NRC Handelsblad vom 10.5.2001.

Auch andere Fragen, wie zum Beispiel Vermeidung rassistischer Vorfälle oder die Chancen der Beförderung ethnischer Minderheiten werden unter die Lupe genommen.

Die ersten Berichte waren sehr kritisch. Laut der Untersuchung fehlten beim Führungspersonal vieler Einheiten das Bewusstsein und der Wille, strukturelle Veränderungen durchzuführen. Im jüngsten Bericht stellt das HMIC Fortschritte fest. Dabei wird der Tod eines schwarzen Teenagers, der in 1993 durch einen Polizisten ermordet wurde, als Katalysator genannt."

Erfolgsfaktoren für die interne Organisation, die in der niederländischen Forschung in drei sehr erfolgreichen Human Service Organisationen[174] bei der Durchführung von Diversity Management gefunden wurden, sind[175]:

• Es gab eine deutliche strategische Vorstellung bezüglich kultureller Vielfältigkeit.

• Das Top-Management stellt sich aktiv und sichtbar hinter die strategischen Vorstellungen.

• Bei der Rekrutierung von Mitarbeitern aus den Minderheitsgruppen wurden unterschiedliche „kulturspezifische Kanäle" genutzt.

• Es wurde ein „Tag der offenen Tür" organisiert, wo die Interessierten sich erkundigen und als Bewerber anmelden konnten.

• Das Bewerbungsverfahren wurde von den typischen „westlich-ethnozentrischen" Tendenzen freigemacht (siehe auch Kap 4.2.1 und Kap. 9.6).

• Die Anforderungskriterien wurden darauf geprüft, inwieweit sie für die Stelle relevant waren. Die Motivation des Bewerbers wurde als wichtigstes Kriterium bestimmt. Für den Fall, dass bestimmte fachliche Anforderungen nicht erfüllt wurden, wurde nach dem Prinzip „Fähigkeiten, worüber man noch nicht verfügt, können angelernt werden" gehandelt.

• Das Lernprinzip wurde durch das Angebot von ergänzender Fortbildung in der „pre-entry"-Phase konkretisiert.

---

174 In den Niederlanden gehören hierzu z.B. soziale Pflegeeinrichtungen (Altenheime, Krankenhäuser ...), Schulen und Hochschulen oder Polizeibehörden.
175 van Twuyver (1995), S. 162.

- Neueingestiegene aus Minderheitsgruppierungen wurden von einem Mentor betreut.

- Es gab eine Rückkopplung von externen Beratern oder branchenähnlichen Organisationen mit Benchmark-Charakter zur Beratung und Austausch von Erfahrungen.

Change Management

Die Durchführung eines Diversity Managements soll als Change Management Prozess gehandhabt werden. Folgende Akzente sollten in der Gestaltung des Change Managements von Seiten der Unternehmensführung sowie bei der Involvierung der unterschiedlichen Organisationsebenen berücksichtigt werden[176]:

- Die Unternehmensführung erkennt die Notwendigkeit an, die Organisation multikulturell zu gestalten.

- Die Unternehmensführung hat eine deutliche Vorstellung, wie mit einer multikulturellen Organisation die strategischen Zielsetzungen erreicht werden können.

- Die Unternehmensführung hat diese Vorstellungen in praktische Maßnahmen umgesetzt.

- Diese Unternehmenspolitik besteht aus einer Vielzahl von Human Resource Management-Konzepten und -Instrumenten, die miteinander vernetzt sind. Aktionismus in Form vereinzelter Aktionen, die positive Diskriminierung anstreben, führt am Ziel vorbei.

- Die Führungskräfte sollten langfristig planen, weil die Durchführung eines Diversity Managements über den Prozess von „trial and error" verläuft. Die Lerneffekte sollten in den Verfahrensweisen der Organisation eingebaut werden.

- Die Unternehmenspolitik sollte auf drei Ebenen (1) der strategischen Ziele, (2) was die Maßnahmen betrifft, (3) hinsichtlich der Hintergründe der neuen Politik in die ganze Organisation kommuniziert werden.

- Die Verantwortlichkeiten sollten bei den Führungskräften auf mittlerer Ebene oder möglichst noch tiefer liegen, damit das „commitment" auf allen Organisationsebenen erhöht wird.

- Das Unternehmen sollte sich auf eine multikulturelle Belegschaft vorbereiten und den Führungsnachwuchs mit seiner künftigen Rolle vertraut machen.

---

176 Ebenda, S. 167.

- Diese Unternehmenspolitik sollte in die Organisationskulturen integriert werden und von der Bereitschaft, der „Alteingesessenen" und der „Neuankömmlinge" voneinander zu lernen, geprägt sein.

- Die Führungskraft sollte Sensibilität für die Alteingesessenen entwickeln und zeigen, weil diese sich möglicherweise bedroht und benachteiligt fühlen.

Fallstudie[177]

In einer Untersuchung wurden 16 amerikanische Unternehmen nach ihren Diversity-Fördermaßnahmen befragt. Aus der Untersuchung ergaben sich 52 unterschiedliche Versuche, Diversity im Unternehmen zu stimulieren und 20 davon wurden von der Mehrheit der befragten Unternehmen genutzt. Die 52 Maßnahmen wurden in drei Gruppen klassifiziert: Accountability (Verantwortung/Verantwortlichkeit), Fort- und Weiterbildung und Rekrutierung. Die wichtigsten 10 Maßnahmen pro Gruppe sind hier jeweils dargestellt:

Accountability Practices

1. Top management's personal intervention

2. Internal advocacy groups

3. Emphasis on statistics, profiles

4. Inclusion of diversity in performance evaluation goals, ratings

5. Inclusion of diversity in promotion decisions, criteria

6. Inclusion of diversity in management succession planning

7. Work and family policies

8. Policies against racism, sexism

9. Internal audit or attitude survey

10. Active equal opportunities committee, office

Development Practices

1. Diversity training programs

---

177 Kreitner/Kinicki/Buelens (1999), S. 45.

2. Networks and support groups

3. Development programs for all high-potential managers

4. Informal network activities

5. Job rotation

6. Formal mentoring program

7. Informal mentoring program

8. Entry development programs for all high-potential new hires

9. Internal training (such as personal safety or language)

10. Recognition events, awards

Recruitment Practices

1. Targets recruitment of non-managers

2. Key outside hires

3. Extensive public exposure on diversity

4. Corporate image as liberal, progressive, or benevolent

5. Partnerships with education institutions

6. Recruitment incentives such as cash supplements

7. Internships

8. Publications or PR products that highlight diversity

9. Targeted recruitment of managers

10. Partnership with nontraditional groups

Die Accountability Practices beziehen sich auf den fairen Umgang des Unternehmens mit allen Minoritätsgruppen, die meisten aus dieser Gruppe sind eher administrativer Art. Die Punkte 3 - 6, 8 - 10 stammen aus der Tradition der positiven Diskriminierung. Nr. 7 (familienfreundliche Arbeitszeitenreglung und andere Fördermaßnahmen) bezieht sich dagegen auf die Schaffung einer Umgebung, die versucht, Mitarbeiterzufriedenheit und Produktivität zu steigern. Beispiele sind Unterstützung bei der Schwangerschaft, Erziehungsurlaub, flexible Arbeitszeiten, Plätze in Kindergärten. Die Gruppe der

Weiterbildungsmaßnahmen orientiert sich an der Vorbereitung aller Mitarbeiter auf die Laufbahnentwicklung. Gerade für Minoritätsgruppenmitglieder sind solche Maßnahmen erforderlich, weil sie somit mit neuen Führungskonzepten vertraut gemacht werden.

Die Rekrutierungsmaßnahmen zielen auf die Einbeziehung von Bewerbern aus Minoritätsgruppen, beispielsweise das Mentoring.

Auftrag:

Die in den Vereinigten Staaten vorhandene Palette an Diversity-Fördermaßnahmen ist sehr groß. Welche Maßnahmen kennen Sie aus der Unternehmenspraxis im eigenen Land?

Holen Sie Informationen über Literaturrecherche und durch Interviews in Unternehmen ein.

9.6 Diversity-Ansätze im Personalmanagement

In vielen Aufgabenfeldern und Instrumenten des Personalmanagements und der Führung können Ansätze einer „Nicht-Diskriminierung" und „positiven Eingliederung" der Mitglieder von Minderheitsgruppen umgesetzt werden. In immer mehr Unternehmen, die zum einen international tätig sind und zum anderen sich in Kulturen mit unterschiedlichen kulturellen Rahmenbedingungen bewegen, werden Instrumente eines „kultur-neutralen" Personalmanagements eingesetzt[178], von der Personalstrategie und Personalplanung über die Personalsuche und -auswahl bis zur Mitarbeiterführung und Personalentwicklung.

9.6.1 Diversity-orientierte Personalstrategie

In der Unternehmensstrategie (z.B. im Rahmen von Unternehmensleitlinien oder Personalleitlinien) können interkulturelle Richtlinien und Diversity-Politik formuliert werden. Auch kann in der Personalabteilung organisatorisch eine spezielle Diversity-Beratung installiert werden, die im Sinne einer Qualitätssicherung Diversity-Strategien initiiert und steuert. Aufgaben für diese Funktion können z.B. sein:

• Diversity-Kulturanalyse im Unternehmen durchführen (Bestand, Arbeitsbedingungen, Vergütung, Karrierewege ...),

---

178 de Vries (1999), S. 81 ff; Abell (1996), S. 76; van de Vijver/Abell (1995), S. 98 ff.

- Sensibilisierung des Personalmanagements und der Linien-Führungskräfte für das Thema „Diversity",

- Individueller neutraler Ansprechpartner für Mitarbeiter, die sich „diskriminiert" fühlen,

- Interkulturelles Coaching, Beratung und Moderation,

- interkulturelle Organisationsentwicklungsprozesse initiieren und begleiten.

Eine Empfehlung für „Demographisches Management" wird von Soeters vorgeschlagen und zielt auf die Sozialisation im Unternehmen[179]: Bei der Einstellung der Mitarbeiter aus Minderheitsgruppen soll man diese in kleinen Gruppen in die Organisation aufnehmen. Gegenüber der Einzel- hat die Gruppeneinstellung den Vorteil, dass die Mitarbeiter sich gegenseitig unterstützen, auch wenn sie in verschiedenen Abteilungen arbeiten. Die Einstellung soll nicht fakultativ, sondern kontinuierlich stattfinden, damit schrittweise eine Organisation mit Mitarbeitern aus Minderheitsgruppen wächst. Forschungsergebnisse belegen, dass eine 50%-Quote für die Integration der Mitarbeiter und für ein erfolgreiches Diversity Management Erfolge für das Unternehmen erbringen. Nur wenn Mitarbeiter aus Minderheitsgruppen auf allen Organisationsebenen involviert werden, hat Kuluränderung im Unternehmen eine soziale Chance und ist wirtschaftlich erfolgreich.

9.6.2 Personalplanung im Diversity Management

Das Anforderungsprofil bildet oft eine Grundlage für Personalentscheidungen in der Personalplanung, der Formulierung der Stellenanzeige bei der Personalsuche, ist Maßstab bei der Personalauswahl und -beurteilung im Rahmen von Personalentwicklungsentscheidungen. Eine Abweichung des Anforderungsprofils kann z.B. Ursache dafür sein, dass „uneigentliche" Kriterien bei der Vorauswahl oder Einstellung und weiteren Beurteilung und Förderung von neuen Mitarbeitern und insbesondere Bewerbern/Mitarbeitern von Minderheitengruppen vorhanden sind. Typische personalpolitische Probleme spielen hier eine Rolle, z.B.

- Doppelungseffekt: Führungskräfte tendieren bei den Nachfolgeentscheidungen oft dazu, Mitarbeiter, die Ihnen selbst ähnlich erschei-

---

179 Soeters (1994), S. 94 –116.

nen, zu bevorzugen. Das führt in westlichen Industriestaaten zur Bevorzugung einheimischer und weißer Männer.

• Anforderungsprofile beinhalten oft faktische Anforderungen, wie Diplome, Alter, Geschlecht, Erfahrung und sozial-normative Verhaltensanforderungen. Faktische Anforderungen sind objektiv feststellbar, sozial-normative Kriterien unterliegen persönlichen subjektiven Wertungen. Aus niederländischen Forschungsergebnissen geht hervor, dass sich in den letzten 25 Jahren der Anteil der Stellenanzeigen, in denen sozial-normative Kriterien formuliert wurden, vervierfacht hat. 1955 wurden Führungsfähigkeit, Selbständigkeit, Qualitätsbewusstsein und Intelligenz als Funktionsanforderungen genannt, 1990 war die Liste durch viele zusätzliche Verhaltenskriterien und persönliche Eigenschaften ergänzt, wie z.B. Kreativität, Teamfähigkeit, Flexibilität, Durchsetzungsvermögen, Kommunikationsgeschick. Die Feststellung der sozial-normativen Kriterien ist in allen Fällen problematisch, für Mitglieder von Minderheitengruppen umso mehr, da die genannten Qualifizierungen stark kulturgebunden sind.

• Das Ausbildungsniveau der Minderheitengruppen ist durchschnittlich niedriger als bei der einheimischen Bevölkerung. Laut niederländischen Forschungsergebnissen aus 1992 wird nur in einem Bruchteil (3 %) der Stellenanzeigen ein niedriges Ausbildungsniveau gefordert. Dies lässt sich teilweise durch den Strukturwandel im Produktionsbereich, zum anderen Teil dadurch erklären, dass auf der niedrig-qualifizierten Ebene des Arbeitsmarkts Verdrängungseffekte Minderheitengruppen den Zugang zu Stellen erschweren. Das Angebot von Arbeitssuchenden ist meistens ausreichend und demzufolge werden am Arbeitsmarkt die Anforderungen höher formuliert als notwendig. Dadurch werden Mitglieder von Minderheitengruppen verdrängt und benachteiligt.

• Außerdem sind in jeder Organisation Wertvorstellungen und Verhaltensweisen vorhanden, die Normen und Regeln prägen. Die Definition von Professionalität im Umgang mit Kollegen, wie Vorgesetzte und Mitarbeiter sich begegnen, die kollegialen Umgangsformen und wie Konflikte und Kritik geäußert werden, ist oft an informelle Regeln gebunden, die als „Selbstverständlichkeiten" dem reibungsfreien Verlauf einer Abteilung oder dem ganzen Unternehmen dienen. In Bewerbungs- und Mitarbeitergesprächen kommen auch solche informellen Selbstverständlichkeiten oft als unbewusster Maßstab zur

Anwendung. In mono-kulturellen und pluralistischen Organisationen haben „token" (US-amerikanisch für jemanden einer Minderheit) einen schwierigen Stand weil sie sich anzupassen haben. Z.B. gilt ein „token black" als Jemand, der als einziger Schwarzer im Berieb arbeitet, damit das Unternehmen nicht als rassistisch angesehen wird.

Die subjektive Anwendung sozial-normativer Anforderungskriterien führt in der Regel dazu, dass die Minderheitengruppen durch dominantere Gruppen ausgeschlossen werden. Hier hilft vor allem eine spezifische und präzise Ausformulierung der Verhaltens- und Persönlichkeitsanforderungen, damit deutlich wird, was das Unternehmen z.b. unter „unternehmerisch, initiativ, erfolgsorientiert ..." genau versteht. Zweitens sollten aus Fairness die Anforderungen in kurzfristige, schnell änderbare („repräsentative Erscheinung" z.b. durch „die richtige Kleidung") und langfristig änderbare Ziele („Initiative zeigen", „die deutsche Sprache perfekt beherrschen") unterteilt werden. Diese Zweiteilung in kurz- und langfristige Ziele bietet den Neueingestellten die Chance, ihr Verhalten den Unternehmensstandards anzupassen und somit ihre Lernfähigkeit unter Beweis zu stellen. Damit das Einstellungsverfahren fair verläuft, sollte die Objektivierung der sozial-normativen Kriterien während der folgenden Phasen berücksichtigt werden[180].

Weitere Ansätze für eine zentrale Personalplanung sind z.b. die systematische Suche nach Diskriminierungspotenzialen oder nicht genutzten Diversity-Potenzialen, die grundsätzliche Erfassung der Diversity-Struktur, um zunächst einen Überblick und damit eine Sensibilität über die Vielfältigkeit der Belegschaft zu bekommen, und dieses z.b. in Führungskräfte- oder Bereichs-Workshops zur Bewusstseinsbildung zu nutzen. Ansatzpunkt können z.b. auch systematische Gespräche mit Mitarbeitern sein, die das Unternehmen verlassen, um Gründe für die Fluktuation zu finden. Solche Gespräche werden aber nur selten geführt. Wenn die Unternehmensführung die Probleme, die Mitarbeiter zu einer Kündigung bzw. zum Verlassen des Unternehmens veranlassen, kennen, können durch Behebung der Ursachen die Gründe für nachfolgende Mitarbeiter wegfallen und damit die Fluktuation gesenkt werden. Dies hilft auch, das Unternehmen als „Employment Brand" darzustellen (siehe Kap. 9.3).

---

180 Abell (1996), S. 69-84.

9.6.3 Diversity-orientierte Personalsuche

Die von Bewerbern bevorzugten Bewerbungswege sind nicht unbedingt mit den von Unternehmen praktizierten Wegen der Personalsuche gleichzustellen. Die hohe Arbeitslosenquote gerade bei Minderheitengruppen lässt sich auch auf die unterschiedliche Auffassung der Bewerbungs- bzw. Personalsuchwege zurückführen. Arbeitswillige aus Minderheitengruppen sind manchmal „unfindbar" und Unternehmen verlieren schnell ihr Interesse an diesem Bewerberpotenzial. Unternehmen sollten sich entsprechend über die von Minderheitengruppen benutzten Medien informieren. Die meisten Unternehmen gehen die traditionellen Wege der Personalsuche, wie z.B. Stellenanzeigen in Zeitungen oder in zunehmendem Masse im Internet. Der Fachkräftemangel hat Unternehmen in den letzten Jahren auch schon dazu gebracht, ihre eigenen Mitarbeiter an der Suche nach neuen Kollegen zu beteiligen – teilweise sogar gegen „Belohnung" durch Prämien.

Laut einer Studie über die Suchkanäle für verschiedene Minoritätsgruppen und Arbeitgeber in den Niederlanden von 1990 suchen und finden türkisch- und marokkanisch-stämmige Arbeitssuchende ihren Job oft über die Vermittlung von Familien und Bekannten[181]. Schon als die ersten Gastarbeiter aus diesen Ländern in den 60er Jahren nach West-Europa kamen, lief die Vermittlung über familiäre oder regionale Netzwerke oder die Gastarbeiter meldeten sich an Bauplätzen. Wilpert konnte nachweisen, dass sich örtliche Konzentrationen durch Ketten-Migration bestimmter Dörfer in der Türkei, also den Mitzug ganzer Verwandtschafts- und Bekanntschaftsgruppen und Großfamilien unter Instrumentalisierung der traditionalen sozialen Netzwerke ergaben[182]. Die formelle, schriftliche Weise der Bewerbung wird schon aufgrund mangelhafter Sprachbeherrschung von Minderheitengruppen weniger in Anspruch genommen. Dabei spielen unterschiedliche Gründe für die geringe Aufmerksamkeit für Bewerber aus Minoritätsgruppierungen eine Rolle:

• Der durchschnittliche Ausbildungsstand in der Gruppe der ehemaligen Gastarbeiter ist vergleichsweise niedrig.

---

181 Hooghiemstra/Kuipers/Muus (1990).
182 Wilpert (1987); entn. aus Gaugler/Weber (1992), Sp. 214.

- Die Beherrschung der westeuropäischen, z.b. niederländischen oder deutschen Sprache ist oft mangelhaft aufgrund der Tatsache, dass die Minderheiten bis in die zweite oder dritte Generation die eigene Muttersprache pflegen.

- Die einseitige Arbeitserfahrung in den Familien der ehemaligen Gastarbeiter reduziert das Interesse und die Eignung für Funktionen in spezialisierten, technischen oder kaufmännischen Berufen oder im öffentlichen Sektor.

Arbeitgeber können mit Ausbildungs- und Praktikumstellen die Integration der Minderheitengruppen unterstützen. Bei der Abstimmung zwischen Personalsuch- und Bewerbungswegen können Unternehmen sich auf die Eigenheiten der jeweiligen Minderheitengruppen einstellen. Zum Beispiel ist die Ansprache junger Türken und Marokkaner über Moscheen, multikulturelle Jugendzentren, kulturelle oder politische Organisationen, Kaffeehäuser etc. wirksamer als über klassische Stellenanzeigen. In einigen niederländischen Städten bestehen sog. „Migrantenwinkel" (Läden für Migranten), die versuchen, die Schwellen, die Institutionen wie Versicherungen, Krankenkasse, Arbeitsamt und Schulbehörde für Minoritätsgruppierungen darstellen, zu reduzieren. Öffentliche Nahverkehrsmittel, wie Straßenbahnen in Großstädten, bieten gute Möglichkeiten, über Faltblätter oder Aushänge Aufmerksamkeit zu erzielen.

9.6.4 Personalauswahl im Diversity Management

Während der Vorauswahl bei Bewerbungsunterlagen sind mehrere Quellen der Wahrnehmungsverzerrung möglich. Es geschieht leicht, dass aufgrund von Schreibstil oder sogar Namen des Bewerbers die Bewerbungsunterlage aussortiert wird. Gerade für Bewerbungsunterlagen gelten oft kulturspezifische formale Regeln. Die Beherrschung der Sprache spielt hier zusätzlich eine wichtige Rolle. In Deutschland werden z.b. Zeugnisse sehr hoch geschätzt, in den Niederlanden bekommen Mitarbeiter, die das Unternehmen verlassen, aber nur in Ausnahmefällen ein Zeugnis. Die surinamisch-Stämmigen in den Niederlanden schreiben ihre Briefe oft in formal-amtlichem Ton, der in Surinam üblich ist, womit sie in den Niederlanden aber einen schlechten Eindruck machen. Damit subjektiven Einschätzungen vorgebeugt wird, macht Abell den Vorschlag, standardisierte Bewerbungsbriefe anzuwenden (Briefauswahl)[183]. Diskriminierung kann im Normalfall schon bei der Vorauswahl anhand der Bewerbungsunterlagen vorgebeugt werden, wenn

---

183 Abell (1996), S. 69 ff; de Vries (1999), S. 117 ff.

(1) die Auswahlkriterien konkret und spezifisch genannt und außerdem nach kurzfristigen und langfristigen Anforderungen unterschieden werden, (2) die Briefauswahl von zwei unabhängigen Beurteilern durchgeführt wird und (3) zur Kontrolle und Vergleichbarkeit die Bewertung auf einem „Score-Formular" je Bewerbung festgehalten werden[184].

Beispiel: Lebenslauf in den USA

Normally in English speaking countries, a job application consists of a covering letter, a *curriculum vitae* (c.v.) and one or two testimonials and references. Especially in the USA it is also common to make a resumé with samples of the work and to include references. In a c.v. the elements are the personal details, experiences in work, education and qualifications and additional skills, such as foreign languages, computer experience or special interests, which may be nessesary. In English speaking countries it is common, to write the c.v. chronological - write it in reverse chronological order, starting with your current job or studies. And please write as short as possible, try not to exceed one page. In the USA it is not usual to include a photo, to write out your full christian name or about your marital status[185].

Kommentar: Die Vermeidung von Möglichkeiten der Diskriminierung bzgl. Hautfarbe, Geschlecht oder Familienstand etc., indem sie in Bewerbungsunterlagen möglichst vermieden werden, ist in den USA im politischen und gesellschaftsrechtlichen Ansatz der „Positiven Diskriminierung" begründet (siehe auch Kap. 9.1.2).

Meist wird für höherqualifizierte Positionen ein relativ offenes, unstrukturiertes Interview geführt. Nicht-standardisierte Gespräche haben den Nachteil der geringen Vergleichbarkeit und subjektive Eindrücke spielen dann eine größere Rolle. Aus Fairness wäre ein halb-strukturiertes Interview mit Standardfragen denkbar. Zur Bewertung der Gesprächsergebnisse sollten (1) die Gesprächsthemen, (2) die relative Gewichtung der Themen, (3) die operationale Bedeutung sozial-normativer Kriterien vereinbart werden[186]. Eine gute, gemeinsame Vorbereitung der Interviewer zahlt sich hier aus, weil alle über dasselbe reden. Wer fünf Kollegen fragt, wie sich flexibles Verhalten definieren lässt, wird darauf fünf verschiedene Antworten bekommen. Entsprechend sind solche

---

184 Besamusca-Janssen (1998), S. 104.
185 Meier (1998 b), S. 95 und S. 176 ff.
186 Besamusca-Janssen (1998), S. 106.

Diskussionen vor einem Personalauswahlprozess zu führen und situative und subjektive Fehlurteile zu vermeiden. Typische Probleme während des Bewerberauswahlgesprächs sind häufig:

- Die *Sprachbeherrschung* und der Sprachgebrauch können aufgrund unterschiedlicher kultureller Verschlüsselungen zu Missverständnissen und Irritationen führen. Zuerst wirkt hier die Tendenz, dass Menschen diejenigen, die die Sprache nicht perfekt oder weniger gut als sie selbst beherrschen, für weniger intelligent halten. Hochdeutsch Sprechende werden eventuell Bewerber mit einem stark ausgeprägten Dialekt anders beurteilen. Aktive Gesprächstechniken, wie z.B. Zusammenfassen, Nachfragen oder Fragen mit anderen Worten, sind Hilfsmittel, um gegenseitiges Verständnis aufzubauen (siehe Kap. 3).

- *Selbstsicheres Auftreten* ist in vielen eher individualistisch geprägten westeuropäischen Kulturen selbstverständlich. Ein Bewerbungsgespräch wird von dem Bewerber als ein Verkaufsgespräch geführt, in dem er seine persönlichen Qualitäten und Erfolge betont. In eher kollektivistisch geprägten Kulturen ist dieses Verhalten, womit man sich in den Vordergrund stellt, sozial eher unerwünscht. Wer dort im Bewerbungsgespräch im Mittelpunkt des Interesses steht, wird sich eher zurückhaltend zeigen. Z.B. wird Blickkontakt gemieden, leise geredet und der Bewerber verhält sich passiv und abwartend. Die Interviewer, die diese Verhaltensweisen in ihrem kulturellen Kontext deuten können, schließen nicht gleich auf eine ungeeignete Disposition für die zu besetzende Funktion.

- Der *Umgang mit Autorität* ist in individualistischen Kulturen weniger schwer als in kollektivistischen Kulturen. Schon in Kindergarten und Schule werden Selbstäußerung, kommunikatives Geschick und kritische Betrachtungsweise geübt. In anderen Kulturen liegt der Akzent in der Erziehung und Sozialisation, z.B. eher in Gehorsamkeit, Respekt vor anderen, insbesondere vor Älteren bis zur Unterwürfigkeit gegenüber Höherrangigen, wie den Eltern, Älteren, Vorgesetzten oder Regierungsmitgliedern. Bewerber aus kollektivistischen Kulturen werden in individualistisch geprägten Kulturen eher einen abwartenden Eindruck machen, weil sie den Gesprächspartnern nicht ins Wort fallen und keine Diskussionen anfangen (siehe Kap. 2).

- Die Art und Weise, wie Menschen persönliches *Vertrauen aufbauen,* ist kulturell sehr unterschiedlich. In spezifisch-orientierten Kulturen sind Menschen oft sehr zielorientiert, auf Effizienz bedacht und nehmen sich wenig Zeit für Kontakte. In diffus-orientierten Kulturen ist die Kommunikation mehr „high context" bezogen, d.h. es sind viele gemeinsame Erfahrungswerte wirksam (siehe Kap. 2). Bevor man ins Geschäft kommt, tauscht man sich über Themen aus, die in „lowcontext-Kulturen" als völlig irrelevant betrachtet werden, um gemeinsame Selbstverständlichkeiten und geteilte Erfahrungswelten zu schaffen. Nur wenn während der „Phase des Beschnupperns" Vertrauen entsteht, wird über Zusammenarbeit entschieden. In der Situation des Bewerbungsgespräches sollte man sich für Bewerber aus diffus-orientierten Kulturen entsprechend mehr Zeit und Ruhe nehmen – ein informelles Gespräch und gemeinsames Kaffee-Trinken zuvor wirken atmosphärisch positiv und bauen gegenseitiges Vertrauen und Respekt auf. Vor allem bei sensiblen Themen, wie z.B. persönlichen Einstellungen, fallen diese Bewerber mit längeren und emotionaleren Ausführungen auf. Diese Formen indirekter Kommunikation sind in westlichen Kulturen sehr unüblich und wecken somit Irritationen.

Ein weiterer Ansatz ist der wechselnde Einsatz von Personalreferenten – auch bewusst ausländischen Personalreferenten, um Diversity-Wirkung zu erzielen bzw. zu signalisieren und kulturellen Verzerrungen entgegenzuwirken.

9.6.5 Mitarbeitergespräch und Führung im Diversity-Management

Mitarbeitergespräche, z.B. zur Regelung eines Konfliktes, zur Motivation oder Beratung im Rahmen der Führungsverantwortung des Vorgesetzten, sind den gleichen Wahrnehmungsverzerrungen unterworfen wie z.B. im oben angeführten Bewerbungsgespräch. Der soziokulturelle Hintergrund von Mitarbeitern aus Minderheitengruppen wird sich durch unterschiedliche Verhaltensmuster non-verbaler Kommunikation und unterschiedliche Rollenerwartungen äußern, die wiederum Einfluss auf das Verhalten haben. Vorgesetzte sollten sich im Team gemeinsam Gedanken über die sozial-normativen Verhaltenskriterien gemacht haben, um persönliche Willkür durch unwissentliche Beurteilungsfehler zu vermeiden. Mitarbeitergespräche orientieren sich an den Aufgaben, der Entwicklung der Aufgaben und den Wünschen und persönlichen Perspektiven des Mitarbeiters. Für ein Mitarbeitergespräch mit Mitarbeitern aus Minderheitengruppen sollten folgende Punkte beachtet werden[187]:

- Gibt es hier Probleme, die ihren Grund in den kulturell unterschiedlichen Wertvorstellungen haben?
- Fühlt sich der Mitarbeiter von den Kollegen angenommen? Werden Witze mit diskriminierendem Unterton gemacht? Wie sind die informellen Beziehungen zu den Kollegen?
- Ist der Mitarbeiter imstande, eigene Wünsche und Vorstellungen zu äußern? Besonders Mitarbeiter aus kollektivistischen, diffus-orientierten Kulturen tun sich mit der Selbstäußerung, insbesondere gegenüber Vorgesetzten schwer. Vorgesetzte sollten die Autoritätsempfindlichkeit der Mitarbeiter beachten und ihnen gegebenenfalls helfen, ihre Wünsche zu äußern.

In den Rahmen der Führungsverantwortung gehört auch eine Selbstreflexion des Vorgesetzten über seinen Führungsstil und die kulturbedingten Erwartungen seiner Mitarbeiter aus verschiedenen Kulturen an den Führungsstil. Natürlich ist es theoretisch möglich, mit situativen Ansätzen den (siehe Kap. 8.3) Führungs- oder Kommunikationsstil der jeweiligen Situation und dem „Kultur-Zusammentreffen" anzupassen. Dies führt aber in der Praxis gerade in multi-kulturell gemischten Teams oft zur Überforderung aller Beteiligten. Hier hat sich in der Praxis die gemeinsame Reflexion im Team über die Formen der Kommunikation und Zusammenarbeit erfolgreich gezeigt, mit der gemeinsamen und für alle gültigen Abstimmung von „Kommunikations-," oder „Führungsleitlinien", z.B. in einem internationalen Projektteam (siehe oben „Personalstrategie und Diversity-Funktion" und sowie „Teamentwicklung" in Kap. 8.4).

9.6.6 Diversity-orientierte Personalentwicklung

Unternehmensführung und Personalmanagement wird in den nächsten Jahren viel daran gelegen sein, Instrumente zur Einstellung und Förderung von Mitarbeitern aus bislang wenig beachteten Minderheitengruppen zu entwickeln. Zum erfolgreichen Diversity Management sind kreative und auch unkonventionelle Methoden notwendig, die Rücksicht auf die spezifischen Merkmale und Probleme dieser Gruppen nehmen. Die Faktoren, die die Personalsuche beeinträchtigen (siehe oben), sind auch

---

187 Ebenda, S. 128.

in der Personalentwicklung oft wirksam. Vor allem die Karrierechancen für Mitarbeiter aus Minderheitengruppen sind vergleichsweise weit unterentwickelt, was hauptsächlich auf folgende Faktoren zurückzuführen ist:

- Die Ausbildung des Mitarbeiters reicht oft nicht aus, um sich für den Aufstieg innerhalb des Unternehmens zu qualifizieren. Systematische Weiterbildung ist notwendig.

- Vor allem Mitarbeiter in niedrigqualifizierten Funktionen machen durch mangelhafte Sprachbeherrschung weniger auf sich aufmerksam.

- Der Umgang mit Kollegen und Vorgesetzten wird durch mangelnde Kenntnis und Beherrschung der Umgangsformen und Unternehmenskultur geprägt. Training und Coaching könnten kommunikative Fähigkeiten verbessern.

- Die Mitarbeiter aus Minderheitengruppen tun sich oft schwer bei der Selbstpräsentation. Die indirekte Kommunikation, die für Mitarbeiter aus diffusorientierten Kulturen typisch ist, lässt Vorgesetzte in westeuropäischen Ländern an den Leistungen zweifeln (siehe auch oben: „Vertrauen aufbauen"). Der dem Vorgesetzten entgegengebrachte Respekt und das (in unseren Augen) passive Verhalten der Mitarbeiter werden oft als Unterwürfigkeit wahrgenommen. Anders als z.B. in Deutschland oder den Niederlanden üblich, ist das Herausstellen eigener individueller Leistungen in diffus-orientierten Kulturen weniger angesehen.

- Implizite Kommunikation führt zu Missverständnissen und zum Gefühl, sich nicht auf gleicher Wellenlänge zu befinden. Die Kommunikationsstörung beeinflusst die vom Vorgesetzten den potenziellen Aufsteigern zugeschriebene Erfolgschance negativ.

Ein weiterer Ansatz ist die bewusst gemischt-kulturelle Planungs- und Entscheidungsinstanz in der Personalentwicklung, z.B. durch Diversity-orientierte Personalentwicklungs-Kommissionen, um Diversity-Wirkung zu erzielen bzw. zu signalisieren und kulturellen Verzerrungen entgegenzuwirken. Ferner zu nennen ist die verbindliche Festsetzung von Voraussetzungen von Auslandsaufenthalten oder international gemischt-kulturellen Teams/Projekten vor der Besetzung von Führungspositionen oder als „Entwicklungs-Baustein" in einem Trainee- oder Förderprogramm (siehe auch Kap. 7.3 und 7.4).

Anhang

Anhang 1 : Checkliste Interkulturelle Kommunikation[188]
(zu Kap. 3.5)

Verbal und non-verbal

* Im Allgemeinen versuchen, ein Vertrauensverhältnis aufzubauen.
* Kulturelle Differenzen respektieren, andererseits Respekt für die eigenen Werte erfragen.
* Für Gesprächspartner Verständnis zeigen, andererseits Verständnis erfragen.

Die verbale Sprache

* Im Allgemeinen aktiv zuhören, d.h. Aufmerksamkeit zeigen durch möglichst offene Fragen und Wiederholungen während und am Ende des Gesprächs.
* Kontrollieren, ob Sie den Gesprächspartner verstanden haben, durch Zusammenfassen, kurze Wiederholungen oder Nachfragen, besonders bei Verabredungen.
* Keine geschlossenen Fragen für „ja/nein" stellen, z.B. anstelle „haben Sie verstanden" besser: „Was haben Sie verstanden?" Das sollte respektvoll, nicht kontrollierend erfolgen.
* Implizite Botschaften vermeiden durch:
  - Verzicht auf Metaphern oder Sprichwörter, da sie kulturgebunden sind.
  - Keine Wortspielerei, keine schwierigen oder modernen Wörter verwenden.
  - Vorsicht bei Small-Talk (wirkt bei uns harmloser als in diffus-orientierten Kulturen).
  - Kurze Sätze ohne Nebensätze, um sprachliche Probleme möglichst zu vermeiden.
  - Wörter ohne Mehrfachbedeutung nutzen.

---

188 Harris/Moran (1996), S. 34 ff.; Hoffman/Arts (1994), S. 101 ff.; Apfelthaler (1999), S. 134; Besamusca-Janssen (1991), S. 76 f.

- In der eigenen Sprache nicht schnell sprechen. Aber auch vermeiden, dass der andere sich nicht ernst genommen fühlt.
- Wörter vermeiden, die es in der anderen Sprache nicht gibt.
- Einfache Wörter benutzen.

Die non-verbale Sprache

- Im Allgemeinen so viel wie möglich einsetzen.
- Dafür sorgen, dass non-verbale und verbale Botschaften miteinander übereinstimmen, die non-verbale Sprache sollte die Worte unterstützen und ergänzen.
- Blickkontakt nach Kulturkreis differenzieren - Blickkontakt wird nicht immer und überall so positiv bewertet wie in Westeuropa.
- Körperentfernung nach Kulturkreis differenzieren.
- Gesprächsregulierung, auch durch Pausen, berücksichtigen.
- Rhetorische Strategien berücksichtigen, vor allem darauf achten, wie schnell der Gesprächspartner zur Sache kommen will.

Im Falle von Kommunikationsstörungen, je nach Situation ...

- In sich gehen, sich fragen, welche eigenen kulturgebundenen Normen und Werte die eigene Wahrnehmung und das eigene Verhalten prägen.
- Sich fragen, welche kulturgebundenen Normen/Werte hinter dem Verhalten des Gesprächspartners stecken.
- Sich Informationen über die kulturelle Prägung des Gesprächspartners einholen.
- Das Gespräch unterbrechen und fragen („Verstehen wir uns richtig, ich merke, dass....").
- Mit Skizzen, Kopien, Videobildern visualisieren, um zu erklären, was Sie meinen.
- Im äußersten Fall Dolmetscher/Vermittler, der beide Kulturen kennt, hinzuziehen.

Anhang 2: Checklisten für Auslandsentsendungen[189]
(zu Kap. 6.3)

Vorbereitungen des Mitarbeiters

• Gültigkeit des Reisepasses.

• Visum/Aufenthaltserlaubnis.

• Arbeitsgenehmigung.

• Steuerfragen klären.

• Mitgliedschaften kündigen/ruhen lassen.

• Schule/Kindergarten abmelden.

• Kindergeldkasse Wohnortwechsel melden.

• Kreiswehrersatzamt informieren (falls Sie Wehrüberwachungen unterliegen).

• Postnachsendeantrag (Nachsendung ins Ausland ist gebührenpflichtig, eventuell Adresse im Heimatland zur Vorselektion angeben).

• Telefon, Radio/TV, Zeitungen.

• Internationaler Führerschein.

• Urkunden und Zeugnisse, eventuell übersetzt und beglaubigt (keine Originale).

• Adressverzeichnis Heimatland und Einsatzland.

• Testament.

Für die Gesundheit sorgen

• Besuch beim Haus- und Zahnarzt.

• Medizinische Untersuchung beim Betriebsarzt.

• Ggf. Tropenuntersuchung.

• Impfplan, Impfpass.

• Brillenpass, Röntgenpass, Krankenhistorie.

• Kleine Hausapotheke, Medikamentenliste.

---

189 Deutsche Gesellschaft für Personalführung (1995), S. 28 f.

Versicherungen regeln

- Kranken-/Pflegeversicherung.
- Rentenversicherung (eventuell Rentenberater einschalten).
- Arbeitslosenversicherung.
- Unfallversicherung.
- Kraftfahrzeugversicherung (In- und Ausland).
- Rechtschutzversicherung.
- Hausratversicherung (In- und Ausland).
- Haftpflichtversicherung (In- und Ausland).
- Reisegepäckversicherung.

Bankgeschäfte organisieren

- Daueraufträge überprüfen.
- €-Auslandskonto?
- Bankauszüge an Verwandte?
- Vollmachten zur Abbuchung von Konten.
- Sparverträge.
- Darlehen.
- Kreditkarten.

Umziehen

- Wohnung vermieten bzw. Mietvertrag kündigen.
- Elektrizität, Gas, Müllabfuhr.
- Umzug organisieren (in Abstimmung mit Personalabteilung/zuständiger Abteilung).
- Hausrat (mitnehmen, einlagern, verkaufen).
- Elektrogeräte eventuell auf neue Stromstärke umstellen.
- Wertsachen und Schmuck zu Verwandten?
- Import- und Zollbestimmungen klären (z.B. Bücher, Videos, Spiele).
- Auto ab- oder ummelden.

- Flugticket nach Abstimmung mit Personalabteilung/Fachabteilung buchen.
- Behördliche Ab- und Anmeldung.

Vorbereitung der Personalabteilung

- Stellenbeschreibung klären.
- Einsatzdauer und -ort klären.
- Personalakte einsehen.
- Kostenträgerschaft festlegen.
- Gehalt berechnen und abstimmen.
- Vertragskonditionen klären.
- Vertragsgespräch führen.
- Abrechnungsdaten melden.
- Sozialversicherung anmelden.
- Über private Versicherungen informieren.
- Auf das Land vorbereiten (Sprachkurs, Vorbereitungsseminar, interkulturelles Training, Länderinformation, Gespräche mit ehemaligen Expatriates, Vorbesuch incl. Termine und Buchungen).
- Auf fachbezogene Vorbereitung hinweisen.
- In Wohnungs-, Umzugs- und Schulfragen beraten.
- Bei Visumantrag beraten.
- Medizinische Untersuchung vermitteln.
- Beurteilung, Zwischenzeugnis anfordern.
- Kontaktadresse im Inland einholen.
- Informationen über Bankkonto einholen.
- Auf Rückgabe Dienstwagen hinweisen.
- Auf Rückgabe Werksausweis und Schlüssel hinweisen.
- Veröffentlichungen in Personalnachrichten.
- Aufnahme in den Verteiler „Informationsschriften".

Anhang 3: Culture-Assimilator-Training CHINA
(Auszug, zu Kap. 7.2)

Erläuterungen zu den vorgegebenen Erklärungen

- (A) Sie haben Herrn B. die Situation richtig erklärt. Nachdem die Chinesen mit den Deutschen den Kooperationsvertrag abgeschlossen haben, wird Herr B. ganz selbstverständlich als Freund betrachtet. Vergangene Probleme, die den Weg zu dieser Freundschaft behindert haben, werden nicht mehr angesprochen. Warum auch? Unter Freunden herrscht Harmonie, harte Diskussionen haben da keinen Platz. Herr B. hat sich bei seinen Worten sicherlich nichts gedacht, aber er hat durch diese Unachtsamkeit den Chinesen in eine schlimme Situation gebracht. Der chinesische Werkleiter hat auf diese Weise sein Gesicht verloren, eine nur schwer wieder gutzumachende Demütigung in der chinesischen Kultur.

- (B) Ihre Antwort ist sicherlich nicht falsch, auch wenn Sie den Kern der Sache nicht ganz getroffen haben. Es stimmt, dass in China streng getrennt wird zwischen dem Arbeitsleben, also hier den Verhandlungen, die Herr B. mit dem Chinesen geführt hat, und dem privaten Bereich, zu dem Höflichkeitsbesuche sicherlich zählen. Obwohl es nicht sehr wahrscheinlich ist, dass eine Unkenntnis dieses Sachverhaltes zu einer so massiven Reaktion auf Seiten des Chinesen führt, darf man derartige Extremfälle nicht ausschließen.

- (C) Sicherlich stimmt, dass Chinesen überaus höfliche Menschen sind und sie auf Verletzungen von einfachsten Umgangsregeln sehr sensibel reagieren. Aber sie sind bestimmt nicht so überempfindlich und leicht beleidigt, wie Ihre Antwort nahe legt. Lassen Sie sich nicht von der irrigen Meinung verführen, dass man Chinesen am besten mit Samthandschuhen anfassen müsse.

- (D) Diese Antwort ist mit Sicherheit falsch. Sie haben wahrscheinlich Ihre wesentlichen Vorstellungen von Loyalität und Pflichtbewusstsein auf die Chinesen übertragen. Bedenken Sie, dass wir uns in einem System befinden, dass zwar Reformbestrebungen an den Tag legt, aber im Kern noch zutiefst sozialistisch ist. Die Arbeitsmoral in sozialistischen Systemen ist nicht so hoch, dass sie sogar zu einer Identifikation mit dem Betrieb führen würde.

Erläuterungen zur kulturhistorischen Grundlage zentraler chinesischer Kulturstandards

Das Konzept des „Gesichtswahrens" ist ein Oberbegriff für das häufig zu beobachtende Verhalten der Chinesen, peinliche Situationen zu vermeiden, sich bei kritischen Problemen sehr schnell zurückzunehmen und die Interaktionssituation zu beenden. Schon chinesische Philosophen in vorchristlichen Jahrhunderten (Mo-tsu, Konfuzius) haben sich mit dem Problem befasst, wie man Konflikte mit anderen vermeiden kann und haben gelehrt, Beleidigungen zu ertragen, ohne sie als Schimpf und Schande zu empfinden, um so nicht in entwürdigende Kämpfe oder Streitigkeiten verwickelt zu werden. Konfuzius betonte, dass die Wahrung des Gesichts sowohl der inneren wie der sozialen Harmonie dient. Das Gesicht wahren ist für einen Chinesen die eleganteste Weise der menschlichen Begegnung, die vor allem davon bestimmt sein soll, den Gefühlen des Gesprächspartners Respekt zu zollen. Somit ist das Wahren des eigenen Gesichts und das des anderen ein wichtiges Prinzip der Aufrechterhaltung der inneren und sozialen Harmonie. Vermeiden Sie daher in Ihrer Begegnung mit Chinesen Situationen, die Ihren chinesischen Partner in die Enge treiben, ihn provozieren, zu bestimmten Reaktionen herausfordern sollen und ihn damit der Gefahr aussetzen, sein Gesicht zu verlieren. Wahren Sie selbst Ihr Gesicht, und man wird Achtung und Respekt vor Ihnen haben.

Literaturverzeichnis

Abell, J.P.: Werving en selectie van allochtone werknemers. In: Burggraaf, W./van Kooten, J. (Red.): Intercultureel Management. Deventer 1996

Adler, N.J.: International Dimensions of Organizational behavior. 3rd ed. Ohio 1997

Apfelthaler, G.: Interkulturelles Management. Wien 1999

Barham, O.: The International Manager. London 1991

Beauftragte der Bundesregierung für Ausländerfragen: Daten und Fakten zur Ausländersituation, 18. Aufl. Berlin/Bonn 1999 (a)

Beauftragte der Bundesregierung für Ausländerfragen: Migrationsbericht 1999, Berlin/Bonn 1999 (b)

Beauftragte der Bundesregierung für Ausländerfragen: Daten und Fakten zur Ausländersituation, 19. Aufl. Berlin/Bonn Oktober 2000 (a)

Beauftragte der Bundesregierung für Ausländerfragen: Anstöße zum Thema Integration. Berlin/Bonn, Januar 2000 (b), Internet: www.Bundesauslaenderbeauftragte.de

Becker, T.H.: International executive compensation. In: Bernardin, H.J./Russel, J.E.A.: Human Resource Management. New York 1993

Bergemann, N./Sourisseaux, A. (Hrsg.): Interkulturelles Management. Heidelberg 1992

Besamusca-Janssen, M.: Methodiek intercultureel personeelsmanagement. Baarn 1998

Blom, H.: Neue Wege in der niederländischen Verwaltung – Der Bürger als Co-Produzent. In: Verwaltung & Management 11-12/1998

Buschermöhle, U.: Ein neuer Expatriate-Typus entsteht. Personalwirtschaft 5/2000

Cox, T.: Cultural Diversity: Implications for organizational competitiveness. In: Academy of Management Executives 5/1993

Cramer, Y.: Het culturele compromis. In: Next 7-8/2000

Daft, R.L.: Organzation Theory & Design. 5th ed. Minneapolis 1995

Dauger-Neutzner, V./Tjitra, H.W.: HR-Manager fördern interkulturelle Zusammenarbeit. In: Personalwirtschaft 5/2001

Deutsche Gesellschaft für Personalführung (Hrsg.): Der internationale Einsatz von Fach- und Führungskräfen. 2. Aufl. Köln 1995

Dion, K.L.: Sex, Gender and Groups - Selected issues. In: In: O'Leary, V.E./Kesler, R./Unger, B./Strudler W. (Eds.): Women, Gender and Social Psychology. Hillsdale, N.J. 1985

Dülfer, E.: International Management in Diverse Cultural Areas – Internationales Management in unterschiedlichen Kulturbereichen. München 1999

Earley, C.: Personnel selection for overseas assignments. In: Bernardin, H.J./Russel, J.E.A.: Human Resource Management. New York 1993

European Commission/Eurostat: Living Conditions in Europe. Luxemburg 1999

Evans, P./Doz, Y./Laurent, A. (Ed.): Human Resource Management in International Firms. London 1989

Fitzsimmons, D.S./Eyring, A.R.: Valuing and Managing Cultural Diversity in the Workplace. In: American Journal of Hospital Pharmacy (AJHP) 11/1993

Fürer, B./Neubauer, F.: Ohne Entsendungspolitik kein klares Vergütungskonzept. In: Personalführung Plus 1996

Gaugler, E./Weber, W. (Hrsg.): Handwörterbuch des Personalwesens. 2. Aufl. Stuttgart 1992

Gebhardt, W.-D.: Gespür für Mentalitäten. In: management & training 3/2001

Geißler, R.: Struktur und Entwicklung der Bevölkerung. In: Bundeszentrale für politische Bildung (Hrsg.): Informationen zur politischen Bildung, Nr. 269: Sozialer Wandel in Deutschland. Bonn 2000

Hagendoorn, L.: Cultural Conflict en voorordeel. Alphen aan de Rijn 1986

Hall, E.T./Hall, M.R.: Understanding cultural differences. Yarmouth 1989

Hanisch, D.A.: Kommunikationstraining für chinesische Führungskräfte. In: Personalführung 4/2000

Harris, P.R./Moran, R.T.: Managing cultural differences. 4th ed. Houston 1996

Hoffman, E./Arts, W.: Interculturele Gespreksvoering. Houten/Diegen 1994

Hofielen, G./Broome, J.: Leading international Teams: A new Discipline? In: Organisationsentwicklung 3/2001

Hofstede, G.: Lokales Denken - globales Handeln. München 1997

Hofstede, G.: Cultures consequences: International differences in work-related values. London 1980

Hönekopp, E.: Ausländer auf dem Arbeitsmarkt in Deutschland. In: Personalführung 5/2000

Hooghiemstra, B.T.J./Kuipers, K.W./Muus, P..J.: Gelijke kansen voor allochtonen op een baan? Instituut voor Sociale Geografie (Red.), Amsterdam 1990

Horsch, J.: Problemfelder der Wiedereingliederung von Mitarbeitern nach dem Auslandseinsatz. In: Personalführung 11/1996

Institut für Interkulturelles Management (Seminarunterlagen), Königswinter 1990

Ivancevich, J.M./Matteson, M.T.: Organizational Behavior and Management. 4th Ed. Chicago 1996

Jagersma, P.K.: Internationaal Management. Houten 1996

Kaldenbach, H.: Doe maar gewoon. 99 Tips voor het omgaan met Nederlanders. Amsterdam 1997

Keers, C./Wilke, H.: Orientatie in de sociale psychologie. 5th ed. Alphen aan den Rijn/Brussel 1987

Keller, E. von: Kulturabhängigkeit von Führung. In: Kieser, A./Reber, G./Wunderer, R. (Hrsg.): Handwörterbuch der Führung. Stuttgart 1987

Knab, G.: Personalpolitische Aspekte eines multinationalen Unternehmens. In: Personalführung 11/1998

Kühlmann, T.M./Stahl, G.K.: Fachkompetenz allein genügt nicht. In: Personalführung Plus 1996

Kühlmann, T.M./Stahl, G.K.: Anforderungen an Mitarbeiter in internationalen Tätigkeitsfeldern. In: Personalführung 11/1998

Luft, J.: The Johari-Window. In: Human Relations Training News 1/1961

Marketing Corporation AG (Bad Homburg), entn.: Siemens AG (Hrsg.): Qualifier 1999

Mehrabian, A.: Silent Messages – Implizit communication of emotions and attitudes. 2nd ed. Belmont 1981

Meier, H.: Personalentwicklung von A – Z. In: Schwuchow, K./Gutmann, J.: Jahrbuch Personalentwicklung und Weiterbildung. Neuwied 2000

Meier, H.: Handwörterbuch der Aus- und Weiterbildung. Neuwied/Berlin 1995

Meier, H.: Internationales Projektmanagement. Herne/Berlin 2004

Meier, H.: Unternehmensführung. Herne/Berlin 1998 (a)

Meier, H.: Selbstmanagement im Studium. Ludwigshafen 1998 (b)

Meier, H.: Personalentwicklung. Wiesbaden 1991

Meier, H./Roehr, S. (Hrsg.): Einführung in das Internationale Management. Herne/Berlin 2004

Meier, H./Schindler, U.: Training before-the-job. In: Personal 4/1995

MIT (Massachusetts Institute of Technology, Hrsg.): Pressenotiz 1991

Moss-Kanter, R.: The Change Masters. New York 1983

Nederlands Interdisciplinair Demografisch Instituut (Red.): Bevolkingsvraagstukken in Nederland. s`Gravenhage 2000

Niehoff, W./Reitz, G.: Going global. Berlin 2001

Perlmutter, H.V.: The tortuous evolution of the multinational corporation. In: CJWB 1/1969

Perlmutter, H.V.: The tortuous evolution of the Multinational Corporation. In: Bartlett, C.A./Goshal, S.: Transnational Management. 2nd ed. Chicago 1995

Personal-Europa-Report 1990 (Sonderheft der Zeitschrift Personal)

Pinto, D.: Interculturele Communicatie. 2nd ed. Houten/Diegem 1999

Rabo Bank Nederland: Zahendoen over de grens. Beilage Rabovisie 1/2000

Robbins, S.P.: Organizational Behavior. 7nd ed. Englewood Cliffs, New Jersey 1996

Rodrigues, C.: International Management. Minneapolis 1996

Roosevelt, T.R.: Beyond Race and Gender. Amacon 1991

Roosevelt T.R.: Managing Diversity. In: Anne Frank-Stichting (Red.): De multiculturele organisatie en het belang van intercultureel management. Deventer 1994

Sanders, G./Neuyen, J.A.: Bedrijfsculturen in kaart gebracht. In: Fisscher, O.A.M., e.a. (Ed.): Human Resource Management. Deventer 1988

Sauters-Osland, J.: The adventure of working abroad. San Francisco 1995

Schierenbeck, H.: Grundzüge der Betriebswirtschaftslehre. 11. Aufl. München 1993

Schneider, C./Barsoux, J.L.: Managing across cultures. Hertfordshire 1999

Scholz, C.: Internationales Personalmanagement. In: Personalführung 10/1996

Schreyögg, G./Oechsler, W.A./Wächter, H.: Managing in a European Context. Wiesbaden 1995

Schubinski, M.: International Labor Relations. In: Bernardin, H.J./ Russel, J.E.A.: Human Resource Management. New York 1993

Siemens AG (Hrsg.): Qualifier 2000

Snell,S.A./Favia, M.: Human Ressource Planning and Recruitment. In: Bernardin, H.J./Russel, J.E.A.: Human Resource Management. New York 1993

Soeters, J.: Organisatiecultuur en pluriformiteit. In: Anne Frank-Stichting (Red.): De multi-culturele organisatie en het belang van intercultureel management. Deventer 1994

Stahl, G./Miller, E.L./Einfolt, L./Tung, R.L.: Auslandseinsatz als Element der internationalen Laufbahngestaltung: Ergebnisse einer Befragung von entsandten deutschen Fach- und Führungskräften in 59 Ländern. In: Zeitschrift für Personalforschung 4/2000

Steinmann, H./Schreyögg, G.: Management. 4. Aufl. Wiesbaden 1997

Thomas, A.: Lernziel Offenheit. In: Personalführung Plus 1996

Thomas, A.: Interkulturelles Handlungstraining in der Managerausbildung. In: WiSt 6/1989

Trompenaars, F./Hampden-Turner, C.: Riding the Waves of Culture. London 1997

Tung, R.L.: Expatriate assignments: Enhacing success and minimizing failure. In: The Academy of Management Executive 5/1987

Tung, R.L. (Ed.): International Business. London 2001

van Twuyver, M.: Culturele diversiteit in organisaties. Schiedam 1995

van de Vijver, F.J.R./Abell, J.P.: Werving en selectie binnen een veranderend personeelsmanagement. In: van Vugt, G.W.M. (Red.): Werken in multiculutrele organisaties, theorie en praktijk van intercultureel management. Houten 1995

de Vries, S.: Het veranderende gezicht van de Nederlandse politie. In: Bovenkerk, F./van San, M./de Vries, S.: Politiewerk in een multiculturele samenleving. Peldoorn 1999

van Vugt, G.W.M.: Culturele dimensis binnen arbeitsorganisaties. In: van Vugt, G.W.M.: (Red.): Werken in multiculutrele organisaties, theorie en praktijk van intercultureel management. Houten 1995

Vermeulen, H.: Etnische groepen en grenzen. Weesp 1984

Volkswagen AG: Autogramm 8-9/1999

VW-Stiftung: Forschungsprojekt „Interkulturelle Synergie". In: ManagerSeminare 04/1998

Walck, C.L.: Diverse Approaches to Managing Diversity. In: Journal of Applied Behavioral Science 2/1995

Watzlawick, P./Beavin, J.H./Jackson, D.D.: Pragmatische aspecten van de menselijke communicatie. Deventer 1970

Weber, W./Festing, M.: Globalisierung und Personalmanagement – Perpektiven für ein Strategisches Internationales Personalmanagement. In: Engelhard, J./Oechsler, W.A.: Internationales Management. Wiesbaden 1999

Weber, W./Festing, M./Dowling, P.J./Schuler, R.S.: Internationales Personalmanagement. Wiesbaden 1998

Welge, M.K./Holtbrügge, D.: Internationales Management. Landsberg am Lech 1998

Wirth, E.: Mitarbeiter im Auslandseinsatz. Wiesbaden 1992

Zeckra, C.: Interkulturelles Lernen als Ansatz der Unternehmensentwicklung. In: Personalführung 11/1998

Stichwortverzeichnis